本书实例精彩效果赏析

Ps

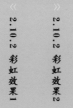

》2.10.2 彩虹效果2

《2.10.2 彩虹效果1

》2.10.4 造假效果2

《2.10.4 造假效果1

》2.10.6 旧画报图像修复效果2

《2.10.6 旧画报图像修复效果1

〈 2.10.7 摄影图片局部去除效果1

〈 2.10.7 摄影图片局部去除效果2

Photoshop CS4
中文版应用教程(第二版)

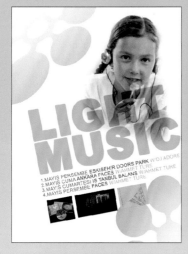

3.4.1 广告宣传版面效果1

3.4.2 广告宣传版面效果2

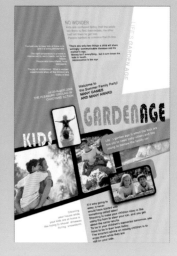

3.4.3 广告宣传版面效果3

4.8.1 花纹鱼效果1

4.8.1 花纹鱼效果2

4.8.2 变天效果1

4.8.2 变天效果2

4.8.2 变天效果3

《4.8.3 带阴影的图片合成效果1

》4.8.3 带阴影的图片合成效果2

》4.8.4 模拟玻璃杯的透明效果1

《4.8.3 带阴影的图片合成效果3

4.8.4 模拟玻璃杯的透明效果2

4.8.5 图像合成效果1

《4.8.5 图像合成效果2

》4.8.6 透明水珠效果

Photoshop CS4
中文版应用教程(第二版)

4.8.7 利用Photoshop后期处理效果图1　　　　4.8.7 利用Photoshop后期处理效果图2

5.7.2 通道抠像效果1　　　　5.7.2 通道抠像效果2　　　　5.7.2 通道抠像效果3

5.7.3 木板雕花效果　　5.7.4 金属字效果

6.4.1 变色的郁金香效果1　　6.4.1 变色的郁金香效果2

6.4.2 黑白老照片
去黄效果1

6.4.2 黑白老照片
去黄效果2

6.4.3 曝光过度原稿的
校正效果1

6.4.3 曝光过度原稿的
校正效果2

6.4.4 分层的色阶处理1

6.4.4 分层的色阶处理2

6.4.5 颜色匹配效果1

6.4.5 颜色匹配效果2

6.4.5 颜色匹配效果3

Ps Photoshop CS4
中文版应用教程(第二版)

《6.4.6 静物图效果2

《6.4.6 静物图效果1

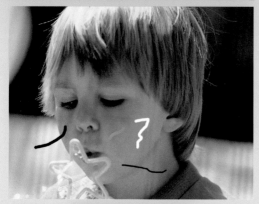

《7.7.1 照片修复效果2

《7.7.1 照片修复效果1

《7.7.2 水晶苹果效果

《7.7.4 音乐海报效果

《7.7.3 卡通课程表效果

7.7.5 宣传海报效果1

7.7.5 宣传海报效果2

7.7.5 宣传海报效果3

8.6.1 球面文字效果

8.6.2 暴风雪效果1

8.6.2 暴风雪效果2

8.6.3 动态模糊效果1

8.6.3 动态模糊效果2

8.6.4 包装盒贴图效果2

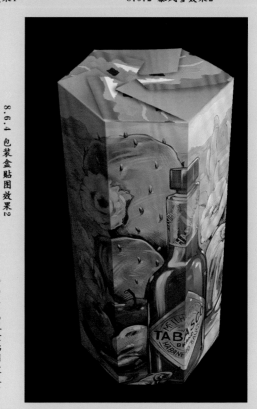

8.6.4 包装盒贴图效果1

Photoshop CS4
中文版应用教程(第二版)

《8.6.6 自定义图案制作延伸的地面效果1

8.6.6 自定义图案制作延伸的地面效果2

THE PATTERN
PATTERNS OF FLOOR FORMATIONS

SuperDis
HTROPD
BATTLE-SCARRED

SuperDis
HTROPD
BATTLE-SCARRED

9.1 反光标志效果1　　　　9.1 反光标志效果2　　　　9.1 反光标志效果2

APPLE

《9.2 apple 标志及文字金属质感处理效果

《9.3 电影海报效果1

《9.3 电影海报效果3

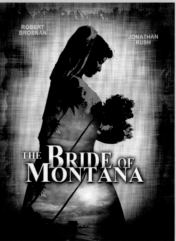

ROBERT BROSNAN

JONATHAN RUSH

THE BRIDE OF MONTANA

《9.3 电影海报效果2

高等院校计算机规划教材·多媒体系列

Photoshop CS4 中文版应用教程

（第二版）

张　凡　等编著

设计软件教师协会　审

中国铁道出版社

CHINA RAILWAY PUBLISHING HOUSE

内 容 简 介

本书属于实例教程类图书，是多媒体系列教材之一。全书内容分为 9 章：Photoshop CS4 基础知识、Photoshop CS4 工具与绘图、文字处理、图层、通道和蒙版、图像色彩和色调调整、路径、滤镜、综合实例等。

本系列教材定位准确、教学内容新颖、深度适当，完全按照教学规律编写，因此非常适合实际教学。本套教材中理论和实践的比例恰当，教材、光盘两者之间互相呼应，相辅相成，为教学和实践提供了极其方便的条件。特别适合应用型高等教育注重实际能力的培养目标，具有很强的实用性。

本书层次分明、语言流畅、图文并茂，融入了大量的实际教学经验。配套光盘与教材结合紧密，内含书中用到的全部素材和结果，以及大量高清晰的教学视频文件，设计精良，结构合理，强调了应用技巧。配套光盘中还包含全书基础知识的电子课件，为教学水平的提高、学生应用能力的培养创造了良好条件。

本书适合作为高等院校相关专业或社会培训班的教材，也可作为平面设计爱好者的自学参考用书。

图书在版编目（CIP）数据

Photoshop CS4 中文版应用教程/张凡等编著. --2 版. --北京：中国铁道出版社，2010.11 **（2017.3重印）**

高等院校计算机规划教材. 多媒体系列

ISBN 978-7-113-12009-2

Ⅰ. ①P… Ⅱ. ①张… Ⅲ. ①图形软件，Photoshop CS4－高等学校－教材 Ⅳ. ①TP391.41

中国版本图书馆 CIP 数据核字（2010）第 190208 号

书　　名：	Photoshop CS4 中文版应用教程（第二版）
作　　者：	张　凡　等编著

策划编辑：	王春霞		
责任编辑：	翟玉峰	封面制作：	李　路
编辑助理：	赵　鑫		
封面设计：	付　巍		
责任印制：	李　佳		

出版发行：	中国铁道出版社（北京市西城区右安门西街 8 号　邮政编码：100054）
印　　刷：	三河市宏盛印务有限公司
版　　次：	2008 年 11 月第 1 版　　2010 年 11 月第 2 版　　2017 年 3 月第 9 次印刷
开　　本：	787mm×1 092mm　1/16　印张：23.5　插页：4　字数：563 千
印　　数：	2 000 册
书　　号：	ISBN　978-7-113-12009-2
定　　价：	45.00 元（附赠光盘）

前 言

    Photoshop 是目前世界公认的权威的图形图像处理软件，目前较新的版本为 Adobe Photoshop CS4 中文版，它的功能完善、性能稳定、使用方便，所以成为平面广告设计、室内装潢、数码相片处理等领域不可或缺的工具。近年来，随着个人计算机的普及，使用 Photoshop 的个人用户也日益增多。

    本书属于实例教程类图书，全书分为 9 章，每章前面为基础知识讲解，后面为具体实例应用。本书与上一版相比，在实例部分添加了电影海报设计、后期处理建筑效果图等实践性更强的实例。本书的主要内容如下：

    第 1 章，图像的相关基础知识，主要讲解了图像的设计理念和图像处理的相关概念；第 2 章，Photoshop CS4 工具与绘图，讲解了多种创建和修改选区的方法；第 3 章，文字处理，讲解了在 Photoshop CS4 中输入和编辑文本以及设置文本格式的方法；第 4 章，图层的应用，讲解了图层的相关知识和基本操作，以及多种混合模式；第 5 章，通道和蒙版，讲解了 Photoshop CS4 通道与蒙版的相关知识；第 6 章，色彩校正。讲解了利用 Photoshop CS4 进行色彩和色调调整的方法；第 7 章，路径的应用，讲解了利用钢笔工具绘制路径，路径面板和剪切路径的应用；第 8 章，滤镜的应用，讲解了滤镜的工作原理以及特殊滤镜和内部滤镜的使用方法；第 9 章，综合实例，综合利用前面各章的知识，将技术与艺术相结合，理论联系实际，教读者制作目前流行的标志、商业插画和海报等。

    本书是"设计软件教师协会"推出的多媒体系列教材之一，内容丰富、结构清晰、实例典型、讲解详尽、富于启发性。全部实例是由多所院校（中央美术学院、北京师范大学、清华大学美术学院、北京电影学院、中国传媒大学、天津美术学院、天津师范大学艺术学院、首都师范大学、山东理工大学艺术学院、河北职业艺术学院等）具有丰富教学经验的知名教师和一线优秀设计人员从长期教学和实际工作中总结出来的，每个实例都包括制作要点和操作步骤两部分。为了便于读者学习，每章最后还有课后练习，同时配套光盘中含有大量高清晰的教学视频文件。

    参与本书编写的还有李岭、谭奇、冯贞、顾伟、李松、程大鹏、关金国、许文开、宋毅、李波、宋兆锦、于元青、孙立中、肖立邦、韩立凡、王浩、张锦、曲付、李羿丹、刘翔、田富源、谌宝业、刘若海、郭开鹤、王上、张雨薇、蔡曾谙。

    本书适合作为高等院校相关专业或社会培训班的教材，也可作为平面设计爱好者的自学参考用书。

编 者

2010 年 10 月

目 录

第1章

Photoshop CS4 基础知识

 本章要点

Photoshop 是平面设计中常用的软件，在使用该软件之前应对平面设计的一些基础理论有整体的认识。通过本章学习应掌握以下内容：

- 图像的设计理念
- 图像处理的基本概念
- Photoshop CS4 的启动和退出
- Photoshop CS4 工作界面

1.1 图像的设计理念

1.1.1 相关设计术语

做设计首先要明白什么是设计，只有理解了其中的含义，才会懂得如何去做。下面就对几个常见的术语进行解释。

1．什么是设计

设计一词来源于英文"design"，其涉及的范围和门类很广，诸如：建筑、工业、环艺、装潢、展示、服装、平面设计等。设计是科技与艺术的结合，是商业社会的产物，在商业社会中需要艺术设计与创作理论的平衡，需要作品来表达信息及思想。

设计与美术不同，设计既要符合审美又要具有实用性，设计是一种需要，而不仅仅是装饰、装潢。

设计需要精益求精、不断完善、挑战自我。设计的关键之处在于发现，只有通过不断深入地感受和体验才能设计出好的作品，打动别人对于设计师来说是一种挑战。设计要让人感动，细节本身能感动人，图形创意能打动人，色彩品位能感染人，材料质地能吸引人。设计是将多种元素艺术化地组合在一起。另外，设计师更应该明白，自身严谨的态度更能引起人们心灵的震动。

2．什么是平面设计

设计是有目的的策划，平面设计是策划的一种表现形式。在平面设计中，设计师需要用视觉元素来传播其设想和计划，用文字和图形将信息传达给人们，让人们通过这些视觉元素来了解设计师的设想和计划。一个视觉作品的生存底线，应该看它是否具有感动他人的能量，是否能够顺利地传递出作品背后的信息，它更像人际关系学，依靠魅力来征服对象。事实上，平面设计者所担任的是多重角色，需要知己知彼，需要调查对象，且成为对象中的一员，却又不是投其所好、夸夸其谈。平面设计是一种与特定目的有着密切联系的艺术。

平面设计的分类有很多，如形象设计、字体设计、书籍装帧设计、包装设计、海报／招贴设计……可以说，有多少种需要就有多少种设计，这其中还存在着商业设计与艺术设计。

3. 什么是CIS

CIS 是 corporate identity system 的缩写，意思是企业形象识别系统。20 世纪 60 年代，美国人首先提出了企业 CI 设计这一概念。

对于企业内部来说，可通过 CI 设计对企业办公系统、生产系统、管理系统以及营销、包装、广告等宣传形象进行规范设计和统一管理，由此调动企业每位职员的积极性、归属感和认同感，使各职能部门各司其职、有效合作。对于企业外部而言，则可通过一体化的符号形式来代表企业的独特形象，便于公众辨别、认同，促进企业产品和服务的推广。

CIS 由 MI（mind identity，理念识别）、BI（behavior identity，行为识别）、VI（visual identity，视觉识别）3 部分组成。其核心是 MI，它是整个 CIS 的最高决策层，为整个系统奠定了理论基础和行为准则，并通过 BI 与 VI 表达出来。所有的行为活动与视觉设计都是围绕 MI 这个中心展开的，成功的 BI 与 VI 就是将企业的独特精神准确地表达出来。

（1）MI（理念识别）

MI 旨在确立企业自己的经营理念，即企业对目前和将来一定时期内的经营目标、经营思想、经营方式和营销状态进行总体规划和界定。企业理念对内影响企业的决策、活动、制度和管理等，对外影响企业的公众形象、广告宣传等。

MI 的主要内容包括：企业精神、企业价值观、企业文化、企业信条、经营理念、经营方针、市场定位、产业构成、组织体制、管理原则、社会责任和发展规划等。

（2）BI（行为识别）

BI 直接反映企业理念的特殊性，是企业实践经营理念与创造企业文化的行为准则，是对企业运作方式进行统一规划而形成的动态识别系统，包括对内的组织管理和教育，对外的公共关系、促销活动、社会性的文化活动等，通过一系列的实践活动将企业理念的精神实质推广到企业内部的每一个角落，汇集员工巨大的精神力量。

BI 包括以下内容：

- 对内：组织体制、管理规范、行为规范、干部教育、职工教育、工作环境、生产设备和福利制度等。
- 对外：市场调查、公共关系、营销活动、流通政策、产品研发、公益性和文化性活动等。

（3）VI（视觉识别）

VI 是以标志、标准字、标准色为核心而展开的完整的、系统的视觉表达体系。VI 设计将上述的企业理念、企业文化、服务内容、企业规范等抽象概念转换为具体符号，从而塑造出独立的企业形象。在 CI 设计中，视觉识别设计最具传播力和感染力，最易被公众接受，具有很重要的意义。

一套完整的 VI 系统包括基本要素系统和应用要素系统。

基本要素系统：企业名称、企业标志、企业造型、标准字、标准色、象征图案和宣传口号等。

应用要素系统：产品造型、办公用品、企业环境、交通工具、服装服饰、广告媒体、招牌、包装系统、公务礼品、陈列展示及印刷出版物等。

1.1.2　色彩的运用

色彩的运用是一门学问。一件设计作品一般包括 3 个元素：色彩、图像和文字。在这 3 个元素中，色彩最为重要。人对色彩是很敏感的，当首次接触一件设计作品时，最先吸引其注意力的就是作品的颜色，其次是图像，最后才是文字。所以，设计师一定要通过色彩去表达设计意念。下面就来介绍色彩三原色的相关知识。

人眼所见的各种色彩是由光线的不同波长所造成的，实验发现，人类肉眼对其中 3 种波长的光感受特别强烈，只要适当调整这 3 种光的强度，就可以呈现出几乎所有的颜色。这 3 种颜色称为光的三原色（RGB），即红色（red）、绿色（green）和蓝色（blue）。所有的彩色电视机、屏幕都具备产生这 3 种基本光线的发光装置。

因为这 3 种光线不同比例的混合几乎可以呈现出所有的颜色，所以计算机中就用 RGB 这 3 个数值的大小来标示颜色，每种颜色用 8 位来记录，可以有 256 种（0~255）亮度的变化，这 3 种颜色按不同的比例混合，就有 1677 万多种颜色，这就是我们常说的 24 位全彩。

由于光线是越加越亮的，因此将这 3 种颜色两两混合可以得到更亮的中间色：黄色（ｙｅｌｌｏｗ）、青色（ｃｙａｎ）和洋红色（magenta）。

所谓补色，是指由两种原色（完全不含第 3 种颜色）混合产生的颜色，该颜色即为该第 3 种原色的补色。如黄色是由红绿两色合成，完全不含蓝色，因此黄色称为蓝色的补色，从色相图中可以看出两个补色隔着白色相对，如图 1-1 所示。将两个补色相加会得到白色。

而印刷油墨的特性刚好和光线相反，油墨是吸收光线，而不是增强光线，因此油墨的三原色必须是可以分别吸收红、绿、蓝的颜色，即红、绿、蓝的补色：青色、洋红色和黄色。

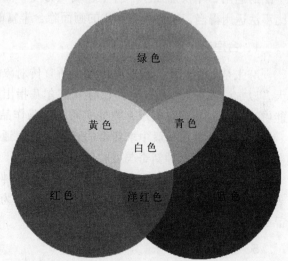

图 1-1　光的三原色

1.1.3　常用设计意念的方法

搞设计就得懂设计方法，下面就介绍几种常用的设计意念的方法。

1．直接展示法

这是一种最常见、运用十分广泛的表现手法。它将某产品或主题直接如实地展示在广告版面上，充分运用摄影或绘画等的写实表现能力，细致地刻画并着力渲染产品的质感、形态、功能和用途，将产品精美的质地引人入胜地呈现出来，给人以逼真的感觉。

这种手法直接将产品推到消费者面前，所以要十分注意画面上产品的组合和展示的角度，应着力突出产品本身最容易打动人的部位，运用色光和背景进行烘托，使产品置身于一个具有感染力的空间，这样才能增强广告画面的视觉冲击力。

2．突出特征法

运用各种方式强调产品或主题本身与众不同的特征，并将其鲜明地表现出来，可以将这些特征置于广告画面的主要视觉部位或加以烘托处理，使观众在接触画面的瞬间便能很快感受到，并对其产生兴趣，从而达到刺激购买欲望的目的。

在广告表现中，这些应着力加以突出和渲染的特征，一般由富于个性的产品形象、与众不同的特殊能力、厂商的企业标志和产品的商标等要素来决定。

突出特征的手法也是常见的表现手法，是突出广告主体的重要手法之一，有着不可忽略的表现价值。

3．对比衬托法

对比是一种趋向对立冲突的艺术表现手法。它将作品中所描绘事物的性质和特点放在鲜明的对照和直接的对比中来表现，借彼显此、互比互衬。这种手法可以鲜明地强调或提示产品的性能和特点，给消费者以深刻的视觉感受。

可以说，一切艺术都受惠于对比表现手法。作为一种常见的行之有效的表现手法，对比手法的运用，不仅加强了广告主题表现力度，而且饱含情趣，增强了广告作品的感染力。对比手法运用得当，能使貌似平凡的画面隐含丰富的内涵，展示出广告主题的不同层次和深度。

4．合理夸张法

夸张是借助想象，对广告作品中所宣传对象的品质或特性的某个方面进行相当明显的夸大，以加深或扩大这些特征。文学家高尔基指出："夸张是创作的基本原则。"通过这种手法能够更鲜明地强调或揭示事物的实质，加强作品的艺术效果。

夸张是一种在一般中求新奇的表现手法，通过虚构将对象的特点和个性中美的方面进行夸大，赋予人们一种新奇与变化的情趣。

按其表现手法，夸张可以分为形态夸张和神情夸张两种类型，前者为表现性的处理，后者则为含蓄性的神态处理。夸张手法的运用，为广告的艺术美注入了浓郁的感情色彩，使产品的特征更鲜明、突出和动人。

5．以小见大法

在广告设计中，对立体形象进行强调、取舍、浓缩，以独到的想象抓住一点或一个局部加以集中描写或延伸放大，以更充分地表达主题思想。这种方法就是以小见大法。这种艺术处理以一点观全面、以小见大，给设计者带来了很大的灵活性和无限的表现力，同时也为接受者提供了广阔的想象空间，由此获得生动的情趣和丰富的联想。

以小见大中的"小"，是广告画面描写的焦点和视觉兴趣中心，它既是广告创意的浓缩和精彩部分，也是设计者独具匠心的安排，因而它已不是一般意义的"小"，而是小中寓大、以小胜大的高度提炼的产物，是简洁的刻意追求。

6．产生联想法

在审美的过程中，通过丰富的联想，能突破时空的界限，扩大艺术形象的范围，加深画面的意境。

通过联想，人们在审美对象上看到自己或想到与自己有关的经验，这时美感往往显得特别强烈，从而使审美对象与审美者融为一体，在产生联想的过程中引发美感共鸣，产生丰富而激烈的感情。

7．富于幽默法

幽默法是指在广告作品中巧妙地再现喜剧特征，抓住生活现象中局部性的东西，通过人物的性格、外貌和举止将某些可笑的特征表现出来。

幽默的表现手法往往运用饶有风趣的情节，通过巧妙的安排，将某种需要肯定的事物无限延伸到漫画的程度，造成一种充满情趣、引人发笑而又耐人寻味的幽默意境。幽默的矛盾可以达到出乎意料而又在情理之中的艺术效果，博得观赏者会心的微笑，以别具一格的方式发挥艺术感染力。

8．借用比喻法

比喻法是指在设计过程中选择两个本质上各不相同，而在某些方面又有些相似之处的事务，"以此物喻彼物"，比喻的事物与主题没有直接的关系，但在某一点上与主题的某些特征有相似之处，因而可以借题发挥，进行延伸转化，获得"婉转曲达"的艺术效果。

与其他表现手法相比，比喻手法比较含蓄，难以一目了然，但一旦领会其意，便有意味无尽的感受。

9．以情托物法

感情因素最能直接产生艺术感染力，审美就是主体与美的对象不断交流，感情产生共鸣的过程。艺术有传达感情的特征，"感人心者，莫先于情"这句话表明了感情因素在艺术创作中的作用。这种表现手法侧重选择具有感情倾向的内容，以美好的感情烘托主题，真实而生动地反映这种审美感情，从而获得以情动人、以艺术感染人的力量，这是现代广告设计的文字侧重点，也是对美的意境与情趣的追求。

10．悬念安排法

在表现手法上故弄玄虚，布下疑阵，使人对广告画面乍看不解其意，造成一种猜疑和紧张的心理状态，在观众的心理上掀起层层波澜，产生悬念的效果，驱动其好奇心和其强烈举动，使其开启积极的思维联想，激起其进一步探明广告题意之所在的强烈欲望，然后通过广告标题或征文将广告的主题点明，使悬念得以解除，给人留下难忘的心理感受。

悬念手法有相当高的艺术价值，它能加深矛盾冲突、吸引观众的兴趣和注意力，引发一种强烈的感受，产生引人入胜的艺术效果。

11．选择偶像法

在现实生活中，人们心里都有自己崇拜、仰慕或效仿的对象，而且有一种尽可能向他靠近的心理欲求，从而获得心理上的满足。选择偶像法正是针对人们的这种心理特点运用的，它抓住人们对名人偶像仰慕的心理，选择观众心目中崇拜的偶像，配合产品信息传达给观众。由于名人偶像有很强的心理感召力，借助名人偶像的陪衬，可以大大提高产品的形象与销售地位，树立品牌的可信度，产生一定的说服力，使消费者对广告中的产品引起注意，并激发其购买欲望。偶像的选择要与广告产品相吻合，不然会给人以牵强附会之感，使人在心理上予以拒绝，而达不到预期的目的。

12．谐趣模仿法

这是一种创意的引喻手法，别有意味地采用以新换旧的借名方式，把一般大众所熟悉的事物作为谐趣的图像，经过巧妙地整形，使其产生谐趣感，给消费者一种崭新奇特的视觉印象和轻松愉快的趣味感，提高产品的身价和注目度。

这种表现手法将广告的说服力寓于一种近乎漫画化的诙谐情趣中，使人赞叹，令人发笑，过目不忘，留下饶有兴致的回味。

13．神奇迷幻法

运用强烈的夸张，以无限丰富的想象构织出神话般的画面，在一种奇幻的情景中再现现实，造成与现实生活中的某种距离，这种充满浓郁浪漫主义、写意多于写实的表现手法，很富有感染力，给人一种特殊的美感，可满足人们喜好奇异多变的审美情趣要求。

在这种表现手法中，艺术想象很重要，它是人类智力发达的一个标志。干什么事情都需要想象力，艺术尤其这样。可以毫不夸张地说，想象就是艺术的生命。从创意构想开始直到设计结束，想象都在活跃地进行着。想象的突出特征是它的创造性，创造性地想象是挖掘新意蕴的开始，是新意向的浮现展示。其基本趋向是对联想所唤起的经验进行改造，最终构成带有审美者独特创造性的形象，产生强烈打动人心的力量。

14．连续系列法

这种表现手法通过连续画面，形成一个完整的视觉印象，使画面和文字所传达的广告信息清晰、突出而有力。

广告画面本身具有生动直观的形象，能加深消费者对产品的印象，获得较好的宣传效果，对扩大销售、树立品牌、刺激购买欲、增强竞争力都有很大的作用。作为设计策略的前提，广告画面对于确立企业形象更有不可忽略的重要作用。

作为设计构成的基础，形式心理的把握是十分重要的，从视觉心理来说，人们厌弃单调划一的形式，追求多样化，连续系列的表现手法符合"寓多样于同一之中"这一形式美德基本法则，使人们于"同"中见"异"，于同一中求变化，形成既多样又统一，既对比又和谐的艺术效果，增强了艺术感染力。

1.2　图像处理的基本概念

1.2.1　位图与矢量图

1．位图

位图图像也称为栅格图像，它是由无数的彩色网格组成的，每个网格称为一个像素，每个像素都具有特定的位置和颜色值。

　　由于一般位图图像的像素都非常多而且小，因此图像看起来比较细腻，但是如果将位图图像放大到一定比例，无论图像的具体内容是什么，看起来都将是像马赛克一样的一个个像素，如图 1-2 所示。

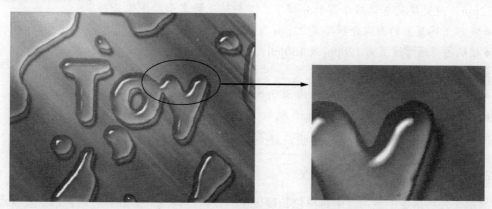

图 1-2　位图放大效果

2．矢量图形

　　矢量图形是由数学公式所定义的直线和曲线所组成的。数学公式根据图像的几何特性来描绘图像。例如可以用半径这样一个数学参数来准确定义一个圆，或是用长宽值来准确定义一个矩形。

　　相对于位图图像而言，矢量图形的优势在于不会因为显示比例等因素的改变而降低图形的品质。如图 1-3 所示，左图是正常比例显示的一幅矢量图，右图为放大后的效果，可以清楚地看到放大后的图片依然很精细，并没有因为显示比例的改变而变得粗糙。

图 1-3　矢量图像放大效果

1.2.2　分辨率

　　常用的分辨率有图像分辨率、显示器分辨率、输出分辨率和位分辨率 4 种。

1．图像分辨率

　　图像分辨率是指图像中每单位长度所包含的像素（即点）的数目，常以像素／英寸（ppi）（pixels per inch）为单位。

提示

　　图像分辨率越高，图像越清晰。但过高的分辨率会使图像文件过大，对设备要求也越高，因此在设置分辨率时，应考虑所制作图像的用途。 Photoshop 默认图像分辨率是72ppi，这是满足普通显示器的分辨率。下面是几种常用的图像分辨率：

- 发布于网页上的图像分辨率是 72ppi 或 96ppi（像素／英寸）。
- 报纸图像通常设置为 120ppi 或 150ppi。
- 打印的图形分辨率为 150ppi。
- 彩版印刷图像分辨率通常设置为 300ppi。
- 大型灯箱图形一般不低于 30ppi。
- 只有一些特大的墙面广告等有时可设定在 30ppi 以下。

2．显示器分辨率（屏幕分辨率）

　　显示器分辨率是指显示器中每单位长度显示的像素（即点）的数目，通常以 dpi（点／英寸）表示。常用的显示器分辨率有 1024 × 768 像素（长度上分布了 1024 个像素，宽度上分布了 768 个像素）、800 × 600 像素、640 × 480 像素等。

　　PC 显示器的典型分辨率为 96dpi，Mac 显示器的典型分辨率为 72dpi。

提示

　　正确理解了显示器分辨率的概念有助于帮助理解屏幕上图像的显示大小经常与其打印尺寸不同的原因。在 Photoshop 中图像像素直接转换为显示器像素，当图像分辨率高于显示器分辨率时，图像在屏幕上的显示比实际尺寸大。例如，当一幅分辨率为 72ppi 的图像在 72dpi 的显示器上显示时，其显示范围是 1 英寸 × 1 英寸；而当图像分辨率为 216ppi 时，图像在 72dpi 的显示器上显示范围为 3 英寸 × 3 英寸。因为屏幕只能显示 72ppi，它需要 3 英寸才能显示 216 像素的图像。

3．输出分辨率

　　输出分辨率是指照排机或激光打印机等输出设备在输出图像时每英寸所产生的油墨点数。通常使用的单位也是 dpi。

提示

　　为了获得最佳效果，应使用与照排机或激光打印机输出分辨率成正比（但不相同）的图像分辨率。大多数激光打印机的输出分辨率为 300dpi ~ 到 600dpi，当图像分辨率为 72ppi 时，其打印效果较好；高档照排机能够以 1200dpi 或更高精度打印，对 150ppi ~ 350ppi 的图像打印效果较佳。

4．位分辨率

　　位分辨率又叫位深，用来衡量每个像素所保存的颜色信息的位元数。例如一个 24 位的 RGB 图像，表示其各原色 R、G、B 均使用 8 位，三元之和为 24 位。在 RGB 图像中，每一个像素均记录 R、G、B 三原色值，因此每一个像素所保存的位元数为 24 位。

1.2.3　色彩深度

色彩深度是指一幅图像的颜色数量，常用的色彩深度有 1 位、8 位、24 位和 32 位。一幅色彩深度为 1 位的图像包括 2^1 种颜色，所以 1 位图像最多可由黑和白两种颜色组成；一幅色彩深度为 8 位的图像包含 2^8 种颜色，或 256 级灰阶，每个像素的颜色可以是 256 种颜色中的一种；一幅色彩深度为 24 位的图像包括 2^{24} 种颜色；一幅色彩深度为 32 位的图像包括 2^{32} 种颜色。

1.2.4　图像的格式

1．位图模式

位图模式的图像又叫黑白图像，用两种颜色值（黑白）来表示图像中的像素。它的每一个像素都是用 1bit 的位分辨率来记录色彩信息的，因此它所要求的磁盘空间最少。图像在转换为位图模式之前必须先转换为灰度模式，它是一种单通道模式。

2．灰度模式

灰度模式图像的每一个像素是由 8bit 的位分辨率来记录色彩信息的，因此可产生 256 级灰阶。灰度模式的图像只有明暗值，没有色相和饱和度这两种颜色信息。其中 0% 为黑色，100% 为白色，k 值是用来衡量黑色油墨用量的。使用黑白和灰度扫描仪产生的图像常以灰度模式显示，它是一种单通道模式。

3．双色调模式

要转成双色调模式必须先转成灰度模式。双色调模式包括四种类型：单色调、双色调、三色调和四色调。使用双色调模式最主要的用途是使用尽量少的颜色表现尽量多的颜色层次，这对于减少印刷成本是很重要的，因为在印刷时每增加一种色调都需要更大的成本。它是一种单通道模式。

4．索引颜色模式

索引颜色的图像与位图模式（1 位 / 像素）、灰度模式（8 位 / 像素）和双色调模式（8 位 / 像素）的图像一样都是单通道图像（8 位 / 像素），索引颜色使用包含 256 种颜色的颜色查找表。此模式主要用于网上和多媒体动画，该模式的优点在于可以减小文件大小，同时保持视觉品质不变；缺点在于颜色少，如果要进一步编辑，应转换为 RGB 模式。当图像转换为索引颜色时，Photoshop 会构建一个颜色查找表（CLUT）。如果原图像中的一种颜色没有出现在查找表中，程序会从可使用颜色中选出最接近颜色来模拟这些颜色。颜色查找表可在转换过程中定义或在生成索引图像后修改。它是一种单通道模式。

5．RGB 模式

RGB 模式主要用于视频发光设备，如显示器、投影设备、电视、舞台灯等。这种模式包括三原色——红（R）、绿（G）、蓝（B），每种色彩都有 256 种颜色，每种色彩的取值范围是 0～255，这三种颜色混合可产生 16 777 216 种颜色。RGB 模式是一种加色模式(理论上)，因为当红、绿、蓝都为 255 时，为白色；均为 0 时，为黑色；均为相等数值时为灰色。换句话说可把 R、G、B 理解成 3 盏灯光，当这 3 盏灯光都打开，且为最大数值 255 时，即可产生白色。当这 3 盏灯光全部关闭，即为黑色。在该模式下所有的滤镜均可用。

6．CMYK 模式

CMYK 模式是一种印刷模式。这种模式包括四原色——青（C）、洋红（M）、黄（Y）、黑（K），每种颜色的取值范围为 0%～100%。CMYK 是一种减色模式（理论上），我们的眼睛理论上是根据减色的色彩模式来辨别色彩的。地球上所有的可见光包括太阳光，当照射到物体上时，物体吸收（减去）一些光，并把剩余的光反射回去。我们看到的就是这些反射的色彩。例如，高原上太阳紫外线很强，花为了避免烧伤，浅色和白色的花居多，如果是白色花则没有吸收任何颜色；再如自然界中黑色花很少，因为花是黑色意味着它要吸收所有的光，而花就可能被烧伤。在 CMYK 模式下有些滤镜不可用，而在位图模式和索引模式下所有滤镜均不可用。

在 RGB 和 CMYK 模式下大多数颜色是重合的，但有一部分颜色不重合，这部分颜色就是溢色。

7．Lab 模式

Lab 模式是一种国际标准色彩模式（理想化模式），它与设备无关，它的色域范围最广（理论上包括了人眼可见的所有色彩，可以弥补 RGB 和 CMYK 模式的不足），如图 1-4 所示。该模式有 3 个通道：L 亮度，取值范围 0～100；a、b 色彩通道，取值范围 −128～+127，其中 a 代表从绿到红，b 代表从蓝到黄（希腊人把 a、b 称为 α、β）。Lab 模式在 Photoshop 中很少使用，其实它一直充当着中介的角色。例如，计算机将 RGB 模式转换为 CMYK 模式时，实际上是先将 RGB 模式转换为 Lab 模式，然后将 Lab 模式转换为 CMYK 模式。

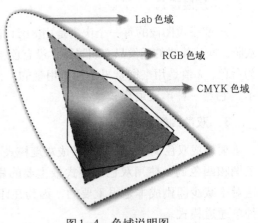

图 1-4　色域说明图

8．HSB 模式

HSB 模式基于人眼对色彩的感觉，H 代表色相，取值范围 0～360；S 代表饱和度（纯度），取值范围 0%～100%；B 代表亮度（色彩的明暗程度），取值范围 0%～100%；当全亮度和全饱和度相结合，会产生任何最鲜艳的色彩。在该模式下有些滤镜不可用，而在位图模式和索引模式下所有滤镜均不可用。

1.2.5　常用文件存储格式

1．PSD 格式

PSD 格式是 Photoshop 软件自身的格式，这种格式可以存储 Photoshop 中所有图层、通道和剪切路径等信息。

2．BMP 格式

BMP 格式是一种 DOS 和 Windows 平台上常用的图像格式。它支持 RGB、索引颜色、灰度和位图颜色模式，但不支持 Alpha 通道，也不支持 CMYK 模式的图像。

3．TIFF 格式

TIFF 格式是一种无损压缩格式（采用 LZW 压缩）。它支持 RGB、CMYK、Lab、索引颜色、位图和灰度模式，而且在 RGB、CMYK 和灰度 3 种颜色模式中还支持使用通道(channel)、图层和剪切路径。在 PageMaker 中常使用这种格式。

4．JPEG 格式

JPEG 格式是一种有损压缩的网页格式，不支持 Alpha 通道也不支持透明。当存为此格式时，会弹出对话框，在 Quality 中设置数值越高，图像品质越好，文件也越大。它也支持 24 位真彩色的图像，因此适用于色彩丰富的图像。

5．GIF 格式

GIF 格式是一种无损压缩（采用 LZW 压缩）的网页格式。支持 256 色（8 位图像），支持一个 Alpha 通道，支持透明和动画格式。目前 GIF 存在两类：GIF87a(严格不支持透明像素)和GIF89a(允许某些像素透明)。

6．PNG 格式

PNG 格式是 Netscape 公司开发出来的一种无损压缩的网页格式。PNG 格式将 GIF 和 JPEG 最好的特征结合起来，它支持 24 位真彩色，无损压缩，支持透明和 Alpha 通道。PNG 格式不完全支持所有浏览器，所以在网页中的使用要比 GIF 和 JPEG 格式少得多，但随着网络的发展和 Internet 传输速度的改善，PNG 格式将是未来网页中使用的一种标准图像格式。

7．PDF 格式

PDF 格式可跨平台操作，可在 Windows、Mac OS、UNIX 和 DOS 环境下浏览（使用 Acrobat Reader）。它支持 Photoshop 格式所支持的所有颜色模式和功能，支持 JPEG 和 ZIP 压缩（但使用 CCITT　Group　4 压缩的位图模式图像除外），支持透明，但不支持 Alpha 通道。

8．Targa 格式

Targa 格式专门用于使用 Truevision 视频卡的系统，而且通常受 MS-DOS 颜色应用程序的支持。Targa 格式支持 24 位 RGB 图像（8 位 × 3 个颜色通道）和 32 位 RGB 图像（8 位 × 3 个颜色通道外加一个 8 位 Alpha 通道）。Targa 格式也支持无 Alpha 通道的索引颜色和灰度图像。以这种格式存储 RGB 图像时，可选择像素深度。

9．Photoshop DCS（*EPS）

DCS 是标准 EPS 格式的一种特殊格式，它支持剪切路径（clipping　path），支持去背功能。DCS　2.0 支持多通道模式与 CMYK 模式，可以包含 Alpha 通道和多个专色通道的图像。

1.3　Photoshop CS4 的启动和退出

将 Photoshop　CS4 安装到系统后，还需先启动该程序，然后才能使用程序提供的各项功能。Photoshop　CS4 使用完毕后，应及时退出该程序，以释放程序所占用的系统资源。

1．启动 Photoshop CS4

通常可按以下方法之一启动 Photoshop CS4：

- 单击屏幕左下角的"开始"按钮，然后在弹出的菜单中选择"程序|Adobe Photoshop CS4"命令（菜单名和命令名可能因用户安装目录不同而有所不同）。
- 双击桌面上的 Photoshop CS4 快捷方式图标 Ps 。如果桌面上没有 Photoshop CS4 快捷方式图标，可以打开 Photoshop CS4 所在的文件夹，然后将 Photoshop.exe 拖动到桌面即可。

2．退出 Photoshop CS4

启动 Photoshop CS4 后，通常可按以下几种方法退出该程序：

- 单击程序窗口右上角的 ⊠（关闭）按钮。
- 执行菜单中的"文件|退出"命令。
- 按<Alt+F4>或<Ctrl+Q>组合键。
- 双击窗口左上角的 Ps 图标。

1.4 Photoshop CS4 工作界面

启动 Photoshop CS4 后，即可进入 Photoshop CS4 的工作界面，如图 1-5 所示。

图 1-5 Photoshop CS4 工作界面

1.4.1 菜单栏

当要使用某个菜单命令时，只需将鼠标移到菜单名上单击，即可弹出下拉菜单，可从中选择所要使用的命令。

对于菜单来说，有如下的约定规则：

- 菜单项呈现暗灰色，则说明该命令在当前编辑状态下不可用。
- 菜单项后面有箭头符号，则说明该菜单项还有子菜单。
- 菜单项后面有省略号，则单击该菜单项将会打开一个对话框。
- 如果在菜单项的后面有快捷键，那么可以直接使用快捷键来执行菜单命令。
- 要关闭所有已打开的菜单，可再次单击主菜单名，或者按<Alt>键。要逐级向上关闭菜单，可按<Esc>键。

1.4.2 工具箱和选项栏

Photoshop CS4的工具箱默认位于工作界面的左侧，要使用某种工具，只要单击该工具即可。例如，想选择矩形区域，可单击工具箱中的 □ (矩形选框工具)，然后在图像窗口拖动鼠标，即可选定所需的区域。

由于Photoshop CS4提供的工具比较多，因此工具箱并不能显示出所有的工具，有些工具被隐藏在相应的子菜单中。在工具箱的某些工具图标上可以看到一个小三角符号，这表明该工具拥有相关的子工具。单击该工具并按住鼠标不放，或右击，然后将鼠标移至打开的子工具条中，单击所需要的工具，则该工具将出现在工具箱上，如图1-6所示。为了便于学习，图1-7中列出了Photoshop CS4工具箱中的工具及其名称。

图1-6 调出子工具

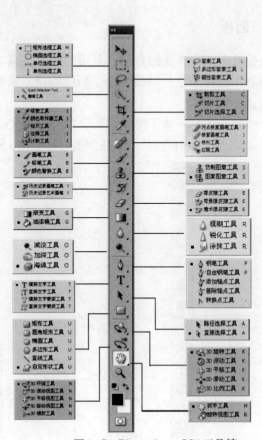

图1-7 Photoshop CS4工具箱

单击工具箱左上方的■按钮，可以将工具箱以双列进行显示，如图1－8所示。此时单击■按钮，可恢复工具箱的单列显示。

选项栏位于菜单栏的下面，其功能是设置各个工具的参数。当用户选取某一工具后，选项栏中的选项将发生变化，不同的工具有不同的参数，图1－9显示的是渐变工具和钢笔工具的选项栏。

渐变工具

钢笔工具

图1－8　双列显示工具箱　　　　　图1－9　不同工具的选项栏

1.4.3　面板

面板位于工作界面的右侧，利用它可以完成各种图像处理操作和工具参数的设置，如显示信息、选择颜色、图层编辑、制作路径、录制动作等。所有面板都可在"窗口"菜单中找到。

Photoshop CS4为了便于操作还将面板以缩略图的方式显示在工作区中，如图1－10所示。用户可以通过单击相应面板的缩略图来打开或关闭相应面板，如图1－11所示。

图1－10　面板缩略图　　　　　图1－11　单击缩略图显示出相应面板

1.4.4　状态栏

状态栏位于Photoshop CS4 当前图像文件窗口的最底部。状态栏主要用于显示图像处理的各种信息，它由当前图像的放大倍数和文件大小两部分组成，如图 1-12 所示。

单击状态栏中的按钮，可以打开图 1-13 所示的快捷菜单，从中可以选择显示文件的不同信息。

图 1-12　状态栏

图 1-13　状态栏快捷菜单

1.5　课后练习

1．填空题

(1) CIS 由_____、_____和_____3部分组成。

(2) _____模式是色域范围最广的色彩模式。

2．选择题

(1) 下列哪种格式是网页中使用的图像格式？（　　　）

A．BMP 格式　　　　B．PNG 格式　　　C．JPEG 格式　　　D．GIF 格式

(2) 下列哪种格式是Photoshop软件自身的格式？（　　　）

A．BMP 格式　　　　B．PSD 格式　　　C．TIFF 格式　　　D．GIF 格式

(3) 下列哪种格式不支持通道？（　　　）

A．Targa 格式　　　B．PSD 格式　　　C．TIFF 格式　　　D．JPEG 格式

3．问答题

(1) 简述色彩深度的概念。

(2) 简述常用的设计意念的方法。

(3) 简述RGB 模式和CMYK 模式中每个字母代表的颜色含义。

第 2 章
Photoshop CS4 工具与绘图

 本章要点

Photoshop CS4 提供了多种强大的绘图、图像处理和修复工具，灵活使用这些工具可以充分发挥自己的创造性，绘制出精彩的平面作品。通过本章学习应掌握以下内容：
- 图像选区的选取
- 图像选区的编辑
- 绘图工具
- 历史画笔工具
- 填充工具
- 图章工具
- 擦除工具
- 图像修复工具
- 图像修饰工具

2.1 图像选区的选取

在 Photoshop CS4 中，创建选区是许多操作的基础，因为大多数操作都不是针对整幅图像的，既然不针对整幅图像，就必须指明是针对哪个部分，这个过程就是创建选区的过程。Photoshop CS4 提供了多种创建选区的方法，下面进行具体讲解。

2.1.1 选框工具组

选框工具组位于工具箱的左上角，它是创建图像选区最基本的方法，它包括 (矩形选框工具)、 (椭圆选框工具)、 (单行选框工具) 和 (单列选框工具) 4 种选框工具。

1．矩形、椭圆选框工具

使用矩形或椭圆选框工具可以创建外形为矩形或椭圆的选区，具体操作过程如下：
① 在工具箱中选择 (矩形选框工具) 或 (椭圆选框工具)。
② 在图像窗口中拖动鼠标即可绘制出一个矩形或椭圆形选区，此时建立的选区以闪动的虚线框表示，如图 2-1 所示。
③ 在拖动鼠标绘制选框的过程中，按住〈Shift〉键可以绘制出正方形或圆形选区；按住〈Alt+Shift〉键，可以绘制出以某一点为中心的正方形或圆形选区。

④　此外，在选中矩形或椭圆选框工具后，可以在选项栏的"样式"列表框中选择几种控制选框的尺寸和比例的方式，如图 2-2 所示。

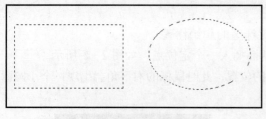

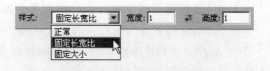

图 2-1　绘制选区　　　　　　　　　　　　　　　图 2-2　样式种类

- 正常：默认方式，完全根据鼠标拖动的情况确定选框的尺寸和比例。
- 固定长宽比：选择该选项后，可以在后面的"宽度"和"高度"框中输入具体的宽高比，拖动鼠标绘制选框时，选框将自动符合该宽高比。
- 固定大小：选择该选项后，可以在后面的"宽度"和"高度"框中输入具体的宽高数值，然后在图像窗口中单击鼠标，即可在单击位置创建一个指定尺寸的选框。

⑤　如果要取消当前选区，按〈Ctrl+D〉组合键即可。

2．单行、单列选框工具

(单行选框工具)　和 (单列选框工具)　专门用于创建只有一个像素高的行或一个像素宽的列的选区，具体操作过程如下：

①　选择工具箱中的 (单行选框工具)　或 (单列选框工具)。

②　在图像窗口中单击，即可在单击的位置建立一个单行或单列的选区。

2.1.2　套索工具组

套索工具组是一种常用的创建不规则选区的工具，它包括 (套索工具)、 (多边形套索工具)　和 (磁性套索工具)　3 种工具。

1．套索工具

套索工具可以创建任意不规则形状的选区，具体操作过程如下：

①　选择工具箱上的 (套索工具)。

②将鼠标移至图像工作区中，在打开的图像上按住鼠标左键不放，拖动鼠标选取需要的范围，如图 2-3 所示。

③　将鼠标拖回至起点，释放鼠标左键，即可选择一个不规则形状的范围，如图 2-4 所示。

图 2-3　拖动鼠标　　　　　　　　　　　　　图 2-4　选取范围

2．多边形套索工具

多边形套索工具可以创建任意不规则形状的多边形图像选区，具体操作过程如下：

① 选择工具箱中的 ▽（多边形套索工具）。

② 将鼠标移至图像窗口中，然后单击确定选区的起始位置。

③ 移动鼠标到要改变方向的位置单击，从而插入一个定位点，如图 2-5 所示。

④ 同理，直到选中所有的范围并回到起点的位置，此时鼠标的右下角会出现一个小圆圈，单击即可封闭并选中该区域，如图 2-6 所示。

图 2-5　确定定位点　　　　　　　　　　图 2-6　封闭选区效果

> **提示**
>
> 　　在选取过程中，如果出现错误，可以按键盘上的〈Delete〉键删除最后选取的一条线段，而如果按住〈Delete〉键不放，则可以删除所有选中的线段，效果与按〈Esc〉键相同。

3．磁性套索工具

磁性套索工具能够根据鼠标经过处不同像素值的差别，对边界进行分析，自动创建选区。它的特点是可以方便、快速、准确地选取较复杂的图像区域。具体操作过程如下：

① 选择工具箱上的 ▽（磁性套索工具）。

② 将鼠标移动至图像工作区中，然后单击确定选区的起点。

③ 沿着要选取的物体边缘移动鼠标（不需要按住鼠标左键），当选取终点回到起点时，鼠标右下角会出现一个小圆圈，如图 2-7 所示，此时单击即可完成选取，如图 2-8 所示。

图 2-7　沿着要选取的物体边缘进行绘制　　　　图 2-8　封闭选区效果

④ 在"磁性套索工具"选项栏中可以设定相关参数，如图 2-9 所示。

● "羽化"和"消除锯齿"：此两项功能与选框工具的选项栏中的功能一样。

● 宽度：此选项用于指定磁性套索工具在选取时检测的边缘宽度，其值在 1～256 像素之间。值越小，检测越精确。

图 2-9 "磁性套索工具"选项栏

● 频率：用于设置选取时的定位点数，值越高，产生的定位点越多，图 2-10 所示为不同频率值产生的效果。

图 2-10 不同频率值产生的效果

● 边对比度：用于设定选取时的边缘反差（取值范围 1%～100%）。值越大反差越大，选取的范围越精确。

● 使用绘图板压力以更改钢笔宽度：该选项只有在安装了绘图板及其驱动程序时才有效。在某些工具中还可以设定大小、颜色及不透明度。这个选项会影响磁性套索、磁性钢笔、铅笔、画笔、喷枪、橡皮擦、仿制图章、图案图章、历史记录画笔、涂抹、模糊、锐化、减淡、加深和海绵等工具。

2.1.3 魔棒工具组

魔棒工具组包括 （魔棒工具）和 （快速选择工具）两种工具。

1．魔棒工具

魔棒工具是基于图像中相邻像素的颜色近似程度来进行选择的。选择工具箱中的 （魔棒工具），此时选项栏如图 2-11 所示。

图 2-11 "魔棒工具"选项栏

● 容差：容差的取值范围是 0～255，默认值为 32。输入的值越小，选取的颜色范围越近似，选取范围就越小。图 2-12 所示为两个不同的容差值选取后的效果。

● 消除锯齿：该复选框用于设定所选取范围是否具备消除锯齿的功能。

● 连续：选中该复选框，表示只能选中单击处邻近区域中的相同像素；而取消选中该复选框，则能够选中符合该像素要求的所有区域。在默认情况下，该复选框总是被选中的。图 2-13 所示为选中该复选框前后的比较。

图2-12　两个不同的容差值选取后的效果

图2-13　选中"连续"复选框前后的比较

● 对所有图层取样：该复选框用于具有多个图层的图像。未选中它时，魔棒只对当前选中的图层起作用；如选中它则对所有图层起作用，此时可以选取所有图层中相近的颜色区域。

> **提示**
>
> 使用 时，按住〈Shift〉键，可以不断地扩大选区。由于魔棒工具可以选择颜色相同或者相近的整片色块，因此在一些情况下可以节省大量精力，又能达到不错的效果。尤其是对于各区域色彩相近而形状复杂的图像，使用 比使用 和 要省力得多。

利用魔棒工具选取范围是十分便捷的，尤其是对色彩和色调不很丰富，或者是仅包含某几种颜色的图像，例如，在图2-14中选取水鸟选区，此时若用选框工具或是套索工具进行框选，是十分烦琐的，但如果使用魔棒工具来选择就非常简单，具体操作步骤如下：

①　选择工具箱上的 ，单击图像窗口中的蓝色区域，如图2-15所示。

图2-14　打开图片　　　　　　　　　　图2-15　创建水鸟以外选区

② 执行菜单中的"选择|反向"（〈Ctrl+Shift+I〉组合键）命令，将选取范围反转，此时就选取了水鸟的选区，如图 2-16 所示。

2．快速选择工具

快速选择工具是 Photoshop CS4 新增的工具。它的参数选项栏如图 2-17 所示。 （快速选择工具）是智能的，它比魔棒工具更加直观和准确。使用时不需要在要选取的整个区域中涂画，快速选择工具会自动调整所涂画的选区大小，并寻找到边缘使其与选区分离。

图 2-16　创建水鸟选区

图 2-17　"快速选择工具"选项栏

快速选择工具的使用方法是基于画笔模式的。也就是说，可以"画"出所需的选区。如果是选取离边缘比较远的较大区域，就要使用大一些的画笔；如果是要选取边缘则换成小尺寸的画笔，这样才能尽量避免选取背景像素。

2.1.4　"色彩范围"命令

魔棒工具能够选取具有相同颜色的图像，但是不够灵活。当选取不满意时，只好重新选取一次。因此，Photoshop CS4 又提供了一种比魔棒工具更具有弹性的创建选区的方法——"色彩范围"命令。利用此命令创建选区，不仅可以一边预览一边调整，还可以随心所欲地完善选取范围。具体操作步骤如下：

① 执行菜单中的"选择|色彩范围"命令，弹出如图 2-18 所示的对话框。

② 在"色彩范围"对话框中间有一个预览框，显示当前已经选取的图像范围。如果当前尚未进行任何选取，则会显示整个图像。该框下面的两个单选按钮用来设定不同的预览方式。

● 选择范围：选中该单选按钮，在预览框中只显示出被选取的范围。

● 图像：选中该单选按钮，在预览框中显示整幅图像。

③ 单击"选择"列表框，如图 2-19 所示，从中选择一种选取颜色范围的方式。

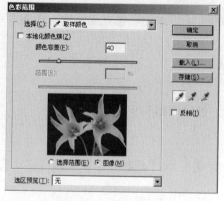

图 2-18　"色彩范围"对话框

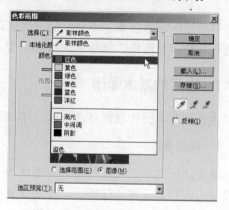

图 2-19　单击"选择"列表框

- 选择"取样颜色"选项时，可以用吸管吸取颜色。当鼠标移向图像窗口或预览框中时，会变成吸管形状，单击即可选取当前颜色。同时可以配合颜色容差滑块进行使用。滑块可以调整颜色选取范围，值越大，所包含的近似颜色越多，选取的范围越大。
- 选择"红色"、"黄色"、"绿色"、"青色"、"蓝色"和"洋红"选项，可以指定选取图像中的 6 种颜色，此时颜色容差滑块不起作用。
- 选择"高光"、"中间调"和"阴影"选项，可以选取图像不同亮度的区域。
- 选择"溢色"选项，可以将一些无法印刷的颜色选取处理。该选项只用于 RGB 模式下的图像。

④ 单击"选区预览"列表框，从中选择一种选取范围在图像窗口中显示的方式，如图 2-20 所示。

- 无：表示在图像窗口中不显示预览。
- 灰度：表示在图像窗口中以灰色调显示未被选取的区域。
- 黑色杂边：表示在图像窗口中以黑色显示未被选取的区域。
- 白色杂边：表示在图像窗口中以白色显示未被选取的区域。
- 快速蒙版：表示在图像窗口中以默认的蒙版颜色显示未被选取的区域。

⑤ 在"色彩范围"对话框中有 3 个吸管按钮，可以增加或减少选取的颜色范围。当要增加选取范围时，可以选择 ⬚ ；当要减少选取范围时，可以选择 ⬚ ，然后将鼠标移到预览框或图像窗口中单击即可完成。

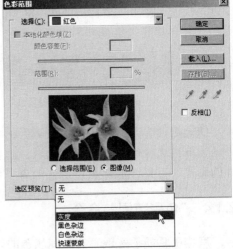

图 2-20 选择"选区预览"方式

⑥ 选择"反相"复选框，可在选取范围与非选取范围之间切换，效果与执行菜单中的"图像｜调整｜反相"命令相同。

⑦ 设置完成后，单击"确定"按钮，即可完成范围的选取。

2.2 图像选区的编辑

有些选区非常复杂，不一定能一次就得到需要的选区，因此在建立选区后，还需要对选区进行各种调整操作，以使选区符合需要。

2.2.1 选区的基本操作

选区的基本操作包括移动选区、增减选区范围、消除锯齿和羽化选区 4 部分。

1．移动选区

建立选区之后，将鼠标移动到选区内，指针会变成 ⬚ 状，此时拖动鼠标即可移动选区。在移动选区时有一些小技巧可以使操作更准确：

- 开始拖动以后，按住键盘上的〈Shift〉键，可以将选取的移动方向限制为 45°的倍数。
- 按键盘上的〈↑〉、〈↓〉、〈←〉、〈→〉键可以分别将选区向上、下、左、右移动，并且每次移动 1 像素。
- 按住〈Shift〉键并按键盘上的〈↑〉、〈↓〉、〈←〉、〈→〉键，可以分别将选区向上、下、左、右移动，并且每次移动 10 像素。

2．增减选区范围

在创建了选区之后，还可以进行增加或减少选区操作。具体操作步骤如下：

① 单击工具选项栏的 (添加到选区) 按钮，如图 2-21 所示，或按住键盘上的〈Shift〉键，可以将新绘制的选区添加到已有选区中。

② 单击工具选项栏的 (从选区减去) 按钮，或按住键盘上的〈Alt〉键，可以从已有选区中删除新绘制的选区。

图 2-21　单击 (添加到选区) 按钮

③ 单击工具选项栏的 (与选取交叉) 按钮，或按住键盘上的〈Alt+Shift〉组合键，可以得到新绘制的选区与已有选区交叉部分的选区。

> **提示**
>
> 　按〈Ctrl+D〉组合键可以取消已有的选区。

3．消除锯齿

在使用 (套索工具)、 (多边形套索工具)、 (椭圆选框工具)、 (魔棒工具) 工具时，工具选项栏都会出现一个"消除锯齿"复选框，该复选框用于消除选区边框上的锯齿，选中该复选框后，建立的选区边框会比较平滑。

要消除锯齿必须在建立选区之前就选中该复选框，选区一旦被建立后，即使选中"消除锯齿"复选框也不能使选区边框变平滑。

4．羽化选区

通常使用选框工具建立的选区的边缘是"硬"的，也就是说选区边缘以内的所有像素都被选中，而选区边缘以外的所有像素都不被选中。而羽化则可以在选区的边缘附近形成一条过渡带，这个过渡带区域内的像素逐渐由全部被选中过渡到全部不被选中。过渡边缘的宽度即为羽化半径，单位为像素。

羽化选区分为两种情况：一是在绘制选区之前设置羽化值（即选前羽化）；二是在绘制选区之后再对选区进行羽化（即选后羽化）。

（1）选前羽化

在工具箱中选中了某种选区工具后，工具选项栏中会出现一个"羽化"框，在该框中输入羽化数值后，即可为将要创建的选区设置羽化效果。

（2）选后羽化

对已经选好的一个区域设定羽化边缘，具体操作步骤如下：

① 打开一幅需要羽化边缘的图片，然后利用 (椭圆选框工具) 绘制一个椭圆选区，如图 2-22 所示。

② 此时设置羽化值为0，然后执行菜单中的"选择|反向"命令，反选选区，接着按〈Delete〉键删除背景，结果如图2-23所示。

图2-22　创建椭圆选区

图2-23　删除选区以外部分

③　此时回到第①步，执行菜单中的"选择|修改|羽化"命令，在弹出的"羽化选区"对话框中输入羽化数值100，如图2-24所示，单击"确定"按钮，结果如图2-25所示。

图2-24　设置羽化值

图2-25　羽化后效果

2.2.2　选区的修改操作

在创建了选区之后，可以通过菜单命令对选区的边框进行调整，包括扩展选区、收缩选区、平化选区、边界选区、扩大选取和选取相似等，并可通过拖动控制点的方式调整选区边框的形状。

1．扩展和收缩选区

在图像中建立了选区后，可以指定选区向外扩展或向内收缩一定像素值。具体操作步骤如下：

①　打开一幅图片，选中要扩展或收缩的选区，如图2-26所示。

②　执行菜单中的"选择|修改|扩展"命令，在弹出的"扩展选区"对话框中输入数值，如图2-27所示，单击"确定"按钮，即可将选区扩大输入的数值，结果如图2-28所示。

③　回到第①步，执行菜单中的"选择|修改|收缩"命令，在弹出的"收缩选区"对话框中输入数值，如图2-29所示，单击"确定"按钮，即可将选区收缩输入的数值，结果如图2-30所示。

图 2-26 创建选区 　　　图 2-27 设置扩展选区参数 　　　图 2-28 扩展选区后效果

图 2-29 设置收缩选区参数 　　　　　图 2-30 收缩选区后效果

2．边界选区

边界选区是指将原来选区的边界向内收缩指定的像素得到内框，向外扩展指定的像素得到外框，从而将内框和外框之间的区域作为新的选区。具体操作步骤如下：

① 打开一幅图片，选中要扩边的选区部分，如图 2-31 所示。

② 执行菜单中的"选择 | 修改 | 边界"命令，在弹出的"边界选区"对话框中输入数值，如图 2-32 所示，单击"确定"按钮，即可将选区扩边为输入的数值，结果如图 2-33 所示。

图 2-31 创建选区 　　　图 2-32 设置边界选区参数 　　　图 2-33 边界选区后效果

3．平滑选区

在使用魔棒等工具创建选区时，经常出现一大片选区中有一些小块未被选中的情况，通过执行菜单中的"选择｜修改｜平滑"命令，可以很方便地去除这些小块，从而使选区变完整。具体操作步骤如下：

① 打开一幅图片，选中要平滑的选区部分，如图2-34所示。

② 执行菜单中的"选择｜修改｜平滑"命令，在弹出的"平滑选区"对话框中输入数值，如图2-35所示，单击"确定"按钮，即可将选区平滑为输入的数值，结果如图2-36所示。

图2-34　创建选区

图2-36　平滑选区后效果

图2-35　设置平滑选区参数

4．变换选区

在Photoshop CS4中不仅可以对选区进行增减、平滑等操作，还可以对选区进行翻转、旋转和自由变形的操作。具体操作步骤如下：

① 打开一幅图片，选中要变换的选区部分。

② 执行菜单中的"选择｜变换选区"命令，可以看到选区周围显示一个矩形框，如图2-37所示，在矩形框上有多个操作点，拖动这些操作点可以调整选区的外形。

③ 调整完毕后，按键盘上的〈Enter〉键，可以确认调整操作，按〈Esc〉键可以取消调整操作，并将选区恢复到调整前的形状。

图2-37　"变换选区"矩形框

5．扩大选取

扩大选取是指在现有选区的基础上，将所有符合魔棒选项中指定的容差范围的相邻像素添加到现有选区中。执行菜单中的"选择｜扩大选取"命令，可以执行扩大选取操作。图2-38为执行"扩大选取"命令前后的对比。

扩大选取前

扩大选取后

图2-38　执行"扩大选取"命令前后的对比

6．选取相似

选取相似是指在现有选区的基础上，将整幅图像中所有与原有矩形选区内的像素颜色相近的区域添加到选区中。执行菜单中的"选择 | 选取相似"命令，可以执行选取相似操作。图 2-39 为执行"选取相似"命令前后的对比。

选取相似前　　　　　　　　　　　　　选取相似后

图 2-39　执行"选取相似"命令前后的对比

2.2.3　选区的存储与载入

有些时候同一个选区要使用很多次，为了便于以后操作，可以将该选区存储起来。存储后的选区将成为一个蒙版显示在通道面板中，当用户需要时可以随时载入这个选区。存储选区的具体步骤如下：

①　打开一幅图片，选中要存储的选区部分，如图 2-40 所示。

②　执行菜单中的"选择 | 存储选区"命令，在弹出的"存储选区"对话框中设置参数，如图 2-41 所示。

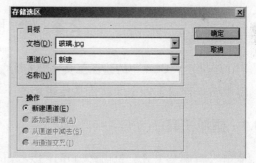

图 2-40　创建选区　　　　　　　　　　图 2-41　"存储选区"对话框

- 文档：用于设置该选区范围的文件位置，默认为当前图像文件。如果当前有相同分辨率和尺寸的图像打开，则这些文件也会出现在列表中。用户还可以从文档下拉列表中选择"新建"选项，创建一个新的图像窗口进行操作。
- 通道：在该下拉列表中可以为选取的范围选择一个目的通道。默认情况下，选区会被存储在一个新通道中。
- 名称：用于设定新通道的名称，这里设置为"黄色玫瑰"。
- 操作：用于设定保存时的选取范围和原有范围之间的组合关系，其默认值为"新建通道"，其他的选项只有在"通道"下拉列表中选择了已经保存的 Alpha 通道时才能使用。

③ 单击"确定"按钮，即可完成选区范围的保存，此时在通道面板中将显示出所保存的信息，如图2-42所示。

④ 当需要载入原先保存的选区时，可以执行菜单中的"选择｜载入选区"命令，此时会弹出"载入选区"对话框，如图2-43所示。

● 反相：选中该复选框后，载入的内容反相显示。

● 新建选区：选中后将新的选区代替原有选区。

● 添加到选区：选中后将新的选区加入到原有选区中。

● 从选区中减去：选中后将新的选区和原有选区的重合部分从选区中删除。

● 与选区交叉：选中后将新选区与原有选区交叉。

⑤ 单击"确定"按钮，即可载入新选区。

图2-42 通道面板

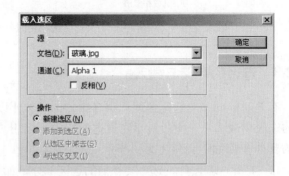
图2-43 "载入选区"对话框

2.3 绘 图 工 具

Photoshop CS4中的绘图工具主要有 和 两种，利用它们可以绘制出各种效果，下面就来具体讲解一下它们的使用方法。

2.3.1 画笔工具

使用 可以绘制出比较柔和的线条，其效果如同用毛笔画出的线条。在使用画笔绘图工具时，必须在工具栏中选定一个适当大小的画笔，才可以绘制图像。

1．画笔的功能

选择工具箱中的 ，此时工具选项栏将切换到画笔工具的选项，如图2-44所示。其中有一个"画笔"下拉列表框，单击其右侧的小三角按钮，将打开一个下拉面板，如图2-45所示，从中可以选择不同大小的画笔。此外，单击工具栏右侧的 按钮，同样会打开一个"画笔"下拉面板，在此也可以选择画笔，如图2-46所示。

在"画笔"下拉面板中，Photoshop CS4提供了多种不同类型的画笔，使用不同类型的画笔，可以绘出不同的效果，如图2-47所示。

图 2-44 "画笔工具"选项栏

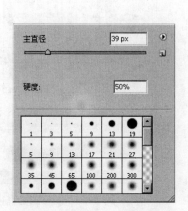

图 2-45 "画笔"下拉列表框

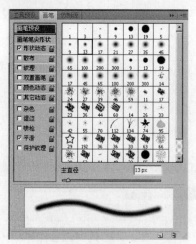

图 2-46 单击 按钮后效果

2．新建和自定义画笔

虽然 Photoshop CS4 提供了很多类型的画笔，但在实际应用中并不能完全满足需要，所以为了绘图的需要，Photoshop CS4 还提供了新建画笔的功能。新建画笔的具体操作步骤如下：

① 执行菜单中的"窗口 | 画笔"命令，调出"画笔"面板，然后单击右上角的 按钮，从弹出的快捷菜单中选择"新建画笔预设"命令，如图 2-48 所示。

图 2-47 选择不同类型的画笔绘制出不同效果

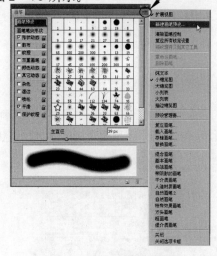

图 2-48 选择"新建画笔预设"命令

 提示

也可以单击"画笔"面板右下角的 按钮来新建画笔。

② 在弹出的"画笔名称"对话框中输入画笔名称，如图 2-49 所示，单击"确定"按钮，即可建立一个与所选画笔相同的新画笔。

③ 接下来对新建的画笔设置参数。选中要设置的画笔，然后在"主直径"滑杆上拖动滑标调整画笔直径，如图 2-50 所示。

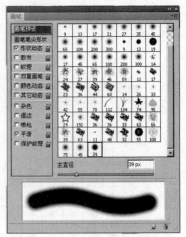

图 2-49　的"画笔名称"对话框

图 2-50　调整画笔直径

使用上述步骤建立的画笔是圆形或椭圆形的，这是平时较常用的画笔。在 Photoshop CS4 中，还可以自定义一些特殊形状的画笔。具体操作步骤如下：

① 执行菜单中的"文件 | 新建"命令，新建一个图像文件。然后利用工具箱中的 （椭圆选框工具）绘制一个圆形选区，接着对其进行圆形渐变填充，如图 2-51 所示。

② 执行菜单中的"编辑 | 定义画笔预设"命令，在弹出的"画笔名称"对话框中输入画笔名称，如图 2-52 所示，单击"确定"按钮。

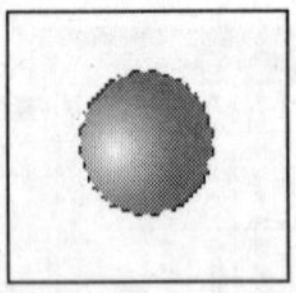

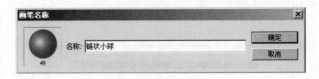

图 2-51　对圆形选区进行圆形渐变填充

图 2-52　输入画笔名称

③ 此时在画笔面板中出现一个新画笔，然后对这个画笔可以进行进一步的设置，如图 2-53 所示。接着可以使用这个画笔制作出链状小球效果，如图 2-54 所示。

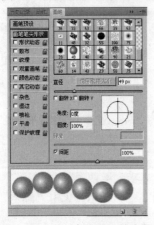

图 2-53　进一步设置画笔参数

图 2-54　绘制链状小球

3．更改画笔设置

对于原有的画笔，其画笔直径、间距以及硬度等都不一定符合绘画的需求，此时可以对已有的画笔进行再次设置。具体操作步骤如下：

① 选择工具箱中的 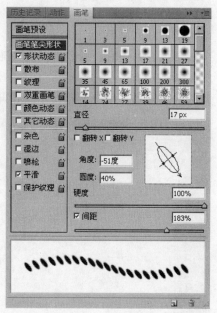（画笔工具），然后打开画笔面板。

② 单击面板左侧的"画笔笔尖形状"选项，如图 2－55 所示。然后在右上方选中要进行设置的画笔，再在下方设置画笔的直径、硬度、间距以及角度和圆度等选项。

- 直径：定义画笔直径大小。设置时可在文本框中输入 1～2500 像素的数值，或直接用鼠标拖动滑杆调整。
- 硬度：定义画笔边界的柔和程度。变化范围为 0%～100%，该值越小，画笔越柔和。
- 间距：用于控制绘制线条时，两个绘制点之间的中心距离。范围为 1%～1000%。数值为 25% 时，能绘制比较平滑的线条；数值为 150% 时，绘制出的是断断续续的圆点。图 2－56 为不同间距值的比较。
- 角度：用于设置画笔角度。设置时可在"角度"文本框中输入 −180～180 的数值，或用鼠标拖动右侧框中的箭头进行调整。
- 圆度：用于控制椭圆形画笔长轴和短轴的比例。设置时可在"圆度"文本框中输入 0～100 的数值。

图 2－55　选择"画笔笔尖形状"选项

③ 除了设置上述参数外，还可以设置画笔的其他效果。比如选中画笔面板左侧的"纹理"复选框，此时面板如图 2－57 所示。在其中可以设置画笔的纹理效果。此外还可以设置诸如"形状动态"、"散布"、"双重画笔"等效果。

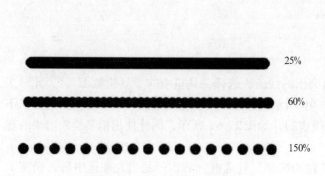

图 2－56　不同间距值的比较

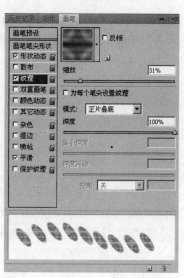

图 2－57　选中"纹理"复选框

4．保存、载入、删除和复位画笔

建立新画笔后，还可以进行保存、载入、删除和重置画笔等操作。

（1）保存画笔

为了方便以后使用，可以将整个画笔面板的设置保存起来。单击画笔面板右上角的 按钮，从弹出的快捷菜单中选择"存储画笔"命令，然后在弹出的"存储"对话框中输入保存的名称，如图 2-58 所示，单击"保存"按钮即可。保存后的文件格式为＊.ABR。

（2）载入画笔

将画笔保存后，可以根据需要随时将其载入。单击画笔面板右上角的 按钮，从弹出的快捷菜单中选择"载入画笔"命令，然后在弹出的如图 2-59 所示的"载入"对话框中选择需要载入的画笔，单击"载入"按钮即可。

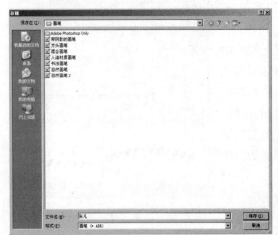

图 2-58　输入名称　　　　　　　　　图 2-59　选择需要载入的画笔

（3）删除画笔

在 Photoshop CS4 中可以删除多余的画笔。在画笔面板中选择相应的画笔，然后右击，从弹出的快捷菜单中选择"删除画笔"命令。或者将要删除的画笔拖到 （删除画笔）按钮上即可。

（4）复位画笔

如果要恢复画笔面板的默认状态，可以单击画笔面板右上角的 按钮，从弹出的快捷菜单中选择"复位画笔"命令即可。

2.3.2　铅笔工具

（铅笔工具）常用来画一些棱角突出的线条。选择工具箱中的 （铅笔工具），此时工具栏将切换到铅笔工具的选项，如图 2-60 所示。铅笔工具的使用方法和画笔工具类似，只不过 （铅笔工具）工具栏中的画笔都是硬边的，如图 2-61 所示，因此使用铅笔绘制出来的直线或线段都是硬边的。

另外，铅笔工具还有一个特有的"自动抹除"复选框。其作用是当它被选中后，铅笔工具即实现擦除的功能。也就是说，在与前景色颜色相同的图像区域中绘图时，会自动擦除前景色而填入背景色。

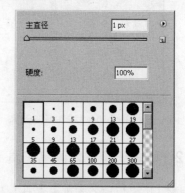

图 2-60　工具栏将切换到铅笔工具的选项　　图 2-61　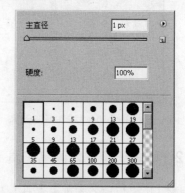（铅笔工具）工具栏中的画笔

2.4　历史画笔工具

历史画笔工具包括 （历史记录画笔工具）和 （历史记录艺术画笔工具）两种，下面就来具体讲解一下它们的使用方法。

2.4.1　历史记录画笔工具

（历史记录画笔工具）可以很方便地恢复图像，而且在恢复图像的过程中可以自由调整恢复图像的某一部分。该工具常与历史记录面板配合使用。具体操作步骤如下：

①　打开一幅图片，如图 2-62 所示。

②　执行菜单中的"窗口 | 历史记录"命令，调出历史记录面板，此时面板中已经有一个历史记录，名为"打开"，如图 2-63 所示。

图 2-62　打开图片

图 2-63　"历史记录"面板

③　选择工具箱中的 （渐变工具），渐变类型选择 （线性渐变），然后在图像工作区中从上往下进行拖动，结果如图 2-64 所示。

④　选择工具栏中的 （历史记录画笔工具），选择画笔模式为 ，然后在图像上拖动鼠标，结果如图 2-65 所示。

图2-64　线性渐变效果　　　　　　图2-65　利用 🖌(历史记录画笔工具) 处理后效果

2.4.2　历史记录艺术画笔工具

🖌(历史记录艺术画笔工具) 也有恢复图像的功能，其操作方法同 🖌(历史记录画笔工具) 类似。它们的不同点在于，🖌(历史记录画笔工具) 可以将局部图像恢复到指定的某一步操作，而 🖌(历史记录艺术画笔工具) 则可以将局部图像按照指定的历史状态转换成手绘的效果。下面继续用刚才的实例进行讲解，具体操作步骤如下：

① 选择工具箱中的 🖌(历史记录艺术画笔工具)，此时工具选项栏如图2-66 所示。

图2-66　🖌(历史记录艺术画笔工具) 选项栏

② 在图像工作区的四周拖动鼠标，结果如图2-67 所示。

③ 将选项栏的"样式"改为"紧绷卷曲长"，然后在图像工作区的四周拖动，结果如图2-68 所示。

图2-67　选择"绷紧短"样式效果　　　　　图2-68　选择"紧绷卷曲长"样式效果

2.5　填　充　工　具

填充工具包括 🔲(渐变工具) 和 🪣(油漆桶工具) 两种，下面就来具体讲解一下它们的使用方法。

2.5.1　渐变工具

使用 🔲(渐变工具) 可以绘制出多种颜色间的逐渐混合，实质上就是在图像中或图像的某一区域中添入一种具有多种颜色过渡的混合色。这个混合色可以是从前景色到背景色的过渡，也可以是前景色与透明背景间的相互过渡或者是其他颜色间的相互过渡。

渐变工具包括 5 种渐变类型，它们分别是：▨（线性渐变）、▧（径向渐变）、▨（角度渐变）、▭（对称渐变）和▨（菱形渐变）。图 2-69 为这几种渐变类型的比较。

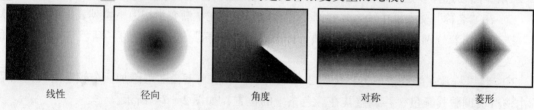

| 线性 | 径向 | 角度 | 对称 | 菱形 |

图 2-69 渐变类型的比较

1. 使用已有的渐变色填充图像

使用已有的渐变色填充图像的具体操作步骤如下：

① 选择工具箱中的▧（渐变工具），然后在选项工具栏中进行设置，如图 2-70 所示。

② 将鼠标移到图像中，从上往下拖动鼠标，即可在图像中填入渐变颜色，如图 2-71 所示。

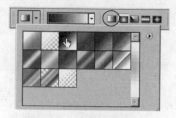

图 2-70 设置渐变参数

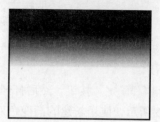

图 2-71 填入渐变色

2. 使用自定义渐变色填充图像

① 选择工具箱中的▧（渐变工具），然后在选项工具栏中单击▨，弹出图 2-72 所示的"渐变编辑器"对话框。

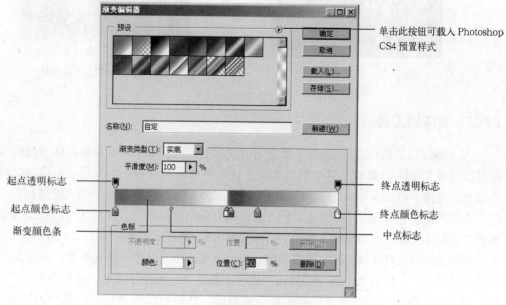

图 2-72 "渐变编辑器"对话框

② 新建渐变色。单击"新建"按钮，此时在"预设"框中将多出一个渐变样式，如图 2-72 所示。然后选择新建的渐变色，在此基础上进行编辑。

③ 在"名称"文本框中输入新建渐变的名称，然后在"渐变类型"下拉列表框中选择"实底"选项。接着分别单击起点和终点颜色标志，在"色标"选项组中的"颜色"下拉列表框中更改颜色。

④ 将鼠标放在颜色条下方，如图 2-73 所示，单击一下，即可添加一个颜色滑块，然后单击该滑块调整其颜色，并调整其在颜色条上的位置，如图 2-74 所示。

图 2-73　添加颜色滑块

图 2-74　调整滑块颜色

⑤ 添加透明蒙版。在渐变颜色条上方选择起点透明标志，将其位置定为 0%，不透明度定为 100%。然后选择终点透明标志，将其位置定为 100%，不透明度定为 100%。接着在 50% 处添加一个透明标志，不透明度定为 0%，结果如图 2-75 所示。

⑥ 单击"确定"按钮，然后打开一幅图片，如图 2-76 所示，使用新建的渐变色对其进行线性填充，结果如图 2-77 所示。

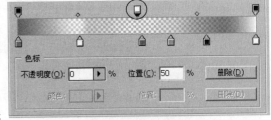

图 2-75　设置不透明度

图 2-76　打开图片

图 2-77　线性填充后效果

2.5.2　油漆桶工具

（油漆桶工具）可以在图像中填充颜色，但它只对图像中颜色接近的区域进行填充。油漆桶工具类似于（魔棒工具）的功能，在填充时会先对单击处的颜色进行取样，确定要填充颜色的范围。可以说（油漆桶工具）是（魔棒工具）和填充命令功能的结合。

在使用（油漆桶工具）填充颜色之前，需要先设定前景色，然后才可以在图像中单击以填充前景色。图 2-78 为原图，使用（油漆桶工具）填充后结果如图 2-79 所示。

要使油漆桶工具在填充颜色时更准确，可以在其选项工具栏中设置参数，如图 2-80 所示。如果在"填充"下拉列表中选择"前景"选项，则以前景色进行填充；如果选择了"图案"选项，则工具栏中的"图案"下拉列表框会被激活，从中可以选择已经定义的图像进行填充。

提示

若选中"所有图层"复选框，(油漆桶工具)将在所有图层中的颜色进行取样并填充。

图 2-78　原图

图 2-79　填充后效果

图 2-80　选择"图案"选项

2.6　图　章　工　具

图章工具包括 (仿制图章工具）和 (图案图章工具）两种，主要用于图像的复制，下面就来具体讲解一下它们的使用方法。

2.6.1　仿制图章工具

(仿制图章工具）是一种复制图像的工具，原理类似现在流行的生物技术——克隆，即在要复制的图像上取一个点，而后复制整个图像。其工具选项栏如图 2-81 所示，使用 (仿制图章工具）的具体操作步骤如下：

图 2-81　 (仿制图章工具）选项栏

① 打开一幅图片，如图 2-82 所示。

② 选择工具箱上的 (仿制图章工具)，按下〈Alt〉键，此时光标变为 状，选择要复制的起点单击，然后松开〈Alt〉键。

③ 拖动鼠标在图像的任意位置开始复制，结果如图 2-83 所示。

图 2-82　打开图片

图 2-83　利用 (仿制图章工具）复制后效果

2.6.2　图案图章工具

（图案图章工具）是以预先定义的图案为复制对象进行复制，可以将定义的图案复制到图像中。可以从图案库中选择图案或者创建自己的图案，其工具选项栏如图2-84所示。

图2-84　（图案图章工具）选项栏

单击"图案"下拉列表框右边向下的小三角按钮，将弹出"图案"下拉列表，在这里可以选取已经预设的图案，如图2-85所示。还可以单击右上角的 ⊙ 按钮，从弹出的快捷菜单中选择"新建图案"、"载入图案"、"保存图案"、"删除图案"等命令，如图2-86所示。

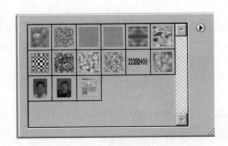

图2-85　"图案"下拉列表　　　　　图2-86　图案快捷菜单

除了从图案库载入图案外，还可以从现有的图像中自定义全部或一个区域的图像。具体操作步骤如下：

① 打开一幅图片，然后利用工具箱中的 □（矩形选框工具）选取部分区域的图像，如图2-87所示。

② 执行菜单中的"编辑|定义图案"命令，在弹出的对话框中输入名称，如图2-88所示，单击"确定"按钮。

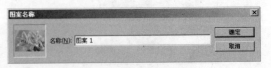

图2-87　创建矩形选区　　　　　图2-88　输入图案名称

③ 新建一个文件，并用线性渐变色进行填充，如图 2-89 所示。

④ 选择工具箱中的 （图案图章工具），设置画笔为 ，不透明度设为 80%，在图像中拖动鼠标，结果如图 2-90 所示。

图 2-89　线性渐变填充效果

图 2-90　利用 （图案图章工具）处理后效果

2.7　擦　除　工　具

Photoshop　CS4 的擦除工具包括 （橡皮擦工具）、 （背景橡皮擦工具）和 （魔术橡皮擦工具）3 种。 （橡皮擦工具）和 （魔术橡皮擦工具）可用于将图像的某些区域抹成透明或背景色， （背景橡皮擦工具）可用于将图层抹成透明。下面就来具体讲解一下它们的使用方法。

2.7.1　橡皮擦工具

使用 （橡皮擦工具）的具体操作步骤如下：

① 打开一幅图片，如图 2-91 所示。

② 选择工具箱中的 （橡皮擦工具），设置背景色为白色，在选项工具栏中设置画笔为 ，不透明度为 100%，然后在图像中进行涂抹，结果如图 2-92 所示。

图 2-91　打开图片

图 2-92　用白色擦除后效果

③ 选中选项栏中的"抹到历史记录"复选框，设置不透明度为 65%，如图 2-93 所示，会发现在这些位置上的图像恢复到开始的状态，只不过变得透明了些，如图 2-94 所示。

图 2-93　设置擦除参数

图 2-94　调整参数后的擦除效果

2.7.2　背景橡皮擦工具

（背景橡皮擦工具）可以将图像擦除到透明色。具体操作步骤如下：

① 打开上一节使用的图片。

② 选择工具箱上的（背景橡皮擦工具），设置画笔为 65 ，如图 2-95 所示。然后在图像中的天空位置进行涂抹，结果如图 2-96 所示。

图 2-95　设置 （背景橡皮擦工具）参数

图 2-96　擦除天空后效果

> **提示**
>
> 此时"容差值"为 50%，如果降低容差值会发现颜色差别较大的地方

2.7.3　魔术橡皮擦工具

使用（魔术橡皮擦工具）在图层中单击时，该工具会自动更改所有相似的像素。如果是在背景中操作，像素会被抹为透明；如果是在其他层中操作，该层的像素会被擦掉，从而显示出背景色。具体操作步骤如下：

① 打开一幅图片，如图 2-97 所示。

② 选择工具箱上的（魔术橡皮擦工具），设置容差值为 20，其他选项默认，如图 2-98 所示。然后单击图像中的天空位置，此时在临近区域内颜色相似的像素都被擦除，如图 2-99 所示。

图 2-97　打开图片

图 2-98　设置 （魔术橡皮擦工具）参数

图 2-99　擦除天空后效果

2.8　图像修复工具

Photoshop CS4 的图像修复工具包括 ▨（污点修复画笔工具）、▨（修复画笔工具）、▨（修补工具）和 ▨（红眼工具）4 种。

2.8.1　修复画笔工具

▨（修复画笔工具）可用于校正瑕疵，使它们消失在周围的图像中。与 ▨（仿制图章工具）一样，使用 ▨（修复画笔工具）可以利用图像或图案中的样本像素来绘画。但是 ▨（修复画笔工具）还可将样本像素的纹理、光照和阴影与源像素进行匹配，从而使修复后的像素不留痕迹地融入图像的其余部分。使用修复画笔工具的具体操作步骤如下：

① 打开一幅带有瑕疵的图片，如图 2-100 所示。

② 选择工具箱上的 ▨（修复画笔工具），按住〈Alt〉键用鼠标选取一个取样点，如图 2-101 所示。

③ 在瑕疵部分拖动鼠标进行涂抹，修复后效果如图 2-102 所示。

图 2-100　打开图片

图 2-101　选取取样点

图 2-102　修复后效果

2.8.2　污点修复画笔工具

该工具可以使用图像或图案中的样本像素进行绘画，并将样本像素的纹理、光照、透明度和阴影与所修复的像素相匹配，其选项栏如图 2-103 所示。

图 2-103　"污点修复画笔工具"选项栏

确定样本像素有"近似匹配"和"创建纹理"两种类型。

● 选中"近似匹配"类型，如果没有为污点建立选区，则样本自动采用污点外部四周的像素；如果选中污点，则样本采用选区外围的像素。

● 选中"创建纹理"类型，则使用选区中的所有像素创建一个用于修复该区域的纹理。 如果纹理不起作用，可以再次拖过该区域。

污点修复画笔工具的使用方法如下：

① 打开要修复的图片，如图 2-104 所示。

② 在工具箱中选择 ✐（污点修复画笔工具），然后在选项栏中选取比要修复的区域稍大一点的画笔笔尖。

③ 在要处理的苹果污点的位置单击或拖动即可去除污点，结果如图 2-105 所示。

图 2-104　要修复的图片　　　　　　　图 2-105　　修复后效果

2.8.3　修补工具

🔷（修补工具）可以用其他区域或图案中的像素来修复选中的区域，同样可以将样本像素的纹理、光照和阴影与源像素进行匹配。🔷（修补工具）在修复人脸部的皱纹或污点时显得尤其有效。使用修补工具的具体操作步骤如下：

① 打开一幅带有瑕疵的图片，如图 2-106 所示。

② 选择工具箱中的 🔷（修补工具），在要修补的区域中拖动鼠标，从而定义一个选区，如图 2-107 所示。

③ 将鼠标移到选区中，按住鼠标左键，拖动选区到取样区域，如图 2-108 所示。然后松开鼠标，结果如图 2-109 所示。

图 2-106　打开图片

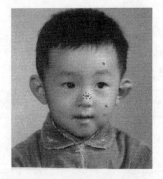

图 2-107　定义要修补的选区　　　　图 2-108　将要修补的区域拖到取样区域

④ 同理，对其余瑕疵进行处理，结果如图 2-110 所示。

图 2-109　修补后效果

图 2-110　对其余瑕疵进行处理后效果

2.8.4　红眼工具

该工具可移去用闪光灯拍摄的人物照片中的红眼，也可以移去用闪光灯拍摄的动物照片中的白色或绿色反光。使用红眼工具的具体操作步骤如下：

①　打开要处理红眼的图片，如图 2-111 所示。

②　选择工具箱中的 （红眼工具），在要处理的红眼位置进行拖动，即可去除红眼，结果如图 2-112 所示。

图 2-111　要处理红眼的图片

图 2-112　处理后效果

2.9　图像修饰工具

Photoshop CS4 的图像修饰工具包括 （涂抹工具）、 （模糊工具）、 （锐化工具）、 （减淡工具）、 （加深工具）和 （海绵工具）6 种，使用这些工具可以方便地对图像的细节进行处理，可以调整其清晰度、色调及饱和度等。

2.9.1　涂抹、模糊和锐化工具

（涂抹工具）可模拟在湿颜料中拖移手指的动作。 （模糊工具）可柔化图像中的硬边缘或区域以减少细节。 （锐化工具）则可聚焦软边缘，提高清晰度或聚焦程度。

1．涂抹工具

（涂抹工具）可拾取描边开始位置的颜色，并沿拖移的方向展开这种颜色。涂抹工具选项栏如图 2-113 所示。

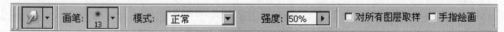
图 2-113　 （涂抹工具）选项栏

- 对所有图层取样：选中该复选框，可利用所有能够看到的图层中的颜色数据来进行涂抹。如果取消选中该复选框，则涂抹工具只使用现有图层的颜色。
- 手指绘画：选中该复选框，可以使用前景色在每一笔的起点开始向鼠标拖动的方向进行涂抹，就好像用手指蘸上颜色在未干的油墨上绘画一样。如果不选中此复选框，则涂抹工具使用起点处的颜色进行涂抹。

使用涂抹工具的具体操作步骤如下：

① 打开一幅需要进行涂抹处理的图片，如图 2－114 所示。

② 选择工具箱上的 （涂抹工具），设置前景色为白色，强度为 50%，选中"手指绘画"复选框，然后涂抹图像左侧的葡萄，结果如图 2－115 所示。

③ 回到原始图像状态，取消选中"手指绘画"复选框，然后涂抹图像左侧的葡萄，结果如图 2－116 所示。

图 2－114　原图　　图 2－115　选中"手指绘画"的效果　图 2－116　未选中"手指绘画"的效果

2．模糊工具

（模糊工具）通过将突出的颜色分解，使得僵硬的边界变得柔和，颜色过渡变平缓，起到一种模糊图像局部的效果。模糊工具选项栏如图 2－117 所示。

图 2－117　（模糊工具）选项栏

- 画笔：可设置模糊的大小。
- 模式：可设置像素的混合模式，有正常、变暗、变亮、色相、饱和度、颜色和亮度七个选项可供选择。
- 强度：用来设置画笔的力度。数值越大，画出的线条色越深，也越有力。
- 对所有图层取样：选中该复选框，则将模糊应用于所有可见的图层，否则只应用于当前图层。

使用模糊工具的具体操作步骤如下：

① 打开一幅需要进行模糊处理的图片，如图 2－118 所示。

② 选择工具箱中的 （模糊工具），设置其强度为 80%，然后在图像中要进行模糊处理区域拖动鼠标，结果如图 2－119 所示。

3．锐化工具

（锐化工具）与 （模糊工具）相反，它是一种使图像色彩锐化的工具，也就是增大像素之间的反差。使用 （锐化工具）可以增加图像的对比度，使图像变得更加清晰，还可以提高滤镜的性能。

　图 2-118　需要模糊处理的图片　　　　　图 2-119　模糊处理效果

　　（锐化工具）的使用方法和（模糊工具）完全一样，而且它可以与（模糊工具）互补进行工作，但是进行过模糊操作的图像再经过锐化处理并不能够恢复到原始状态。因为不管是模糊或者是锐化，处理图像的过程本身就是丢失图像信息的过程。图 2-120 所示为锐化前后的比较。

锐化前　　　　　　　　　　　　　　　　　　　　　锐化后

图 2-120　锐化前后的比较

2.9.2　减淡、加深和海绵工具

　　（减淡工具）和（加深工具）是色调工具，使用它们可以改变图像特定区域的曝光度，使图像变暗或变亮。（海绵工具）能够非常精确地增加或减少图像区域的饱和度。

1．减淡工具

　　（减淡工具）可以改善图像的曝光效果，因此在照片的修正处理上有它的独到之处。使用此工具可以加亮图像的某一部分，使之达到强调或突出表现的目的。减淡工具选项栏如图 2-121 所示。

图 2-121　（减淡工具）选项栏

- 画笔：用于选择画笔形状和大小。
- 范围：用于选择要处理的特殊色调区域。其中包括"阴影"、"中间调"和"高光"3 个选项。

使用减淡工具的具体操作步骤如下：

① 打开一幅需要进行减淡处理的图片，如图 2-122 所示。

② 选择工具箱中的 减淡工具，在需要进行减淡处理的位置进行涂抹，结果如图 2-123 所示。

图 2-122 打开原图　　　　　　　　　　图 2-123 减淡后效果

2. 加深工具

加深工具（加深工具）与 减淡工具（减淡工具）相反，它是通过使图像变暗来加深图像的颜色。它通常用来加深图像的阴影或对图像中有高光的部分进行暗化处理。图 2-124 所示为对原图进行加深前后的效果比较。

加深前　　　　　　　　　　　　　　加深后

图 2-124 加深前后的效果比较

3. 海绵工具

使用 海绵工具（海绵工具）能够精细地改变某一区域的色彩饱和度，但对黑白图像处理的效果不是很明显。在灰度模式中，海绵工具通过将灰色色阶远离或移到中灰来增加或降低对比度。海绵工具选项栏如图 2-125 所示。

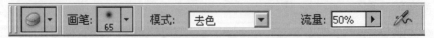

图 2-125 海绵工具（海绵工具）选项栏

在"模式"下拉列表中，可以设置海绵工具是进行"去色"或"加色"。

- 去色：用于降低图像颜色的饱和度，一般用它来表现比较阴沉、昏暗的效果。
- 加色：用于增加图像颜色的饱和度。

图 2-126 所示为使用海绵工具进行去色和加色的效果比较。

原图　　　　　　　　　　去色效果　　　　　　　　　加色效果

图 2-126　使用海绵工具进行去色和加色的效果比较

2.10　实　例　讲　解

本节将通过"彩色光盘效果"、"彩虹效果"、"肖像照效果"、"造假效果"、"墨竹图效果"、"摄影图片局部去除效果"和"旧画报图像修复效果"7 个实例来讲解 Photoshop CS4 工具与绘图在实践中的应用。

2.10.1　彩色光盘效果

要点：

本例将制作一张彩色光盘，如图 2-127 所示。通过本例学习应掌握创建圆形选区，对选区进行描边及渐变工具的使用。

图 2-127　彩色光盘效果

操作步骤：

① 执行菜单中的"文件|新建"命令，在弹出的对话框中设置参数，如图 2-128 所示。

② 选择工具箱上的 ▣（渐变工具），渐变类型为 ▣（线性渐变），调节渐变色为深蓝（RGB：20，10，100）→蓝白（RGB：160，160，220）→蓝（RGB：100，100，250），如图 2-129 所示，对背景层进行从上到下渐变填充。

③ 执行菜单中的"视图|标尺"命令，调出标尺。然后选择工具箱上的 ▣（移动工具），从标尺上拖出参考线，结果如图 2-130 所示。

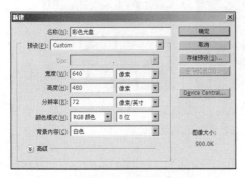

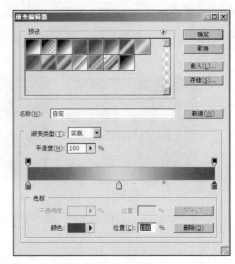

图 2-128　新建文件　　　　　　　　　图 2-129　设置渐变色

④　选择工具箱上的 ⊙（椭圆选框工具），按住键盘上的〈Shift+Alt〉键，以参考线交叉点为圆心绘制圆形选区，结果如图 2-131 所示。

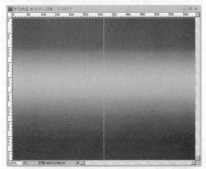

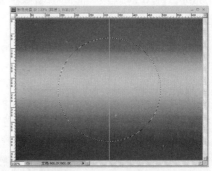

图 2-130　拉出参考线　　　　　　　　图 2-131　创建正圆形

⑤　单击图层面板下方的 ◻（创建新图层）按钮，新建一个图层，如图 2-132 所示。然后选择工具箱上的 ▣（渐变工具），渐变类型为 ◼（角度渐变），设置渐变色如图 2-133 所示。

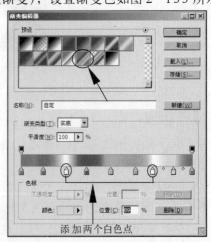

图 2-132　创建新图层　　　　　　　　图 2-133　设置渐变色

⑥ 在"图层 1"上以参考线交叉点为圆心拖拉渐变线，结果如图 2-134 所示。

⑦ 执行菜单中的"编辑 | 描边"命令，将大圆进行白色描边处理。在弹出的对话框中设置，如图 2-135 所示，然后单击"确定"按钮，结果如图 2-136 所示。

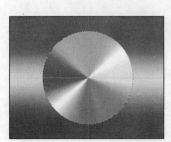
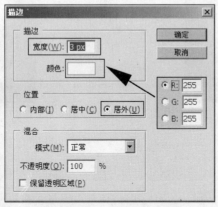
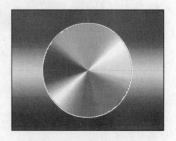

图 2-134　填充正圆形　　　　图 2-135　设置"描边"参数　　　　图 2-136　描边后效果

⑧ 按〈Ctrl+D〉组合键，取消选区。然后选择工具箱上的 ⬭（椭圆选框工具），同时按住〈Alt+Shift〉键从参考线交叉点拖拉出圆形选区。接着执行菜单中的"编辑 | 描边"命令，将圆形进行白色描边处理。设置描边宽度为 2，单击"确定"按钮，结果如图 2-137 所示。最后按键盘上的〈Delete〉键删除选区，结果如图 2-138 所示。

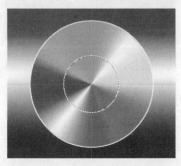
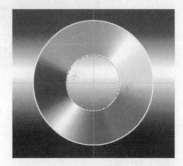

图 2-137　创建圆形选区并描边　　　　　　　图 2-138　删除选区

⑨ 同理，创建一个圆形选区，并用 1 像素宽的白色进行描边，结果如图 2-139 所示。接着按〈Ctrl+D〉组合键取消选区。

⑩ 选择工具箱上的 ✎（魔棒工具），创建如图 2-140 所示的选区。

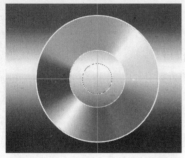
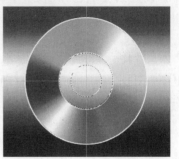

图 2-139　创建圆形选区并描边　　　　　　　图 2-140　选择选区

⑪ 选择工具箱上的 （渐变工具），渐变类型为（线性渐变），利用"蓝—白"渐变色对选区进行填充，如图 2-141 所示。然后按〈Ctrl+D〉组合键取消选区，最终结果如图 2-142 所示。

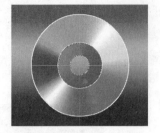

图 2-141　填充选区　　　　　　　　　　　　图 2-142　取消选区

2.10.2　彩虹效果

要点：

本例将制作天空中的彩虹效果，如图 2-143 所示。通过本例学习应掌握渐变工具和图层混合模式的应用。

原图　　　　　　　　　　　　　　　　　　结果图

图 2-143　彩虹效果

操作步骤：

① 打开配套光盘"素材及结果|2.10.2　彩虹效果|原图.tif"文件，如图 2-143 所示。

② 选择工具箱上的（渐变工具），打开渐变编辑器，设置渐变颜色如图 2-144 所示，单击"确定"按钮。

③ 新建"图层 1"，将图层混合模式设为"滤色"模式。然后选择（径向渐变）类型，以图片下部为中心点画出径向渐变。接着使用（移动工具）将彩虹移动到合适的位置，结果如图 2-145 所示。

④ 确认当前图层为背景图层。然后选择工具箱上的（魔棒工具），容差值设为 30，并选中"连续"选项，接着配合键盘上的〈Shift〉键，选取蓝天选区。

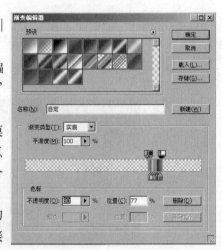

图 2-144　设置渐变色

图 2-145　径向渐变效果

⑤　执行菜单中的"选择 | 反向"（〈Ctrl+Shift+I〉组合键）命令，创建蓝天以外的选区。然后选择"图层 1"，单击〈Delete〉键删除选区中的对象，结果如图 2-146 所示。

图 2-146　删除天空以外的彩虹

⑥　按〈Ctrl+D〉组合键，取消选区。

⑦　此时彩虹过于清晰，下面通过高斯模糊来解决这个问题。执行菜单中的"滤镜 | 模糊 | 高斯模糊"命令，在弹出的对话框中进行设置，如图 2-147 所示，然后单击"确定"按钮，结果如图 2-148 所示。

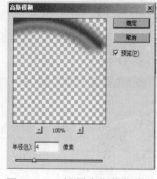

图 2-147　设置高斯模糊参数

图 2-148　模糊后效果

2.10.3 肖像照效果

要点：

　　本例将日常拍摄的照片处理为肖像照片的效果，如图2-149所示。通过本例学习应掌握图案填充、调整画布大小和动作的使用方法。

原图.jpg　　　　　　　　　　　　肖像照片

图2-149　肖像照片

操作步骤：

　　① 打开配套光盘"素材及结果|2.10.3 肖像照效果|原图.jpg"图片，如图2-149所示。然后利用工具箱上的 🔲（裁剪工具）将图像中的外围裁切掉，如图2-150所示。

　　② 选中人物以外的部分，用蓝色（RGB：0，0，255）进行填充，结果如图2-151所示。

图2-150　裁切照片　　　　　　　图2-151　填充人物以外背景

　　③ 单击动作面板下方的 🔲（创建新组）按钮，在弹出的"创建组"对话框中进行设置，如图2-152所示，单击"确定"按钮。

　　④ 单击动作面板下方的 🔲（创建新动作）按钮，在弹出的"新建动作"对话框中进行设置，如图2-153所示，单击"确定"按钮，进入动作记录状态。

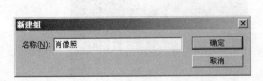　　　　　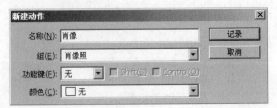

图2-152　"创建组"对话框　　　　　图2-153　"新建动作"对话框

⑤ 执行菜单中的"图像|画布大小"命令，弹出图 2-154 所示的对话框，在对话框中设置参数，使得图像的宽度和高度均变大一些，且将图像居中，如图 2-155 所示，单击"确定"按钮，结果如图 2-156 所示。

图 2-154　"画布大小"对话框　　　　图 2-155　调整参数　　　　图 2-156　调整后效果

⑥ 执行菜单中的"编辑|定义图案"命令，在弹出的"图案名称"对话框中进行设置，如图 2-157 所示，单击"确定"按钮。

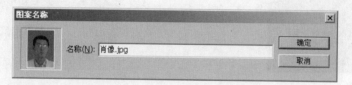

图 2-157　"图案名称"对话框

⑦ 执行菜单中的"文件|新建"命令，在弹出的"新建"对话框中进行设置，如图 2-158 所示，单击"确定"按钮。

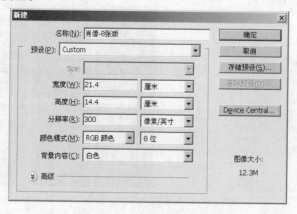

图 2-158　"新建"对话框

⑧ 执行菜单中的"编辑|填充"命令，在弹出的"填充"对话框中选择刚才定义的图案，如图 2-159 所示，单击"确定"按钮，结果如图 2-160 所示。

⑨ 如果要制作其他人物的肖像照，可以先打开这张照片，如图 2-161 所示。然后将其调整为与本例中原肖像同样大小的图像。

⑩ 打开动作面板中"填充"命令的"切换对话"开关，如图 2-162 所示。

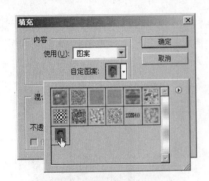

图 2-159 "填充"对话框

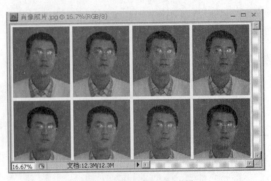

图 2-160 填充后效果

图 2-161 打开照片

图 2-162 打开"切换对话"开关

⑪ 执行新录制的动作，在填充之前会弹出如图 2-163 所示的对话框，此时选择新的肖像，单击"确定"按钮，结果如图 2-164 所示。

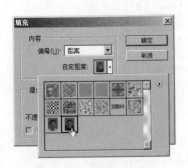

图 2-163 选择新的肖像

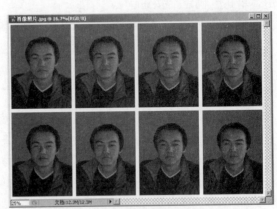

图 2-164 填充后效果

2.10.4 造假效果

 要点：

　　本例将对一幅图片进行五处造假处理，如图 2-165 所示。通过本例学习应掌握多边形套索工具、橡皮图章工具、自由变换工具和图层的综合应用。

原图

结果图

图2-165　造假效果

操作步骤：

本例我们将对图片上的 5 处进行造假处理：①将奶油加长；②将糖块放到咖啡杯中；③增加一个调味瓶；④在调味瓶上放上文字；⑤更改闹钟上的时间。

1.将奶油加长

①　打开配套光盘"素材及结果|2.10.4　造假效果|原图.tif"文件，如图 2-165 所示。

②　选择工具箱上的 （多边形套索工具），羽化值设为 0，创建选区如图 2-166 所示。

③　选择工具箱上的 ▶+（移动工具），按住〈Alt〉键，将选区图像复制到图 2-167 所示的位置，然后按〈Ctrl+D〉组合键，取消选区，结果如图 2-168 所示。

图2-166　创建选区

图2-167　复制选区

图2-168　取消选区后效果

2.将糖块放到咖啡杯中

①　利用工具箱上的 ✓（多边形套索工具），羽化值设为 0，创建选区如图 2-169 所示。然后按〈Ctrl+C〉组合键复制，按〈Ctrl+V〉组合键粘贴。接着执行菜单中的"编辑|自由变换"命令，将复制后糖块适当缩小，如图 2-170 所示。从而形成近大远小的效果。

图 2-169　创建糖块选区

图 2-170　缩小复制后糖块

② 选择"图层 1"，单击图层面板下方的 ▢（添加图层蒙版）按钮，对"图层 1"添加一个图层蒙版，如图 2-171 所示。然后选择工具箱上的 ✎（画笔工具），设置画笔参数为 ✎·│画笔:│ *13 │ 模式:│正常 │ 不透明度:│100% │▶│ 流量:│100% │▶│ ✎ │，并确定前景色为黑色，对蒙版进行处理，结果如图 2-172 所示，此时图层分布如图 2-173 所示。

图 2-171　添加图层蒙版

图 2-172　处理蒙版

图 2-173　图层分布

3．增加一个调味瓶

① 回到"背景"层，利用工具箱上的 ▽（多边形套索工具），羽化值设为 0，创建选区如图 2-174 所示。然后按〈Ctrl+C〉组合键，进行复制，再按〈Ctrl+V〉组合键，进行粘贴。接着利用工具箱上的 ▶+（移动工具），将复制后的调味瓶移到图 2-175 所示的位置。

图 2-174　创建调味瓶选区

图 2-175　复制调味瓶

② 为了方便选取两个调味瓶之间的相交区域，选择"图层 2"，将它的不透明度设为 50%，如图 2-176 所示，结果如图 2-177 所示。

图 2-176　调整不透明度

图 2-177　调整不透明度效果

③ 利用工具箱上的 ⬚（多边形套索工具），羽化值设为 0，创建如图 2-178 所示的选区，然后按〈Delete〉键删除，结果如图 2-179 所示。

图 2-178　创建重叠部分选区

图 2-179　删除重叠部分

④ 将"图层 2"的不透明度恢复为 100%，结果如图 2-180 所示。

4．在调味瓶上放上文字

① 选择 **T**（横排文字工具），在选项栏中设置文字参数为 ▭，然后输入文字"S"，结果如图 2-181 所示。接着执行菜单中的"编辑|变换|斜切"命令，调整文字使之符合调味瓶的透视，如图 2-182 所示，最后按〈Enter〉键确定，结果如图 2-183 所示。

图 2-180　将不透明度恢复为 100%

图 2-181　输入文字

图 2-182　调整文字使之与调味瓶匹配

图 2-183　调整后效果

② 制作文字的浮雕效果。选择"图层2"，单击图层面板下方的 fx（添加图层样式）按钮，在弹出的对话框中选择"斜面和浮雕"命令，然后在弹出的对话框中进行设置，如图 2-184 所示，单击"确定"按钮，结果如图 2-185 所示，此时图层分布如图 2-186 所示。

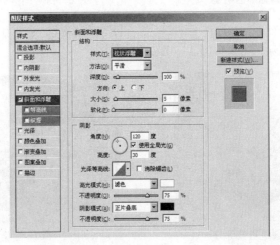

图 2-184　调整"斜面与浮雕"参数

图 2-185　对文字施加样式后效果

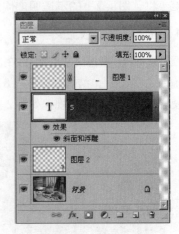

图 2-186　图层分布

③ 同理，制作另一个调味瓶上浮雕文字，如图 2-187 所示，此时图层分布如图 2-188 所示。

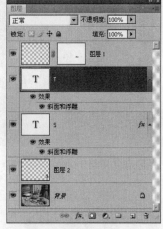

图 2-187　制作另一个调味瓶上浮雕文字　　　　图 2-188　图层分布

5．更改闹钟上的时间

①　选择"背景"层，利用工具箱上的 （多边形套索工具），羽化值设为 0，创建选区如图 2-189 所示。然后在画面上右击，从弹出的菜单中选择"通过拷贝的图层"命令，将闹钟上的分针分离到新的"图层 3"上。

②　同理，将闹钟上的时针分离到新的"图层 4"上。然后关闭"图层 3"和"图层 4"前的 眼睛图标，回到"背景"层，如图 2-190 所示，结果如图 2-191 所示。

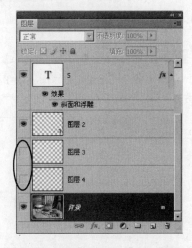

图 2-189　创建分针选区　　　　　　　图 2-190　隐藏"图层 3"和"图层 4"

③　选择工具箱上的 （仿制图章工具），按住〈Alt〉键的同时在指针以外单击鼠标从而将取样位置的图像复制下来。然后松开〈Alt〉键，在指针位置进行拖动，从而将图像复制到指针位置。如此反复多次，结果如图 2-192 所示。

④　将"图层 3"和"图层 4"重新显现出来。然后选择分针所在的"图层 3"，执行菜单中的"编辑|自由变换"（〈Ctrl+T〉组合键）命令，将轴心点移到图 2-193 所示的位置，接着对其进行旋转。

图 2-191　隐藏"图层 3"和"图层 4"效果

图 2-192　复制图像后效果

⑤　同理，对时针所在的"图层 4"进行调整，最终结果如图 2-194 所示。

图 2-193　调整轴心点

图 2-194　调整后效果

2.10.5　墨竹图效果

要点：

　　本例将制作一幅墨竹图，如图 2-195 所示。通过本例学习应掌握自定义笔头的创建方法以及画笔参数的基本设置方法。

图 2-195　墨竹图效果

操作步骤：

①　执行菜单中的"文件 | 新建"命令，在弹出的对话框中设置参数，如图 2-196 所示，然后单击"确定"按钮，从而新建一个文件。

②　选择工具箱上的 （画笔工具），在画笔工具栏的最右边单击 （切换画笔调板）按钮，弹出图 2-197 所示的对话框。

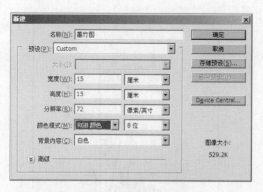

图 2-196 "新建"对话框

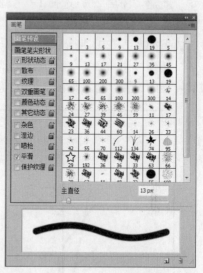

图 2-197 画笔预设面板

③　在弹出的对话框中，分别选择"形状动态"和"颜色动态"选项，其参数设置分别如图 2-198 和图 2-199 所示。

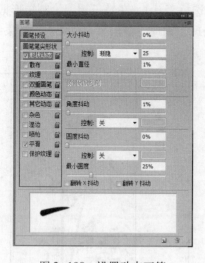

图 2-198 设置动态画笔

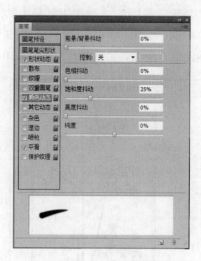

图 2-199 设置动态颜色

④　单击画笔设置框右上角的 按钮，在弹出的下拉菜单中选择"新建画笔预设"命令，然后在弹出的对话框中将其命名为"竹叶"，如图 2-200 所示。

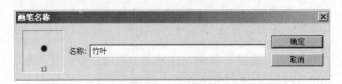

图2-200　输入名称

⑤　新建"图层2"，选择17号画笔，并且选中画笔工具栏的 按钮。然后在画面上画竹竿。接着选中9号画笔或者更小号的画笔，并且选中画笔工具栏的 按钮，在画面上画细竹枝，效果如图2-201所示。

⑥　新建"图层3"，改变画笔为刚刚设置好的"竹叶"画笔，改变前景色为黑色，从而完成竹叶层的设置，效果如图2-202所示。

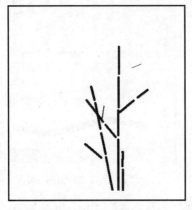

图2-201　绘制枝干

图2-202　绘制竹叶

⑦　新建"图层4"，选择工具箱上的 （矩形选框工具），在竹子周围绘制矩形框，接着执行菜单中的"编辑|描边"命令，对其进行描边处理。同理，描出另一个外框，效果如图2-203所示。输入图名，最终效果如图2-204所示。

图2-203　制作外框

图2-204　最终效果

2.10.6　旧画报图像修复效果

要点：

本例将制作旧画报图像修复效果，如图 2-205 所示。通过本例学习应掌握 [ ]（单列选框工具）和 [ ]（仿制图章工具）的综合应用。

原图

结果图

图 2-205　旧画报图像修复效果

操作步骤：

①　打开配套光盘"素材及结果 |2.10.6 旧画报图像修复效果 | 原图.tif"文件，如图 2-205 所示。这张原稿是一张较残破的二次原稿（杂志图片），边缘有明显的撕裂和破损的痕迹，图中有极细的、规则的白色划痕，图像右下部有隐约可见的脏点，我们需要将图像中所有影响表观质量的部分都去除，最后恢复图像的本来面目。

②　先修去图中的直线划痕，对于图像中常见的很细的划痕或者文件损坏时会形成的贯穿图像的细划线，可以采取单像素的方法来进行修复。放大图中有白色划线的部分，因为划线极细，所以要尽量放大进行准确修复。选取工具箱中的 [ ]（单列选框工具），它可以制作纵向的单像素宽度的矩形选区，用它在紧挨着白色划线的位置单击，设置一个单列矩形，如图 2-206 所示。

③　选择工具箱中的 [ ]（移动工具），按住键盘上的〈Alt〉键，单击向左的方向键一次，此时会发现白色细划线已消失了，如

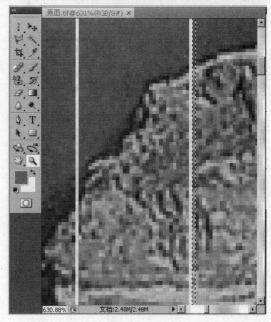

图 2-206　在紧挨着白色划线的位置设置一个单列矩形

图 2-207 所示。这种去除细线的方式仅用于快速去除 1～2 像素宽的极细划线，对于不是在水平或垂直方向上或是不连续的划线，可以用工具箱中的 （仿制图章工具）来进行修复。同样的方法，将图像中其余几根白色划线都去除，效果如图 2-208 所示。

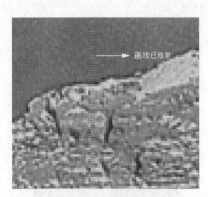

图 2-207　白色细画线已消失了

图 2-208　图像中所有白色细画线都被去除

④　图片中局部存在的撕裂痕迹及破损的部分比单纯的划痕要难以修复，因为裂痕涉及较大的区域，破损部分需要凭借想象来弥补，因此在修复时必须对原稿被破坏处的内容进行详细分析。我们知道，修图的主要原理其实也是一种复制的原理，选取图像中最合理的像素，对需要修复的位置进行填补与覆盖。选取 （仿制图章工具），将图像局部损坏部分放大，仔细修复。先将光标放在要取样的图像位置，按住〈Alt〉键单击，这个取样点是复制图像的源位置，松开〈Alt〉键移动鼠标，可将以取样点为中心（以小十字图标显示）的图像复制到新的位置，从而将破损的部位覆盖，如图 2-209 所示。

图 2-209　应用仿制图章工具修复破损部分

⑤　不断变换取样点，灵活地对图像进行修复，对于天空等大面积蓝色的区域，可以换较大一些的笔刷来进行修复，还可以根据具体需要改变笔刷的"不透明度"设置，如图 2-210 所示。图像上部修复完成后的效果如图 2-211 所示。

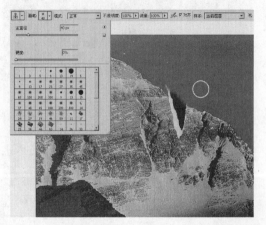

图 2-210　天空等大面积区域换较大的笔刷来进行修复

图 2-211　图像上部修复完成后的效果

⑥ 将图中其余部分的脏点去除的方法与上一步骤相似，此处不再累述，但修复时要注意小心谨慎，不能在图中留下明显的笔触或涂抹的痕迹，如图 2－212 所示。最后修复完成的最终效果如图 2－213 所示。

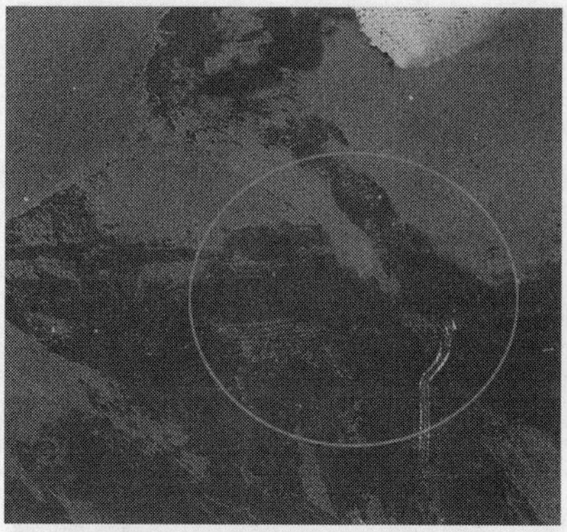

图 2－212　修复细节

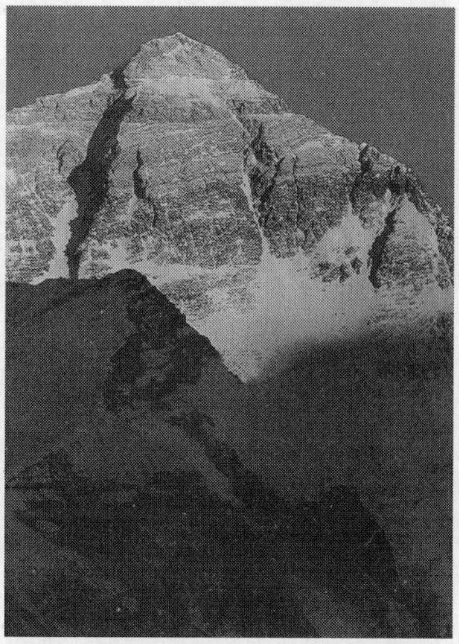

图 2－213　最后完成的效果图

2.10.7　摄影图片局部去除效果

要点：

对于普通的摄影原稿，由于后期设计的需要经常要进行裁剪与修整，本例将制作摄影图片局部去除效果，如图 2-214 所示。通过本例学习应掌握 （仿制图章工具）和“仿制源”面板的综合应用。

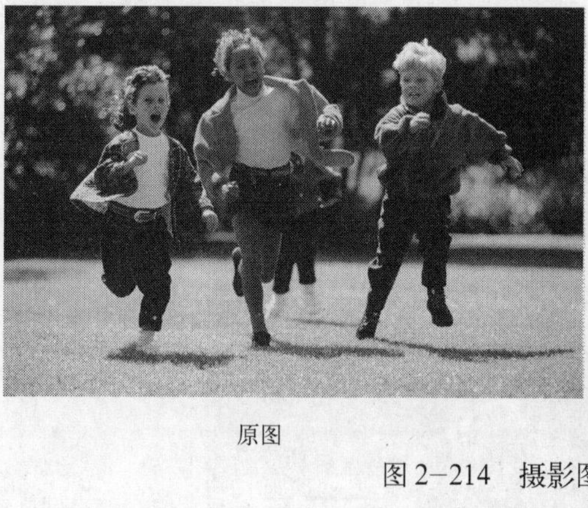

原图

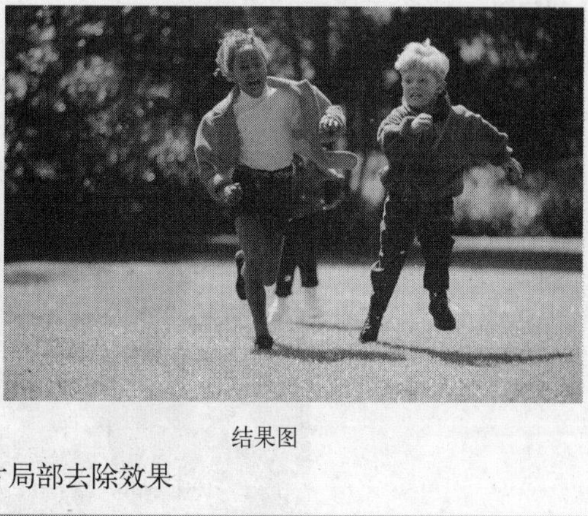

结果图

图 2－214　摄影图片局部去除效果

操作步骤：

① 打开配套光盘“素材及结果|2.10.7 摄影图片局部去除效果|原图.tif”文件，如图 2－214 所示。

② 粗略地进行大面积修复。Photoshop CS4 配合 🔯 (仿制图章工具) 新增加了 1 个"克隆（仿制）源"面板，它允许定义多个克隆源（采样点），可以在使用仿制工具和修复画笔修饰图像时进行更加全面的控制。执行"窗口|仿制源"命令，打开图 2-215 所示的"仿制源"面板，最上方 5 个按钮可以设置多个克隆源。选中工具箱中的 🔯 (仿制图章工具)，设置 1 个大小适当的笔刷，然后按住〈Alt〉键在图像左上角位置单击，将其设为第 1 个克隆源，如图 2-216 所示。

图 2-215 "仿制源"面板

图 2-216 设置第一个克隆源

 提示

克隆源可以针对一个图层，也可以针对多个甚至所有图层。

③ 接着，单击"仿制（克隆）源"面板上方第 2 个小按钮，然后按住〈Alt〉键在图像左上角另一位置单击，将其设为第 2 个克隆源。同样的方法，再单击面板上方第 3 个小按钮，按住〈Alt〉键在图像右上角树影位置单击，将其设为第 3 个克隆源，如图 2-217 所示。在面板上可以直接查看工具或画笔下的源像素以获得更加精确的定位，提供具体的采样坐标。

图 2-217 设置第 3 个克隆源

④　现在开始进行复制，其原理是不断将 3 个克隆源位置的像素复制到小女孩的位置，将其覆盖。在面板上单击第 1 个克隆源，然后将光标移至小女孩位置拖动，第 1 个克隆源所定义的像素被不断复制到该位置，将女孩图像覆盖，如图 2-218 所示。不断更换克隆源和笔刷大小，将女孩上半部全部用树影图像覆盖，如图 2-219 所示。

图 2-218　在面板上单击第 1 个克隆源，　　　　图 2-219　不断更换克隆源，
　　　　将光标移至小女孩位置拖动　　　　　　　　将女孩上半部全部用树影覆盖

⑤　同理，将图 2-220 所示草地位置设为第 4 个克隆源，继续进行图像修复。利用定义多个克隆源的方法可以快速地进行图像复制。

图 2-220　定义草地上的新克隆源

提示

　　在"仿制（克隆）源"面板中，还可以对克隆源进行移位缩放、旋转、混合等编辑操作，并且可以实时预览源内容的变化。选中"显示叠加"复选框可以让克隆源进行重叠预览。读者可根据具体图像需要进行调节。

⑥　图像修复最重要之处就是"不露痕迹"，因此最后阶段要进行细节修整。图 2-221 中圈选出的位置要特别注意，放大进行细节调整，尤其是与中间女孩衔接的边缘，可以选用工具箱中的 ![仿制图章工具图标]（仿制图章工具），设置稍小一些的笔刷点将其修复自然。最后完成的效果如图 2-222 所示。

图2-221　图中标出的局部还需要细节修整　　　图2-222　最后完成的效果图

2.11　课　后　练　习

1．填空题

（1）利用_____工具，可移去用闪光灯拍摄的人物照片中的红眼，也可以移去用闪光灯拍摄的动物照片中的白色或绿色反光。

（2）渐变工具包括5种渐变类型，它们分别是_____、_____、_____、_____和_____。

（3）使用_____能够精细地改变某一区域的色彩饱和度，但对黑白图像处理的效果不是很明显。在灰度模式中，海绵工具通过将灰色色阶远离或移到中灰来增加或降低对比度。

2．选择题

（1）取消选区的组合键是（　　）。

A．Ctrl+A　　　　B．Ctrl+D　　　　C．Ctrl+C　　　　D．Ctrl+V

（2）按住键盘上的（　　）键，可以从先前创建的选区中减去其后创建选区的相交部分，原选区将缩小。

A．Alt　　　　B．Shift　　　　C．Ctrl　　　　D．Ctrl+Shift

3．问答题/上机题

（1）简述对图像选区的编辑方法。

（2）练习1：利用配套光盘"课后练习|2.11　课后练习|练习1"中的相关素材图片，制作出图2-223所示的烛光晚餐效果。

（3）练习2：利用画笔工具制作如图2-224所示的八卦图效果。

图2-223　练习1效果　　　　　　　　图2-224　练习2效果

第3章
文 字 处 理

本章要点

Photoshop CS4可以对文字设置各种格式，如斜体、上标、下标、下画线和删除线等，还可以对文字进行变形、查找和替换，对英文单词进行拼写检查，并能将文字转换为矢量路径，轻松地将矢量文本与图像完美结合，随图像数据一起输出。通过本章学习应掌握以下内容：

■ 输入文本
■ 设置文本格式
■ 编辑文本

3.1 输 入 文 本

在Photoshop CS4中有"点文字"和"段落文字"两种文字输入方式。下面就来具体讲解一下它们的使用。

3.1.1 输入点文字

"点文字"输入方式是指在图像中输入单独的文本行（如标题文本），或者想要应用文本嵌合路径等特殊效果时，输入"点文字"非常适合。

输入"点文字"的具体操作步骤如下：

① 单击工具栏中的 T（横排文字工具），打开如图3-1所示的下拉菜单，在其中选择某一文字工具。如果选择"横排/直排文字蒙版工具"，则可以在图像中建立文字选取范围。

② 选择相应文字工具后，会出现如图3-2所示的相应文字工具的选项栏，在其中可以设置字体、字号、消除锯齿方式、对齐方式以及字体颜色等。

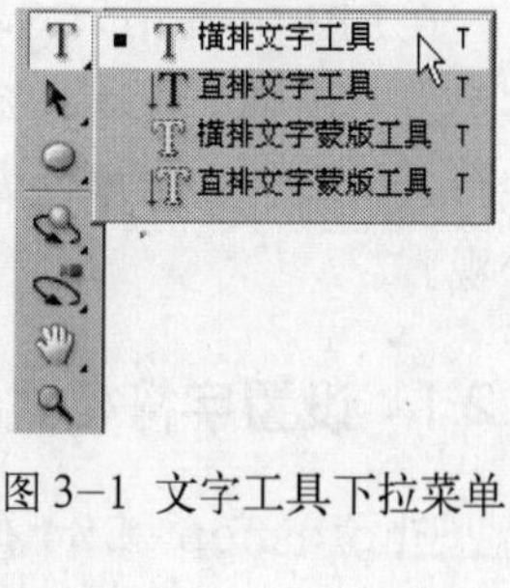

图3-1 文字工具下拉菜单

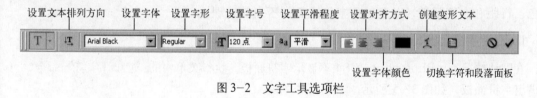

设置文本排列方向　设置字体　设置字形　设置字号　设置平滑程度　设置对齐方式　创建变形文本

设置字体颜色　切换字符和段落面板

图3-2 文字工具选项栏

③ 移动鼠标指针到图像窗口中单击，此时图像窗口显示一个闪烁光标，表示可以输入文字了。

④ 输入文字后，单击 ✔ 按钮，就可以完成输入；单击 ⊘ 按钮，则将取消输入操作。

⑤ 在RGB、CMYK、Lab、灰度模式的图像中输入文字，图层面板中会自动产生一个新的文字图层，如图3－3所示。

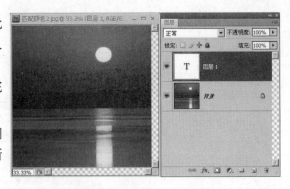

图3－3　输入点文字后效果

3.1.2　输入段落文字

使用"段落文字"可以输入大片的文字内容。输入段落文字时，文字会基于文字框的尺寸自动换行。用户可以根据需要自由调整定界框的大小，使文字在调整后的矩形框中重新排列，也可以在输入文字时或创建文字图层后调整定界框，甚至还可以使用定界框旋转、缩放和斜切文字。

输入"段落文字"的具体操作步骤如下：

① 选择工具箱中的 T （横排文字工具），在要输入文本的图像区域内沿对角线方向拖拽出一个文本定界框。

② 在文本定界框内输入文本，如图3－4所示。此时不用按〈Enter〉键就可以进行换行输入。

③ 输入完毕后，单击 ✔ 按钮，就可以完成输入。

图3－4　输入段落文字

3.2　设置文本格式

在Photoshop CS4中无论输入点文字还是段落文字，都可以使用格式编排选项来指定字体类型、粗细、大小、颜色、字距微调、基线移动及对齐等其他字符属性。用户可以在输入字符之前就将文字属性设置好，也可以对文字图层中选择的字符重新设置属性，更改它们的外观。

3.2.1　设置字符格式

Photoshop CS4有着强大的文字处理功能。在进行文字处理时，无论是输入文字前还是输入文字后，都可以对文字格式进行精确设置，如更改字体、字符的大小、字距、对齐方式、颜色、行距和字符距等，以及对文字作拉长、压扁等处理。

1．显示字符面板

在默认情况下，Photoshop CS4不显示字符面板。执行菜单中的"窗口|字符"命令，可以调出字符面板，如图3－5所示。

2．设置字体

设置字体的具体操作步骤如下：

①　在需选中的文本范围的起始位置按下鼠标左键，并拖动到终止文字，从而选取要设置字体的文字。

②　在字符面板左上角的字体下拉列表框中选择想要使用的字体，图像文件中的文字就会相应地改变，如图 3-6 所示。

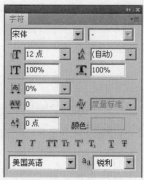

图 3-5　"字符"面板　　　　　　　　图 3-6　改变字体

3．改变字体大小

改变字体大小的具体操作步骤如下：

①　选取要设置字符大小的文字。

②　在工作区最上部文字选项栏或字符面板 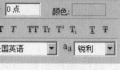（设置字体大小）下拉列表中输入文字大小数值，即可改变所选文字的大小。

4．调整行距

行距指的是两行文字之间的基线距离（基线是一条看不见的直线，大部分文字都位于这条直线的上面），Photoshop CS4 默认的行距设置为"自动"。调整行距的具体操作步骤如下：

①　选取要调整行距的文字。

②　在字符面板的 ⬛（自动）（设置行距）下拉列表中直接输入行距数值即可。

5．调整字符间距

调整字符间距的具体操作步骤如下：

①　选取要调节字符间距的文字。

②　在字符面板的 ⬛ 0（设置所选字符的字距调整）下拉列表中直接输入字符间距的数值（输入正数值使字符间距增加，输入负数值使字符间距减少），或在其下拉列表中选择想要设置的字符间距数值。

6．更改字符长宽比例

更改字符长宽比例的具体操作步骤如下：

①　选取需要调整字符水平或垂直缩放比例的文字。

② 在字符面板的 （垂直缩放）文本框和 （水平缩放）文本框中输入数值，即可缩放所选的文字。

7．偏移字符基线

偏移字符基线的具体操作步骤如下：

① 选取要偏移字符基线的文字。

② 在字符面板的 （设置基线偏移）下拉列表中输入数值，正值使文字向上移，负值使文字向下移，类似 Word 中的上下标。

8．更改字符颜色

更改字符颜色的具体操作步骤如下：

① 选中要更改颜色的字符。

② 单击字符面板的颜色框，打开"选择文本颜色"对话框。从中选择需要的颜色后，单击"确定"按钮，即可对所选字符应用新的颜色。

9．转换英文字符大小写

在 Photoshop CS4 中，可以很方便地转换英文字符的大小写，具体操作步骤如下：

① 选取文字字符或文本图层。

② 单击字符面板中的 （全部大写字母）按钮或者 （小型大写字母）按钮，即可更改所选字符的大小写。

3.2.2 设置段落格式

Photoshop CS4 中的段落是指在输入文本时，末尾带有回车符的任何范围的文字。对于点文字来说，也许一行就是一个单独的段落；而对于段落文字来说，一段可能有多行。段落格式的设置主要通过段落面板来实现。

在默认情况下，Photoshop CS4 不显示段落面板。执行菜单中的"窗口|段落"命令，可以调出段落面板，如图 3-7 所示。

对段落格式的设置主要有段落对齐、段前段后间距的设置等。

图 3-7 "段落"面板

1．段落对齐

在 Photoshop CS4 中为了达到图像整体效果的协调性，一般都需要对输入文本的对齐方式进行设置。不管输入的是点文字还是段落文字，都可以使其按照需要选择左对齐、右对齐、居中对齐，以达到整洁的视觉效果。

设置段落对齐的具体操作步骤如下：

① 选取需要设置段落文字对齐方式的文字。

② 根据需要，单击段落面板最上方的设置段落对齐的七种按钮即可。

● （左对齐文本）：段落中的每一行文本都靠左边排列。

● （居中对齐文本）：段落中的每一行文本都由中间向两边分布，始终保持文本处在行的中间。

- ▤（右对齐文本）：段落中的每一行文本都靠右边排列。
- ▤（最后一行左对齐）：段落中的最后一行文本靠左边排列，其余行在左右两边之间均匀排列。
- ▤（最后一行居中对齐）：段落中的最后一行文本居中排列，其余行在左右两边之间均匀排列。
- ▤（最后一行右对齐）：段落中的最后一行文本靠右边排列，其余行在左右两边之间均匀排列。
- ▤（全部对齐）：段落中的每一行文本都在左右两边之间均匀排列。

2．段落缩进和间距

段落缩进是指段落文字与文字边框之间的距离，或者是段落首行（第一行）缩进的文字距离。段落间距是指当前段落与上一段落或下一段落之间的距离。进行段落缩进和间距处理时，只会影响选中的段落区域，因此可以对不同段落设置不同的缩进方式和间距，增加创作中文本处理的灵活性。设置段落缩进和间距的具体操作步骤如下：

① 选取一段文字或在图层面板上选择一个文字图层。

② 当需要段落缩进时，可以在段落面板上单击设置段落缩进的三种按钮即可。

- ▐（左缩进）：段落的左边距离文字区域左边界的距离。
- ▐（右缩进）：段落的右边距离文字区域右边界的距离。
- ▐（首行缩进）：每一段的第一行留空或超前的距离，中文习惯里，每一段的开头一般空两个字宽。

③ 当需要设置段间距时，可以在段落面板上单击设置段间距的两种按钮即可。

- ▐（段前添加空格）：当前段落与上一段落的距离。
- ▐（段后添加空格）：当前段落与下一段落的距离。

3.3 编 辑 文 本

在设计作品中如果只是输入单纯的文本，会使文字版面显得特别单调，这时就可以对文本进行一些编辑操作，例如对文字进行旋转和扭曲变形等。

3.3.1 文本的旋转和变形

在 Photoshop CS4 中可以对文本进行旋转、翻转和变形的操作，具体操作步骤如下：

① 在图层面板中选择要进行旋转和翻转的文本图层。

② 执行菜单中的"编辑 | 变换"命令，从子菜单中选择相应的命令，即可对文字进行缩放、旋转、斜切等操作。

③ 此外，还可以对段落文字进行自由变换的操作，将鼠标指向定界框外，其指针会变为一个弯曲的双向箭头，如图 3－8 所示，此时按下鼠标左键并移动鼠标，即可随意旋转文字。

④ 对文字进行变形操作。单击文字工具栏中的 ✤（创建文字变形）按钮，弹出如图 3－9 所示的对话框，单击"样式"下拉列表，从中可以选择所需的文字变形样式，单击"确定"按钮即可对文字进行相应的变形。

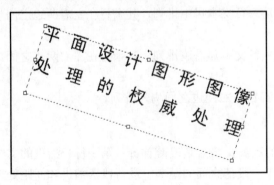

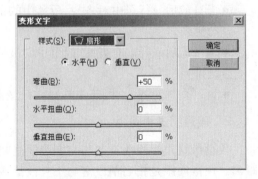

图 3－8　调整定界框　　　　　　　　图 3－9　"变形文字"对话框

3.3.2　消除文字锯齿

消除文字锯齿是指在文字的边缘位置适当填充一些像素，从而使文字边缘可以平滑地过渡到背景中。消除文字锯齿的具体操作步骤如下：

① 选中需消除锯齿的文字图层。

② 选择工具箱上的文本工具，在选项栏的 aa无 ▼（消除锯齿）列表框中根据需要选择"无"、"锐利"、"犀利"、"浑厚"、"平滑"选项即可。图 3－10 为选择"无"和"平滑"选项时的比较。

平面设计　平面设计

　　　　　　选择"无"　　　　　　　　　　　　　　　选择"平滑"

图 3－10　选择"无"和"平滑"选项时的比较

3.3.3　更改文本排列方式

Photoshop　CS4 提供了两种文字排列方式，分别是垂直排列和水平排列。在水平排列方式和垂直排列方式之间进行互换的具体操作步骤如下：

① 在图层面板中选中文字图层。

② 执行菜单中的"图层|文字"命令，打开其子菜单，如图 3－11 所示。

③ 选择"文字"子菜单中的"垂直"或"水平"命令，就可以在两种方式之间互换，结果如图 3－12 所示。

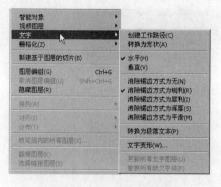

图 3-11　打开文字子菜单

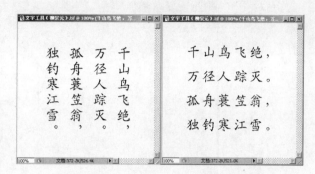

图 3-12　"垂直"和"水平"效果比较

3.3.4　将文本转换为选取范围

在 Photoshop CS4 中，在创建了文字之后还可以将文本转换为选取范围，具体操作步骤如下：

① 在图层面板中选中文字图层。

② 按住键盘上的〈Ctrl〉键的同时，单击图层面板中的文字图层，就可以将文字图层的文字转换为选取范围，如图 3-13 所示。

图 3-13　将文字图层的文字转换为选取范围

> **提示**
>
> 使用工具箱上的 ⬚（横排文字蒙版工具）和 ⬚（直排文字蒙版工具）在图像中可以直接产生一个文字选取范围。

3.3.5　将文本转换为路径和形状

Photoshop CS4 中的文字是矢量图形，包括轮廓数据，因此能很方便地转换为路径或是转换为图形，便于以后的编辑，具体操作步骤如下：

① 输入文本，并在图层面板上选择想要转换成路经或形状的文本。

② 执行菜单中的"图层|文字|创建工作路径"命令，可以将文字转换为路径，如图 3-14 所示。

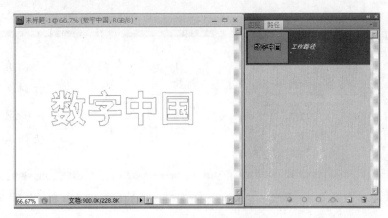

图 3-14　将文字转换为路径

③　执行菜单中的"图层 | 文字 | 转换为形状"命令，可以将文字转换为形状，如图 3-15所示。

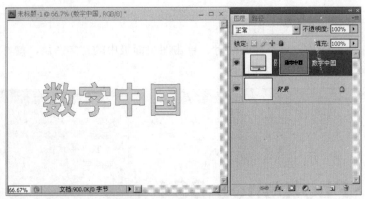

图 3-15　将文字转换为形状

3.3.6　文本拼写检查

Photoshop CS4 可以像文字处理软件 Word 一样对文本进行拼写检查，以确保文字的拼写正确。具体操作步骤如下：

①　由于拼写检查功能只对当前选中的文本图层起作用，所以在使用拼写检查功能之前首先要在图层面板中选中文本图层，然后执行菜单中的"编辑 | 拼写检查"命令。

②　在弹出的"拼写检查"对话框中，可以进行拼写检查操作，如图 3-16 所示。

③　Photoshop CS4 一旦检查到文档中有错误的单词，就会在"不在词典中"文本框中显示出来，并在"更改为"文本框中显示建议替换的正确单词，在"建议"列表框中显示一系列与此单词相似的单词，以便用户选择替换。

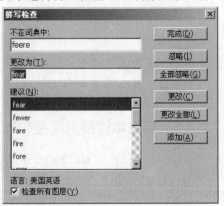

图 3-16　"拼写检查"对话框

④ 如果认为"更改为"文本框中的单词正确，单击"更改"按钮就可以替换掉错误的单词，接着Photoshop CS4就会继续往下查找错误的单词。

⑤ 如果认为检查出来的单词没有错误，可以单击"忽略"按钮忽略。完成拼写检查后，单击"完成"按钮结束。

3.3.7 文本的查找与替换

当图像中的文本内容很多时，如果出现许多相同的错误，可以使用Photoshop CS4的查找与替换功能进行替换，而不必逐个更改，具体操作步骤如下：

① 在确认选中文本图层的情况下，执行菜单中的"编辑 | 查找和替换文本"命令，弹出图3-17所示的对话框。

② 在"查找内容"文本框中输入要查找的内容，单击"查找下一个"按钮就可以开始查找，查找到的内容将被反白显示。而如果要替换查找到的内容，则可在"更改为"文本框中输入要替换的内容，然后单击"更改"按钮即可。如果要对同样的错误进行全部替换，可以单击"更改全部"按钮。

③ 查找和替换完成后，单击"完成"按钮关闭对话框。

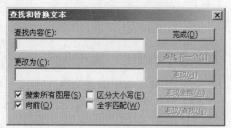

图3-17 "查找与替换文本"对话框

3.3.8 沿路径排列文本

沿路径排列文字是指将输入的文字沿着指定的路径排列。创建沿路经排列文字的具体操作步骤如下：

① 选择工具箱上的 绘制路径，如图3-18（a）图所示。

② 选择工具箱上的 T（横排文字工具）或 T（直排文字工具），将鼠标移动到路径上，当指针变为 时单击，输入文字即可，结果如图3-18（b）图所示。

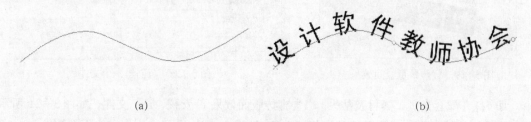

(a)   (b)

图3-18 沿路径排列文本

③ 在创建了沿路径排列的文字后，除了可以随时对文字本身进行编辑之外，还可以很方便地将其沿着路径移动、镜像，或是沿路径的变化而改变形状。选择工具箱上的 和 ，然后将鼠标移动到文字上，当指针变为 时，沿路径拖动鼠标即可将文字沿着路径移动。利用 选中路径上的锚点，还可以改变路径的形状。

3.4 实 例 讲 解

本节将通过"广告宣传版面效果1"、"广告宣传版面效果2"和"广告宣传版面效果3"3个实例来讲解文本在实践中的应用。

3.4.1 广告宣传版面效果1

要点：

本例将制作宣传单页版面效果，如图3-19所示。通过本例学习应掌握图像边缘的虚化、文字图形化、段落文本的整体调节以及图文混合排版的综合使用。

操作步骤：

① 执行菜单中的"文件|新建"命令，打开"新建"对话框，在其中进行设置，如图3-20所示，单击"确定"按钮，新创建"广告宣传版面效果1.psd"文件。

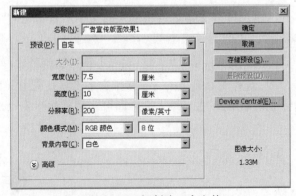

图3-19　宣传单页版面效果　　　　　　　　图3-20　新创建一个文件

② 打开配套光盘"素材及结果|广告宣传版面效果1|女孩.tif"文件，如图3-21所示。然后选择工具箱中的 （移动工具）将"女孩.tif"全图拖动到"广告宣传版面效果1.psd"文件画面右上方的位置，在"图层面板"中自动生成"图层1"。然后，按键盘上的〈Ctrl+T〉组合键应用"自由变换"命令，按住〈Shift〉键拖动控制框边角的手柄，使图像等比例缩小一些，如图3-22所示。

③ 在版面设计中，女孩图像四周要经过虚化到白色背景的处理。选择工具箱中的 （多边形套索工具），在其选项栏内将"羽化"设置为10像素，然后在图像左侧圈选出如图3-23所示区域，选区闭合后，按〈Delete〉键进行删除，得到如图3-24所示效果。

图 3-21　女孩.tif

图 3-22　使图像等比例缩小一些

图 3-23　圈选出人像左侧背景

图 3-24　按〈Delete〉键删除背景

④　图像左侧已融入白色背景中，但下部边缘还显得生硬。接下来再选用工具箱中的 （套索工具），在其选项栏内将"羽化"设置为 30 像素，按〈Delete〉键进行删除，得到如图 3-25 所示效果。如果一次删除边缘还不够自然，可以多次按〈Delete〉键进行删除，最后使图像四周自然地融入白色背景之中，如图 3-26 所示。

图 3-25　圈选图像下部区域进行删除

图 3-26　图像四周自然地融入白色背景之中

⑤ 打开配套光盘"素材及结果|广告宣传版面效果1|花形图.tif"文件，如图3-27所示。这是一张简单的黑白图案。选择工具箱中的 <kbd>✎</kbd> （魔棒工具)在黑色区域单击鼠标，将其制作成为选区。然后用 <kbd>⊕</kbd> (移动工具）将选区内的花形图拖动到"版面-1.psd"画面内，在"图层"面板中自动生成"图层2"。

⑥ 执行菜单中的"编辑|变换|扭曲"命令，图形四周出现矩形的控制框，拖动扭曲变形控制框边角的手柄，使图形发生一定程度的透视变形，效果如图3-28所示，调节完成后，按〈Enter〉键确认变形，并将花形图移到版面的左上角部位，效果如图3-29所示。

图3-27 "花形图.tif"

图3-28 使图形发生一定程度的透视变形

图3-29 将花形图移到版面的左上角部位

⑦ 在"图层"面板中按住〈Ctrl〉键单击"图层2"名称前的缩略图，得到花形的选区。将工具箱中的前景色设置为一种浅蓝色（参考色值RGB：140，200，228)，背景色设置为白色，然后选择工具箱中的 <kbd>▢</kbd>(渐变工具)，从花形的右下向左上方向，应用如图3-30所示的线性渐变效果。

⑧ 同理，再复制一份花形到画面中，生成"图层3"，然后将它放置在如图3-31所示版面右下角，填充为同样"浅蓝色→白色"的线性渐变。

图3-30 在花形中添加浅蓝色→白色的线性渐变

图3-31 再复制一份花形置于版面右下角

⑨　选择工具箱中的 T.（横排文字工具），单击操作窗口的中央位置输入文字"LIGHT MUSIC"，分两行排列。然后执行菜单中的"窗口｜字符"命令，调出"字符"面板，在其中设置"字体"为"Arial Black"，"字体大小"为40pt、"行距"为32pt。效果如图 3-32 所示。

⑩　由于标题文字还要进行一系列图形化的操作，因此需要将它先转换为普通图形。先执行菜单中的"图层｜栅格化｜文字"命令，文本被转化为普通的点阵图，然后对它进行变形操作，按键盘上的〈Ctrl+T〉组合键应用"自由变换"命令，参照图 3-33 所示效果，使标题文字进行旋转并再稍微拉大一些。调节完成后，按〈Enter〉键确认变形。

图 3-32　输入文本并设置文本参数　　　　　　　　图 3-33　使文字进行旋转缩放变形

⑪　现在的问题是标题英文字体笔划还是不够粗，在没有更适当的粗体字的情况下，我们可以采用选区扩展的方式来解决。在"图层"面板中按住〈Ctrl〉键单击文字图层名称前的缩略图，得到文字的选区，然后，执行菜单中的"选择｜修改｜扩展"命令，在弹出的对话框中进行设置，如图 3-34 所示，单击"确定"按钮，文字选区向外部扩张出一圈 3 像素宽的边，如图 3-35 所示。

图 3-34　"扩展选区"对话框　　　　　　　　图 3-35　文字选区向外部扩张

⑫　将工具箱中的前景色设置为一种蓝色（参考色值RGB：40，180，220），然后按〈Alt+Delete〉组合键，将其填充到文字内部，结果如图 3-36 所示。下面要将文字的颜色与底图间形成一种透叠的关系，在"图层"面板上将"混合模式"更改为"正片叠底"，得到如图 3-37 所示效果。标题文字制作完成。

图 3-36　将扩展后的文字填充为蓝色　　　　图 3-37　将"混合模式"更改为"正片叠底"

⑬　再输入一段文本，设置"字体"为"Arial"，"字体大小"为6pt、"行距"为6pt。效果如图 3-38 所示。然后用 T （横排文字工具）选中局部文字，将它们更改为不同的颜色，如图 3-39 所示。

图 3-38　再输入一段文本　　　　　　　　图 3-39　选中局部文字，将它们更改为不同的颜色

⑭　按键盘上的〈Ctrl+T〉组合键应用"自由变换"命令，这一回我们采用比较精确的旋转方式，在选项栏内，设置旋转角度为 -10 度，如图 3-40 所示，使文字沿逆时针方向旋转 10 度，得到如图 3-41 所示效果。

图 3-40　在选项栏内设置旋转角度为 -10 度

⑮　在版面中再贴入三张小图片（请读者自己寻找任意图片），采用与上一步骤同样精确旋转的方法，将图片也都沿逆时针方向旋转 10 度，得到如图 3-42 所示效果。

图 3-41 文字沿逆时针方向旋转 10 度 　图 3-42 在版面中再贴入三张小图片并沿逆时针方向旋转 10 度

3.4.2 广告宣传版面效果 2

要点：

　　本例将制作一个以文字夸张变形为主的海报版式，如图 3-43 所示。通过本例学习应掌握创建文字变形、文字图形化、段落文本的整体调节等知识的综合使用。

图 3-43 广告宣传版面效果 2

 操作步骤：

　　① 执行菜单中的"文件｜新建"命令，打开"新建"对话框，在其中进行设置，如图 3-44 所示，单击"确定"按钮，新创建"广告宣传版面效果 2.psd"文件。然后，将工具箱中的前景色设置为黄灰色（参考色值 RGB：220，200，84），按键盘上的〈Alt+Delete〉组合键，将图像背景填充为黄灰色。

　　② 选择工具箱中的 **T**（横排文字工具），在页面中输入如图 3-45 所示文字，在选项栏内设置"字体"为"黑体简"，"字体大小"为 18pt。然后将文字颜色设置为品红色（参

考色值 RGB：177，23，205)，并且将其中局部文字选中，更改为其他颜色（读者可自己选色）。

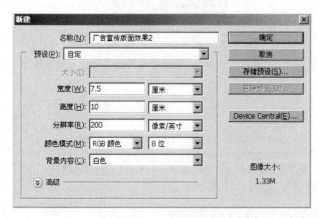

图 3-44　设置新建参数

图 3-45　在页面中输入文字

③　在文本工具的选项栏内单击 ▤（右对齐文本)按钮，使段落文本右侧对齐，如图 3-46 所示。然后按键盘上的〈Ctrl+T〉组合键应用"自由变换"命令，在选项栏内设置旋转角度为 -35 度，使文字沿逆时针方向旋转 35 度，得到如图 3-47 所示效果。

图 3-46　使段落文本右侧对齐

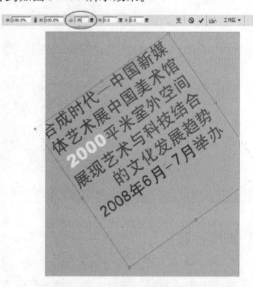

图 3-47　使文字沿逆时针方向旋转 35 度

④　在文本工具的选项栏内单击 ⚒（创建文字变形)按钮，在弹出的"变形文字"对话框中进行设置，如图 3-48 所示，在"样式"下拉列表中选择"拱形"，这种变形方式可以让文字沿圆筒状的曲面进行排列，单击"确定"按钮，得到如图 3-49 所示效果。

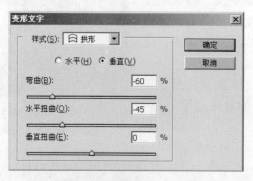

图 3-48 "变形文字"对话框　　　　图 3-49 让文字沿圆筒状的曲面进行排列

⑤ 下面，我们还想使文字的透视变形与扭曲的效果更强烈一些，因此需要将它先转换为普通图形。先执行菜单中的"图层｜栅格化｜文字"命令，文本被转化为普通的点阵图，然后对它先进行变形操作，执行菜单中的"编辑｜变换｜扭曲"命令，文本图形四周出现矩形的控制框，拖动扭曲变形控制框边角的手柄，使图形透视变形的程度加大，效果如图 3-50 所示，调节完成后，按〈Enter〉键确认变形。

⑥ 再输入一行文本"www.mediartchina.org"，在选项栏中设置"字体"为"Arial"，"字体大小"为 12pt，文字颜色为蓝色（参考色值 RGB：10，140，184），然后将文本图层栅格化。接下来，执行菜单中的"编辑｜变换｜扭曲"命令，向下拖动扭曲变形控制框右上角的手柄，使文字右侧逐渐变小，调节完成后，按〈Enter〉键确认变形，效果如图 3-51 所示。

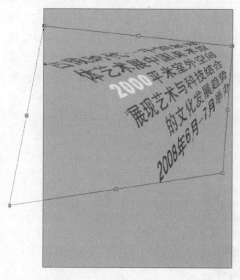

图 3-50 应用"扭曲"功能使图形透视变形的程度加大　图 3-51 输入单行文本并先进行扭曲变形

⑦ 接下来，再按键盘上的〈Ctrl+T〉组合键应用"自由变换"命令，文字四周再次

出现控制框，对其进行旋转操作并移动到如图 3-52 所示位置，此时文字的摆放角度和透视关系都不正确，这里教大家一个非常实用的快捷键来解决这个问题：将光标移动到文字变形框左上手柄上，先按住鼠标左键不松开，然后再按下〈Ctrl〉键拖动鼠标，如图 3-53 所示，可以使文字的走向与透视关系得到较大改观。

⑧ 最后再添加一段字号较小的文本，放置于页面左下角。至此整个广告宣传版面制作完成，最后的效果如图 3-54 所示。

图 3-52 对文字进行旋转操作 并移动到如图所示位置

图 3-53 调整文字的走向与透视关系

图 3-54 最后完成的效果图

3.4.3 广告宣传版面效果 3

要点：

本例将制作一个较为复杂的广告宣传版面，其中包含图片、色块、线条、文字间的层叠效果，如图 3-55 所示。追求富有意境的层次与空间是版面设计的重要目的，相比较平铺直叙式的版式设计更能让观者感受到视觉的愉悦。通过本例学习应掌握图片的圆角化处理、双色调的颜色效果、多图层的管理与控制、文字图形化、斑驳字效的制作、文字沿弧线排列以及段落文本的整体调节等知识的综合使用。

图 3-55 广告宣传版面效果 3

操作步骤：

① 执行菜单中的"文件 | 新建"命令，打开"新建"对话框，在其中进行设置，如图 3-56 所示，单击"确定"按钮，新创建"广告宣传版面效果 3.psd"文件。

② 利用工具箱中的 ▽（多边形套索工具），参照图 3-57 所示分别圈选出两个直线选区，并将它们分别填充为蓝绿色（参考色值 RGB：30，150，132）和浅黄绿色（参考色值 RGB：208，223，70）。

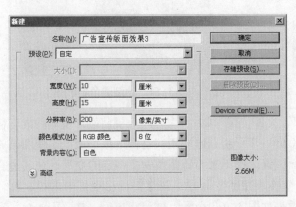

图 3-56　新创建一个文件　　　　　　图 3-57　在页面中输入文字

③ 单击"图层"面板下方的 ▢（创建新图层）按钮，创建"图层 1"，然后选用工具箱中的 ◊（钢笔工具），在其选项栏内单击 ▣（路径）按钮，参照图 3-58 所示路径形状绘制闭合路径，在"路径"面板上自动形成"工作路径"。拖动"工作路径"到面板下部的 ○（将路径作为选区载入）图标上，路径转换为浮动选区。接着，将工具箱中的前景色设置为黑色，按〈Alt+Delete〉组合键，将选区填充为黑色，如图 3-59 所示。

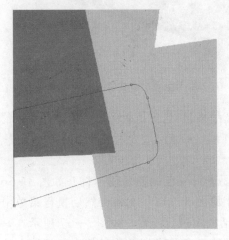

图 3-58　绘制闭合路径　　　　　　图 3-59　将选区填充为黑色

④ 打开如图 3-60 所示的配套光盘"素材及结果 | 广告宣传版面效果 3 | 原图 1.tif"文件，

选用工具箱中的 （圆角矩形工具），在其选项栏内单击 （路径）按钮，将"半径"设置为 30 像素，然后绘制如图 3-61 所示的圆角矩形路径，接着，在路径面板中单击下部的 （将路径作为选区载入）图标，将路径转换为浮动选区。最后按〈Ctrl+C〉组合键将其复制到剪贴板中。

图 3-60　配套光盘中提供的素材"原图 1.tif"

图 3-61　绘制圆角矩形路径

⑤　回到"广告宣传版面效果 3.psd"文件，按〈Ctrl+V〉组合键将刚才复制的内容粘贴到版面内，自动生成"图层 2"。先按〈Ctrl+T〉组合键应用"自由变换"命令，使图像等比例缩小，并将其移动到图 3-62 所示画面位置。接下来要让图像发生一定的变形，使其适合黑色图形的形状。执行菜单中的"编辑｜变换｜扭曲"命令，图像四周出现矩形的控制框，拖动控制框边角的手柄使图像发生变形，效果如图 3-63 所示，调节完成后，按〈Enter〉键确认变形。

图 3-62　将图像等比例缩小并移动到黑色图形左侧

图 3-63　将图像变形使其适合黑色图形的形状

⑥　同理，再打开图 3-64 所示的配套光盘"素材及结果｜广告宣传版面效果 3｜原图 2.tif"文件，将其复制粘贴到版面中，自动生成"图层 3"，并调整形状以适合黑色图形的右侧位置，效果如图 3-65 所示。

⑦　继续往版面中排入图像，下面的几张小图需要进行双色调的处理。打开如图 3-66 所示的配套光盘"素材及结果｜广告宣传版面效果 3｜原图 3.tif"文件，然后执行菜单中的"图像｜调整｜色相/饱和度"命令，在弹出的对话框中进行设置，如图 3-67 所示（一定要勾选"着色"复选框），将图像处理为一种棕色调的套色效果，单击"确定"按钮，效果如图 3-68 所示。

图 3-64 配套光盘中提供的素材"原图 2.tif"

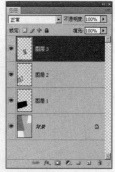

图 3-65 调整图像形状以适合黑色图形的右侧位置

图 3-66 配套光盘中提供的素材"原图 3.tif"

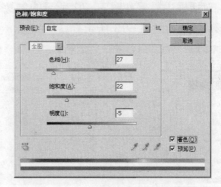

图 3-67 "色相／饱和度"对话框

⑧ 接着，参考步骤④、⑤的方法将人物图像以圆角矩形的外形贴入版面内，自动生成"图层 4"，并参考如图 3-69 所示效果调整大小和位置。

图 3-68 图像变为棕色调效果

图 3-69 将图像以圆角矩形的外形贴入
版面内，并调整大小位置

⑨ 为了使所有版面内的图像都保持统一的风格，下面给新添入的图像加上一圈黑色的描边。在"图层"面板中先按住〈Ctrl〉键单击"图层 4"名称前的缩略图，得到图像外轮廓的选区。然后执行菜单中的"编辑｜描边"命令（保持工具箱中的前景色为黑色），在弹出的对话框中进行设置，如图 3-70 所示，单击"确定"按钮，图像边缘出现一圈 8 像素宽的边线，效果如图 3-71 所示。

图 3-70　设置"描边"对话框参数

图 3-71　图像边缘出现一圈 8 像素宽的边线

⑩　下面为小图像添加投影，使版面层次感更为丰富。选中"图层 4"，单击"图层"面板下部 _fx._（添加图层样式）按钮，在弹出式菜单中选择"投影"项，接着，在弹出的"图层样式"对话框中设置如图 3-72 所示的参数，单击"确定"按钮，图像左下方向出现了半透明的投影，效果如图 3-73 所示。

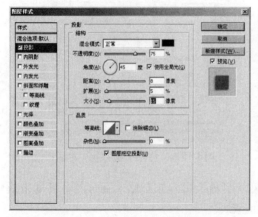

图 3-72　为"图层 4"设置"投影"参数

图 3-73　图像左下方向出现了半透明的投影

⑪　同理，再打开如图 3-74 所示的配套光盘"素材及结果│广告宣传版面效果 3│原图 4.tif"文件，参考前面的步骤，将人物图像以圆角矩形的外形贴入版面内，自动生成"图层 5"，调整大小和位置，并设置黑色描边和半透明投影，最后效果如图 3-75 所示，请读者自己制作。

图 3-74　素材图 4.tif

图 3-75　为第 4 张小图片也添加描边和投影

⑫　现在我们来看一看版面目前的整体效果，如图 3-76 所示，图片集中在版面中下部的位置，在错落与疏密的排列中体现出一种节奏感。接下来在图片附近还要继续添加色块与文字，随着版面构成元素的添加，合理的组合与整体的控制能力显得越来越重要。选中"图层3"，然后单击面板下方的　(创建新图层) 按钮创建"图层 6"（注意"图层 6"位于"图层 4"之下）。选用工具箱中的　（圆角矩形工具），在其选项栏内单击　(填充像素) 按钮，将工具箱中的前景色设置为蓝绿色（参考色值 RGB：30，150，132），绘制出一个窄长的圆角矩形，将其旋转后置于如图 3-77 所示位置。

图 3-76　版面目前的整体效果　　　　　　　图 3-77　创建"图层 6"，绘制蓝绿色圆角矩形色块

⑬　参考步骤⑩的方法为"图层 6"添加投影，然后选择工具箱中的 **T**.（横排文字工具），输入 3 行文本，然后执行菜单中的"窗口｜字符"命令，调出"字符"面板，在其中设置"字体"为"Arial"，"字体大小"为 5pt、"行距"为 7pt。并按键盘上的〈Ctrl+T〉组合键应用"自由变换"命令，将文字旋转并移动到如图 3-78 所示位置。

⑭　贴入下一张图像，这张图位于靠后的层次，为了不喧宾夺主，我们将它处理成高亮的灰色调效果。打开配套光盘"素材及结果｜广告宣传版面效果 3｜原图 5.tif"文件，请读者参考图 3-79 效果将它贴入版面内（自动生成"图层 7"，"图层 7"位于"图层 1"下面），然后执行菜单中的"图像｜调整｜色相/饱和度"命令，在弹出的对话框中进行设置，如图 3-80 所示，将图像处理为明度较高的灰色调效果，使其在版面中产生自然后退的视觉感。单击"确定"按钮，效果如图 3-81 所示。

图 3-78　在蓝绿色的色块上添加白色文字　　　　　　图 3-79　再贴入一张图像

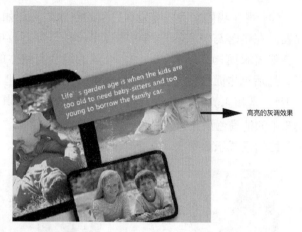

高亮的灰调效果

图 3-80 "色相/饱和度"对话框　　　图 3-81　将图像处理为明度较高的灰色调效果

⑮　这是一个复杂的版面案例，散布在页面中的图像与色块构成了紧凑的空间关系，追求意境的层次与空间是该版面设计的重要目的，因此请读者细心处理多图层间的相互关系。下面新创建"图层8"，应用工具箱中的 ▢（圆角矩形工具），在其选项栏内单击 ▣（路径）按钮，将"半径"设置为15像素，然后在"图层8"中绘制一个窄长的圆角矩形路径，并且在路径面板中单击下部的 ○（将路径作为选区载入）图标，将路径转换为选区。接着，执行菜单中的"选择｜变换选区"命令，将选区旋转并移动到如图3-82所示位置。

⑯　将工具箱中的前景色设置为蓝绿色（参考色值RGB：30，150，132），然后执行菜单中的"编辑｜描边"命令，在弹出的对话框中进行设置，如图3-83所示，单击"确定"按钮，圆角矩形选区向外出现一圈5像素宽的边线，如图3-84所示。这条边线特殊的层次关系使它左侧与底图间形成了一种镂空的效果。

⑰　新创建"图层9"，再绘制出一个小的圆角矩形色块，使其上侧与刚才制作的绿色边线相衔接。现在，版面中部以图像排列为主的局部效果如图3-85所示。

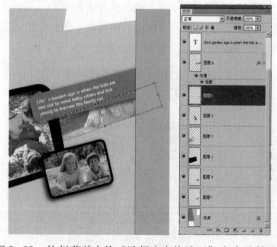

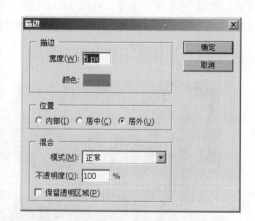

图 3-82　执行菜单中的"选择｜变换选区"命令旋转选区　　　图 3-83　设置"描边"对话框参数

图 3-84　将选区向外扩出一圈 5 像素宽的边线　　　　图 3-85　版面中部以图像排列为主的局部效果

⑱　现在"图层"面板中图层数量较多，为了便于管理，我们来创建一个图层组，然后将所有的图像与图形都归纳入这个组中，与后面要制作的文字区分开来。单击"图层"面板下部 ▢（创建新组）按钮创建"组 1"，然后将所有图像、色块和线框都拖入到"组 1"之中（除文字层和背景层），"图层"面板如图 3-86 所示。

⑲　该版面中主要的标题文字是以一种斑驳的点状字来呈现的，斑驳字也是 Photoshop 中很常用的一种特殊艺术字，下面教大家来制作。先执行菜单中的"文件｜新建"命令，打开"新建"对话框，在其中进行设置，如图 3-87 所示，单击"确定"按钮。然后，选择工具箱中的 T（横排文字工具），输入标题文本"GARDENAGE"，"字体"为 Bauhaus 93（字体字号等读者可根据自己喜好进行设置），其中"GARDEN"为蓝绿色，"AGE"为黑色。由于标题文字还要进行一系列图形化的操作，因此需要先将它转换为普通图形，执行菜单中的"图层｜栅格化｜文字"命令，文本被转化为普通的点阵图，如图 3-88 所示。

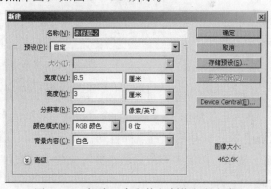

图 3-87　新建一个文件以制作斑驳文字

图 3-86　创建图层组

图 3-88　输入标题文本并进行栅格化

⑳　单击"图层"面板下方的 ▢（创建新图层）按钮创建"图层 1"，将前景色设置为白色，然后按键盘上的〈Alt+Delete〉组合键，将"图层 1"填充为白色。接下来，按〈D〉键使工

具箱中的前景与背景色复位，执行菜单中的"滤镜｜像素化｜点状化"命令，在弹出的对话框中进行设置，如图 3-89 所示，这个滤镜的妙处在于你可以自由控制生成的杂点的大小。单击"确定"按钮，图中出现浅色的杂点，如图 3-90 所示。

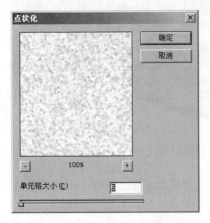

图 3-89 "点状化"对话框　　　　图 3-90 "点状化"命令执行后图中出现浅色的杂点

㉑ 此刻的杂点看上去过于浅谈，我们需要调整它的色阶增强对比度。执行菜单中的"图像｜调整｜自动色阶"命令，将对比度增大，这样可以得到更明显的杂点，效果如图 3-91 所示。

图 3-91 将杂点对比度增大

㉒ 接下来要将杂点进行筛选，并且将其转为黑白两色。执行菜单中的"图像｜调整｜阈值"命令，在弹出的如图 3-92 所示的"阈值"对话框中，将"阈值色阶"设置为 160，这表示在图像色阶中高于 160 的颜色点都自动转变为白色，而低于 160 的颜色点都自动转变为黑色，单击"确定"按钮，图像中的彩色杂点被转变为单纯的白底黑点，如图 3-93 所示。

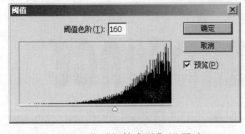

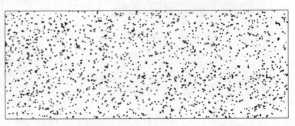

图 3-92 将"阈值色阶"设置为 160　　　图 3-93 将彩色杂点转变为单纯的白底黑点

㉓ 执行菜单中的"滤镜｜模糊｜模糊"命令将图中的点稍微模糊一些，然后按〈Ctrl+I〉

组合键将图像进行黑白反转，效果如图 3－94 所示。现在我们将"图层 1"的混合模式更改为"滤色"，如图 3－95 所示，文字内部出现斑斑点点的效果，已经初步呈现出斑驳的痕迹，如图 3－96 所示。

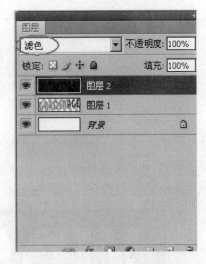

图 3－94　图像进行黑白反转

图 3－96　文字内部已经初步呈现出斑驳的痕迹　　　图 3－95　将"图层 1"混合模式更改为"滤色"

㉔　再为文字增加一点"沧桑感"，使斑驳效果更加突出。执行菜单中的"滤镜｜像素化｜铜版雕刻"命令，在弹出的对话框中进行设置，如图 3－97 所示，"类型"可根据读者喜好自行选择，由此会产生不同的斑驳感觉，此处我们选择"短线"——图像中将被添加许多短水平线。单击"确定"按钮，如图 3－98 所示，文字上出现斑驳镂空的效果。最后，按〈Shift+Ctrl+E〉组合键合并所有图层。

图 3－97　在"铜版雕刻"对话框中选择"短线"　　　图 3－98　文字上斑驳镂空的效果

㉕　斑驳字制作完成后，再将文字从白色背景中选出并粘贴入主版面。执行菜单中的"选择｜色彩范围"命令，弹出如图 3－99 所示的对话框，先用对话框右下角的 ⚲（吸管工具）单击图中蓝绿色文字（得到蓝绿色文字的选区），然后再用 ⚲（添加到取样工具）单击图中黑色文字（得到黑色文字的选区），单击"确定"按钮，图中文字部分都被选中（白色斑点除外）。最后，按〈Ctrl+C〉组合键将其复制到剪贴板中。

㉖　回到"广告宣传版面效果 3.psd"文件，按〈Ctrl+V〉组合键将刚才复制的内容粘贴

到页面内，调整大小、位置和旋转的角度，得到如图 3-100 所示效果，这种斑驳字所体现出的残缺美也是一种现代的版面设计语言。

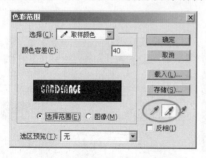

图 3-99　在"色彩范围"对话框中设置选区范围　　图 3-100　将斑驳字粘贴到版面中相应的位置

㉗　同理，请读者自己制作出如图 3-101 所示的另一组斑驳字，然后将它也粘贴到版面中靠左侧的位置，如图 3-102 所示。

图 3-101　另一组斑驳字效　　　　　　　　图 3-102　标题艺术字添加后的版面效果

㉘　现在开始添加大量的正文内容。正文分为许多文本块，全部都顺底图斜置排列，具有向上或向下的动势，构成生动活泼的版式。先利用工具箱中的 T （横排文字工具）输入第一段文本，左侧对齐，设置"字体"为"Arial"，"字体大小"为4pt。然后按〈Ctrl+T〉组合键应用"自由变换"命令，参照图 3-103 所示效果，将文字进行旋转使文本块左侧与底图边缘平行，调节完成后，按〈Enter〉键确认变形。

㉙　再输入第二段文本，这个文本块水平方向不变，只是左侧要进行倾斜的处理。因此先执行菜单中的"图层｜栅格化｜文字"命令，将文本被转化为普通的图像，然后执行菜单中的"编辑｜变换｜扭曲"命令，文本图形四周出现矩形的控制框，拖动变形框左侧边角的手柄，使文本图形的左侧边缘与图形边缘平行，效果如图 3-104 所示。

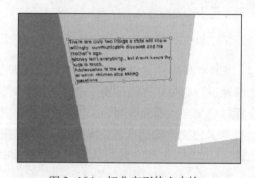

图 3-103　旋转变形的文本块　　　　　　　图 3-104　扭曲变形的文本块

㉚ 同理，请读者自己参照图3-105所示效果，将版面中右半部分的文本块全部添加上。

㉛ 下面再来添加版面左半部分的文本块。如图3-106所示，输入一段文本，然后利用 T（横排文字工具）将其全部选中，然后在选项栏内单击 ▤（右对齐文本）按钮，使文本块内的文字右侧对齐。接下来，参考步骤 ㉙ 的变形方式，将文本块进行扭曲变形。同样的方法，将版面中左半部分的文本块全部添加上，制作方法不再累述。

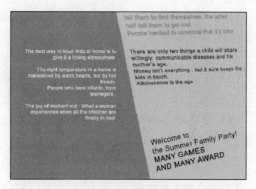

图3-105　版面右半部分文本块整体效果　　　　　　　　　　图3-106　输入文本

㉜ 最后，进行图层的整理。单击"图层"面板下部 ▭（创建新组）按钮创建"组2"，然后将所有的文字层都拖入到"组2"之中，现在"图层"面板如图3-107所示，文字与图像分别在两个图层组内，便于查询和修改。现在，这个复杂版面的全部排版工作已全部完成，最后的效果如图3-108所示。

图3-107　文字与图像分别在两个图层组内　　　　　　　图3-108　最后完成的整体效果

3.5 课后练习

1．填空题

（1）在Photoshop CS4中输入的文字可分为两类，一类称做点文字，另一类称做＿＿＿＿＿＿。

（2）＿＿＿＿＿＿是指段落文字与文字边框之间的距离，或者是段落首行（第一行）缩进的文字距离。＿＿＿＿＿＿是指当前段落与上一段落或下一段落之间的距离。

2．选择题

（1）在Photoshop CS4中的段落对齐方式有左对齐、居中、右对齐和最后一行左对齐等，▤按钮代表的是（　　）。

A．左对齐　　　　　B．右对齐　　　　　C．居中对齐　　　　　D．全部对齐

（2）下面选项中哪个不属于调整字符里面的功能选项？（　　）

A．设置字体　　　　B．字形　　　　　C．蒙版　　　　　D．颜色

（3）要将文字图层转换为选取范围，可以在按住（　　）键的同时单击图层面板中的文字图层。

A．Ctrl　　　　　B．Alt　　　　　C．Shift　　　　　D．Tab

3．问答题／上机题

（1）点文字和段落文字各有什么特点？区别是什么。

（2）如何将文字图层转化为选取范围、路径和形状。

（3）练习1：制作图3-109所示的玻璃字效果。

图3-109　练习1效果

第4章

图 层

本章重点

图层是Photoshop CS4的一大特色。使用图层可以很方便地修改图像，简化图像编辑操作，还可以创建各种图层特效，从而制作出各种特殊效果。通过本章学习应掌握以下内容：

- 图层的概述
- 图层类型
- 图层的操作
- 图层蒙版
- 图层样式
- 混合图层

4.1　图层的概述

"图层"是由英文单词"layer"翻译而来，"layer"的原意就是"层"的意思。在Photoshop CS4中，可以将图像的不同部分分层存放，并由所有的图层组合成复合图像。

对于一幅包含多图层的图像，可以将其形象地理解为叠放在一起的胶片。假设有3张胶片，胶片上的图案分别为森林、豹子、羚羊。现在将森林胶片放在最下面，此时看到的是一片森林，然后将豹子胶片叠放在上面之后，看到的是豹子在森林中奔跑，接着将羚羊胶片叠放上去，看到的是豹子正在森林中追赶羚羊。

多图层图像的最大优点是可以对某个图层作单独处理，而不会影响到图像中的其他图层。假定要移动图4-1中的小鸟，如果这幅图中只有一个图层，小鸟移动后，原来的位置会变为透明，如图4-2所示；如果小鸟与背景分别在两个图层上，就可以随意将小鸟移动到任何位置，原位置处的背景会显示出来，如图4-3所示。

图4-1　原图　　　　图4-2　单图层移动后效果　　　　图4-3　多图层移动后效果

4.2　图层面板和菜单

图层面板是进行图层编辑操作时必不可少的工具，它显示了当前图像的图层信息，从中可以调节图层叠放顺序、图层不透明度以及图层混合模式等参数。几乎所有图层操作都可通过它来实现。而对于常用的控制，比如拼合图像、合并可见图层等，可以通过"图层"菜单来实现，这样可以大大提高工作效率。

4.2.1　图层面板

执行菜单中的"窗口│图层"命令，调出图层面板，如图4-4所示。可以看出各个图层在面板中依次自下而上排列，最先建的图层在最底层，最后建的图层在最上层，最上层图像不会被任何层所遮盖，而最底层的图像将被其上面的图层所遮盖。

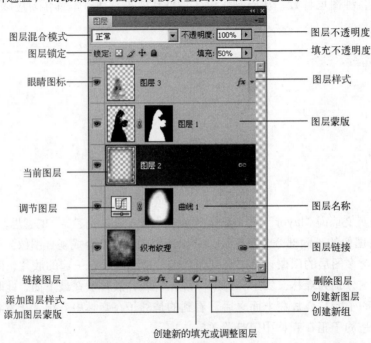

图4-4　图层面板

- 图层混合模式：用于设置图层间的混合模式。
- 图层锁定：用于控制当前图层的锁定状态，具体参见"4.4.4　图层的锁定"。
- 眼睛图标：用于显示或隐藏图层，当不显示眼睛图标时，表示这一层中的图像被隐藏，反之表示显示这个图层中的图像。
- 当前图层：在面板中以蓝色显示的图层。一幅图像只有一个当前图层，绝大部分编辑命令只对当前图层起作用。
- 调节图层：用于控制该层下面所有图层的相应参数，而执行菜单中的"图像│调整"下的相应命令只能控制当前图层的参数，并且调节图层具有可以随时调整参数的优点。
- 图层不透明度：用于设置图层的总体不透明度。当切换到当前图层时，不透明度显示也会随之切换为当前所选图层的设置值。图4-5为不同不透明度数值的效果比较。

● 填充不透明度：用于设置图层内容的不透明度。图4-6为不同填充不透明度数值的效果比较。

图层不透明度100%　　图层不透明度50%　　　　填充不透明度100%　　填充不透明度0%

图4-5　不同不透明度数值的效果比较　　　　图4-6　不同填充不透明度数值的效果比较

● 图层样式：表示该层应用了图层样式。

● 图层蒙版：用于控制其左侧图像的显现和隐藏。

● 图层链接：此时对当前层进行移动、旋转和变换等操作将会直接影响到其他链接层。

● 图层名称：每个图层都可以定义不同的名称便于区分，如果在建立图层时没有设定图层名称，Photoshop CS4会自动依次命名为"图层1"、"图层2"等。

● 链接图层：选择要链接的图层后，单击此按钮可以将它们链接到一起。

● 添加图层样式：单击此按钮可以为当前层添加图层样式。

● 添加图层蒙版：单击此按钮可以为当前层创建一个图层蒙版。

● 创建新的填充或调节图层：单击此按钮可以从弹出的快捷菜单中选择相应的命令，来创建填充或调节图层。

● 创建新组：单击该按钮可以创建一个新组。

● 创建新图层：单击该按钮可以创建一个新图层。

● 删除图层：单击此按钮可以将当前选取的图层删除。

4.2.2　图层菜单

图层菜单的外观如图4-7所示。也可以使用图4-8所示的图层面板右上角的快捷菜单进行图层操作。这两个菜单中的内容基本相似，只是侧重略有不同，前者偏向控制层与层之间的关系，而后者则侧重设置特定层的属性。

 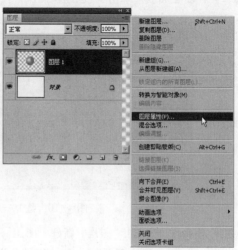

图4-7　图层菜单　　　　　　　　　　图4-8　图层面板弹出菜单

除了可以使用图层菜单和图层面板菜单之外，还可以使用快捷菜单完成图层操作。当右击图层面板中的不同图层或不同位置时，会发现能够打开许多个含有不同命令的快捷菜单，如图4-9所示。利用这些快捷菜单，可以快速、准确地完成图层操作。这些操作的功能和前面所述的图层菜单和图层面板菜单的功能是一致的。

右击蒙版　　　　　　　　　右击图层名称　　　　　　　右击图层样式图标

图4-9　不同命令的快捷菜单

4.3　图　层　类　型

Photoshop CS4中有多种类型的图层，例如文本图层、调节图层、形状图层等。不同类型的图层有着不同的特点和功能，而且操作和使用方法也不尽相同。下面就来具体讲解一下这些图层类型。

4.3.1　普通图层

普通图层是指用一般方法建立的图层，它是一种最常用的图层，几乎所有的Photoshop CS4的功能都可以在这种图层上得到应用。普通图层可以通过图层混合模式实现与其他图层的融合。建立普通图层的方法很多，下面就来介绍一下常见的两种方法。

方法一：在图层面板中单击 （创建新图层）按钮，从而建立一个普通图层，如图4-10所示。

图4-10　建立一个普通图层

方法二：执行菜单中的"图层|新建|图层"命令或单击图层面板右上角的小三角，从弹出的快捷菜单中选择"新建图层"命令，此时会弹出图4-11所示的"新建图层"对话框。在

该对话框中可以对图层的名称、颜色、模式等参数进行设置,单击"确定"按钮,即可新建一个普通图层。

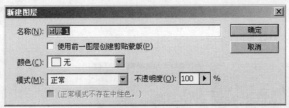

图4-11 "新建图层"对话框

4.3.2 背景图层

背景图层是一种不透明的图层,用于图像的背景。在该层上不能应用任何类型的混合模式。下面打开配套光盘"素材及结果|纹理化.jpg"文件,会发现在背景图层右侧有一个 🔒 图标,表示当前图层是锁定的,如图4-12所示。

背景图层具有以下特点:

● 背景图层位于图层面板的最底层,名称以斜体字"背景"命名。

● 背景图层默认为锁定状态。

● 背景图层不能进行图层不透明度、图层混合模式和图层填充颜色的控制。

如果要更改背景图层的不透明度和图层混合模式,应先将其转换为普通图层,将背景图层转换为普通图层的具体操作步骤如下:

① 双击背景层,或执行菜单中的"图层|新建|背景图层"命令。

② 在弹出的图4-11所示的"新建图层"对话框中,设置图层名称、颜色、不透明度、模式后,单击"确定"按钮,即可将其转换为普通图层,如图4-13所示。

图4-12 背景图层为锁定状态

图4-13 将背景图层转换为普通图层

4.3.3 调整图层

调整图层是一种比较特殊的图层。这种类型的图层主要用来控制色调和色彩的调整。也就是说,Photoshop CS4会将色调和色彩的设置(比如色阶、曲线)转换为一个调整图层单独存放到文件中,使得可以修改其设置,但不会永久性地改变原始图像,从而保留了图像修改的弹性。

建立调整图层的具体操作步骤如下:

① 打开配套光盘"素材及结果｜小镇.jpg"文件，如图 4-14 所示。然后执行菜单中的"图层｜新建调整图层"命令，打开子菜单，如图 4-15 所示。

图 4-14　原图　　　　　　　　　　　图 4-15　"新建调整图层"子菜单

② 从中选择相应的色调或色彩调整命令（此时选择"色阶"），将弹出如图 4-11 所示的对话框。

③ 在弹出的"调整"面板中进行设置，如图 4-16 所示，结果如图 4-17 所示。其中"色阶 1"为调整图层。

图 4-16　设置"色阶"参数　　　　　　　图 4-17　调整色阶后的效果

提示

　　调整图层对其下方的所有图层都起作用，而对其上方的图层不起作用。如果不想对调整图层下方的所有图层起作用，可以将调整图层与在其上方的图层编组。

4.3.4　文本图层

文本图层是使用 T（横排文字工具）和 IT（直排文字工具）建立的图层。创建文本图层的具体操作步骤如下：

① 打开配套光盘"素材及结果｜田野.jpg"文件，利用工具箱上的 T（横排文字工具）输入文字"自然风光"，此时自动产生一个文本图层，如图 4-18 所示。

图 4-18 输入文字后效果

② 如果要将文本图层转换为普通图层，执行菜单中的"图层 | 栅格化 | 文字"命令即可，此时图层分布如图 4-19 所示。

③ 执行菜单中的"编辑 | 变换 | 透视"命令，对栅格化的图层进行处理，结果如图 4-20 所示。

图 4-19 栅格化文字

图 4-20 对文字进行透视处理

提示

文字图层只能进行"变换"命令中的"缩放"、"旋转"、"斜切"、"变形"操作，而不能进行"扭曲"和"透视"操作，只有将其栅格化之后才能执行这两个操作。

4.3.5 填充图层

填充图层可以在当前图层中进行"纯色"、"渐变"和"图案" 3 种类型的填充，并结合图层蒙版的功能产生一种遮罩效果。

建立填充图层的具体操作步骤如下：

① 新建一个文件，然后新建一个图层。

② 选择工具箱上的 ，在新建图层上输入"Adobe"，结果如图 4-21 所示。

③ 单击图层面板下方的 按钮，从弹出的快捷菜单中选择"纯色"命令，然后在弹出的"拾色器"对话框中选择一种颜色，单击"确定"按钮，结果如图 4-22 所示。

图 4-21　创建文字蒙版区域

图 4-22　创建纯色填充图层

④　回到第①步，单击图层面板下方的 ![icon] （创建新的填充或调整图层）按钮，从弹出的快捷菜单中选择"渐变色"命令，然后在弹出的"渐变填充"对话框中选择一种渐变色，如图 4-23 所示，单击"确定"按钮，结果如图 4-24 所示。

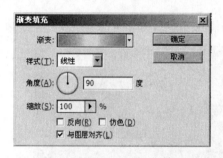

图 4-23　设置渐变填充参数

图 4-24　创建渐变填充图层

⑤　回到第①步，单击图层面板下方的 ![icon] （创建新的填充或调整图层）按钮，从弹出的快捷菜单中选择"图案"命令，然后在弹出的"图案填充"对话框中选择一种图案，如图 4-25 所示，单击"确定"按钮，结果如图 4-26 所示。

图 4-25　设置图案填充参数

图 4-26　创建图案填充图层

4.3.6　形状图层

当使用工具箱中的 ![icon] （矩形工具）、![icon] （圆角矩形工具）、![icon] （椭圆工具）、![icon] （多边形工具）、![icon] （直线工具）、![icon] （自定形状工具）6 种形状工具在图像中绘制图形时，就会在图层面板中自动产生一个形状图层。

形状图层和填充图层很相似，如图 4-27 所示。在图层面板中均有一个图层预览缩略图、矢量蒙版缩略图和一个链接符号。其中矢量蒙版表示在路径以外的部分显示为透明，在路径以内的部分显示为图层预览缩略图中的颜色。

图层预览缩略图　　链接符号　　矢量蒙版缩略图

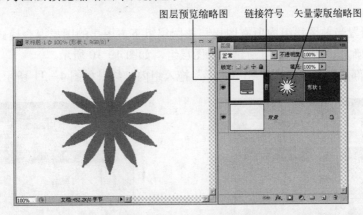

图4-27　形状图层

4.4　图层的操作

一般而言，一个好的平面作品需要经过许多操作步骤才能完成，特别是图层的相关操作尤其重要。这是因为一个综合性的设计往往由多个图层组成，并且用户需要对这些图层进行多次编辑（比如调整图层的叠放次序、图层的链接与合并等）后，才能得到好的效果。

4.4.1　创建和使用图层组

Photoshop CS4允许在一幅图像中创建将近8 000个图层，实际上在一个图像中创建了数十个或上百个图层之后，对图层的管理就变得很困难了。此时可以利用"图层组"来进行图层管理，图层组就好似Windows中的文件夹一样，可以将多个图层放在一个图层组中。

创建和使用图层组的具体操作步骤如下：

① 打开配套光盘"素材及结果|西红柿.psd"文件，如图4-28所示。

② 执行菜单中的"图层|新建|组"命令，弹出图4-29所示的对话框。

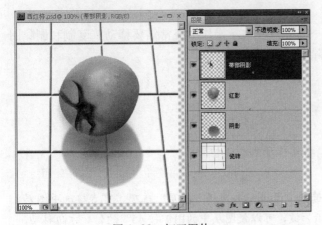

图4-28　打开图片

图4-29　"新建组"对话框

- 名称：设置图层组的名称。如果不设置，将以默认的名称"组1"、"组2"进行命名。
- 颜色：此处用于设置图层组的颜色，与图层颜色相同，只用于表示该图层组，不影响组中的图像。
- 模式：设置当前图层组内所有图层与该图层组下方图层的图层混合模式。

③ 单击"确定"按钮，即可新建一个图层组，如图4-30所示。

④ 将"蒂部阴影"、"红影"和"阴影"拖入组内，结果如图4-31所示。

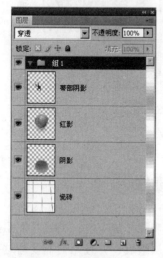

图4-30 新建组

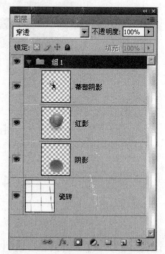

图4-31 将图层拖入图层组

⑤ 如果要删除图层组，可以右击图层组，从弹出的快捷菜单中选择"删除组"命令，弹出图4-32所示的对话框。

- 组和内容：单击该按钮，可以将该图层组和图层组中的所有图层删除。

图4-32 删除组提示对话框

- 仅组：单击该按钮，可以删除图层组，但保留图层组中的图层。

⑥ 单击"仅组"按钮，即可删除组而保留组中的图层。

4.4.2 移动、复制和删除图层

一个图层实际上就是整个图像中的一部分，在实际操作中经常需要移动、复制和删除图层，下面就来讲解一下移动、复制和删除图层的方法。

1．移动图层

移动图层的具体操作步骤如下：

① 选择需要移动的图层中的图像。

② 利用工具箱中的 ![移动工具] （移动工具）将其移动到适当位置。

提示

在移动工具选项栏中选中"自动选择"复选框并选择"图层"选项，可直接选中图层的图像。在移动时按住键盘上的〈Shift〉键，可以使图层中的图像按45°的倍数方向移动。

2．复制图层

复制图层的具体操作步骤如下：

① 选择要复制的图层。

② 执行菜单中的"图层|复制图层"命令，弹出如图4-33所示的对话框。

● 为：用于设置复制后图层的名称。

● 目标：为复制后的图层指定一个目标文件。
在"文档"下拉列表框中会列出当前已打
开的所有图像文件，从中可以选择一个文
件以便放置复制后的图层。如果选择"新
建"选项，表示复制图层到一个新建的图
像文件中。此时"名称"将可用，可以为
新建图像指定一个文件名称。

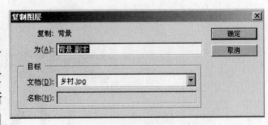

图4-33　"复制图层"对话框

③ 单击"确定"按钮，即可复制出一个图层。

提示

将要复制的图层拖到图层面板下方的 🔲（创建新图层）按钮上，可以直接复制一个
图层，而不会出现对话框。

3．删除图层

删除图层的具体操作步骤如下：

① 选中要删除的图层。

② 将其拖到图层面板下方的 🗑（删除图层）按钮上即可。

4.4.3　调整图层的叠放次序

图像一般由多个图层组成，而图层的叠放次序直接影响到图像的显示效果，上方的图层
总是会遮盖其底层的图像。因此，在编辑图像时，可以调整图层之间的叠放次序，来实现最
终的效果。具体操作步骤如下：

① 将光标移动到图层面板需要调整次序的图层上（此时为"图层2"），如图4-34所示。

图4-34　选择要调整次序的图层

② 按住鼠标将图层拖动到图层面板的适当位置即可，结果如图4－35所示。

图4－35　调整图层顺序后的效果

4.4.4　图层的锁定

Photoshop CS4提供了锁定图层的功能，它包括 🔲 （锁定透明像素）、🖉 （锁定图像像素）、⊕ （锁定位置）和 🔒 （全部锁定）4种锁定类型。

- 🔲 （锁定透明像素）：单击该按钮，可以锁定图层中的透明部分，此时只能对有像素的部分进行编辑。
- 🖉 （锁定图像像素）：单击该按钮，此时无论是透明部分还是图像部分，都不允许再进行编辑。
- ⊕ （锁定位置）：单击该按钮，此时当前图层将不能进行移动操作。
- 🔒 （全部锁定）：单击该按钮，将完全锁定该图层。任何绘图操作、编辑操作（包括"删除图层"、"图层混合模式"、"不透明度"等功能）均不能在这个图层上使用，只能在图层面板中调整该图层的叠放次序。

4.4.5　图层的链接与合并

在实际操作中经常要用到图层的链接与合并功能，下面就来具体讲解一下图层的链接与合并的方法。

1．图层的链接

图层的链接功能可以方便地移动多个图层图像，同时对多个图层中的图像进行旋转、翻转和自由变形，以及对不相邻的图层进行合并。

图层链接的具体操作步骤如下：

① 同时选中要链接的多个图层。

② 单击图层面板下方的 ⚭ （链接图层）按钮即可。此时被链接的图层右侧会出现一个 ⚭ 标记。

③ 如果要解除链接，可以选择要解除链接的图层，再次单击图层面板下方的 ⚭ （链接图层）按钮即可。

2．图层的合并

在制作图像的过程中，如果对几个图层的相对位置和显示关系已经确定下来，不再需要进行修改时，可以将这几个图层合并。这样不但可以节约空间，提高程序的运行速度，还可以整体地修改这几个合并后的图层。

Photoshop CS4 提供了"向下合并"、"合并可见图层"和"拼合图像"三种图层合并的命令。单击图层面板右上角的小三角，在弹出的快捷菜单中可以看到这 3 个命令，如图 4-36 所示。

- ●向下合并：将当前图层与其下一图层图像合并，其他图层保持不变。合并图层时，需要将当前图层下的图层设为可视状态。
- ●合并可见图层：将图像中所有显示的图层合并，而隐藏的图层则保持不变。
- ●拼合图像：将图像中所有图层合并，并在合并过程中如果存在隐藏的图层，会出现如图 4-37 所示的对话框，单击"确定"按钮，将删除隐藏图层。

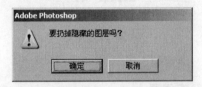

图 4-36　合并图层相关命令　　　　图 4-37　含有隐藏图层的情况下合并图层出现的对话框

4.4.6　对齐和分布图层

Photoshop CS4 提供了对齐和分布图层的相关命令，下面就来具体讲解一下对齐和分布图层的方法。

1．对齐图层

对齐图层命令可将各图层沿直线对齐，使用时必须有两个以上的图层，对齐图层的具体操作步骤如下：

① 打开"素材及结果|对齐图层.psd"文件，并在每个图层上放置不同的图形，如图 4-38 所示。

② 按住〈Ctrl〉键，同时选中"图层1"、"图层2"和"图层3"。然后执行菜单中的"图层|对齐"命令，在其子菜单中会显示所有对齐命令，如图 4-39 所示。

图 4-38　在不同图层上放置不同的图形

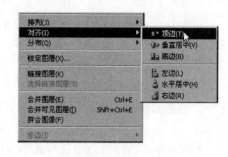

图 4-39　"对齐"子菜单

- 顶边：使选中图层与最顶端的图形对齐。
- 垂直居中：使选中图层垂直方向居中对齐。
- 底边：使选中图层与最底端的图形对齐。
- 左边：使选中图层最左端的图形对齐。
- 水平居中：使选中图层水平方向居中对齐。
- 右边：使选中图层最右端的图形对齐。

③　分别选择 （底边）和 （左边）对齐方式，结果如图 4-40 所示。

（底边）对齐

（左边）对齐

图 4-40　不同对齐方式的效果

2．分布图层

分布图层是根据不同图层上图形间的间距来进行图层分布，具体操作步骤如下：

①　打开"素材及结果|分布图层.psd"文件，如图 4-41 所示。

②　按住〈Ctrl〉键，同时选中"图层 1"、"图层 2"和"图层 3"。然后执行菜单中的"图层|分布"命令，在其子菜单中会显示所有分布命令，如图 4-42 所示。

图 4-41　同时选中多个图层

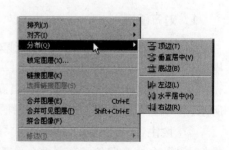

图 4-42　"分布"子菜单

- ⬛ 顶边：使选中图层顶端间距相同。
- ⬛ 垂直居中：使选中图层垂直中心线间距相同。
- ⬛ 底边：使选中图层底端间距相同。
- ⬛ 左边：使选中图层最左端间距相同。
- ⬛ 水平居中：使选中图层水平中心线间距相同。
- ⬛ 右边：使选中图层最右端间距相同。

③ 单击 ⬛(垂直居中)按钮，效果如图 4-43 所示。再单击 ⬛(水平居中)按钮，效果如图 4-44 所示。

图 4-43　⬛(垂直居中)效果　　　　　　图 4-44　⬛(水平居中)效果

4.5　图　层　蒙　版

图层蒙版用于控制当前图层的显示或者隐藏。通过更改蒙版，可以将许多特殊效果运用到图层中，而不会影响原图像上的像素。图层上的蒙版相当于一个 8 位灰阶的 Alpha 通道。在蒙版中，黑色部分表示隐藏当前图层的图像，白色部分表示显示当前图层的图像，灰色部分表示渐隐渐显当前图层的图像。

4.5.1　建立图层蒙版

建立图层蒙版的具体操作步骤如下：
① 打开"素材及结果|图层蒙版1.jpg"和"图层蒙版2.jpg"文件，如图 4-45 所示。

图层蒙版1.jpg

图层蒙版2.jpg

图 4-45　打开图片

② 利用工具箱中的 ⬆️（移动工具）将"图层蒙版1.jpg"拖入"图层蒙版2.jpg"中，结果如图4-46所示。

图4-46　将"图层蒙版1.jpg"拖入"图层蒙版2.jpg"中

③ 单击图层面板下方的 ▣（添加图层蒙版）按钮，给"图层2"添加一个图层蒙版，如图4-47所示。此时蒙版为白色，表示全部显示当前图层的图像。

④ 利用工具箱上的 ▣（渐变工具），渐变类型选择 ▣（线性渐变），然后对蒙版进行黑－白渐变处理，结果如图4-48所示。此时蒙版右侧为黑色，左侧为白色。相对应的"图层2"的右侧会隐藏当前图层的图像，从而显示出背景中的图像；而左侧依然会显现当前图层的图像，而灰色部分会渐隐渐显当前图层的图像。

图4-47　给"图层1"添加蒙版

图4-48　对蒙版进行黑－白渐变处理

4.5.2　删除图层蒙版

删除图层蒙版的具体操作步骤如下：

① 选择要删除的蒙版，将其拖到图层面板下方的 🗑️ 按钮上。

② 此时会弹出如图4-49所示的对话框。如果单击"应用"按钮，蒙版被删除，而蒙版后的效果被保留在图层中，如图4-50所示；如果单击"删除"按钮，蒙版被删除的同时蒙版效果也随之被删除，如图4-51所示。

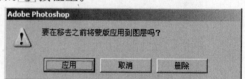

图4-49　删除蒙版时出现的对话框

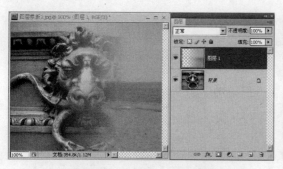

图4-50 单击"应用"按钮后删除蒙版　　　　图4-51 单击"删除"按钮后删除蒙版

4.6　图　层　样　式

图层样式是指图层中的一些特殊的修饰效果。Photoshop CS4提供了"阴影"、"内发光"、"外发光"、"斜面和浮雕"等样式。通过这些样式不仅能为作品增色不少，而且还可以节省不少空间。下面就来具体讲解一下这些样式的设置和使用方法。

4.6.1　设置图层样式

设置图层样式的具体操作步骤如下：

① 选中要应用样式的图层。

② 执行菜单中的"图层|图层样式"命令，如图4-52所示，在子菜单中选择一种样式命令，或单击图层面板下方的 *fx.*（添加图层样式）按钮，如图4-53所示，在弹出的快捷菜单中选择一种样式。

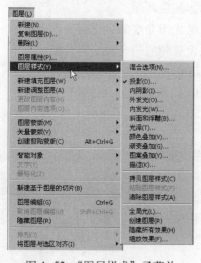

图4-52 "图层样式"子菜单

图4-53 单击 *fx.* 按钮后弹出快捷菜单

③ 此时选择"投影"命令，会弹出图4-54所示的对话框，在此对话框中设置相应参数后单击"确定"按钮即可，此时图层面板会显示出相应效果，如图4-55所示。

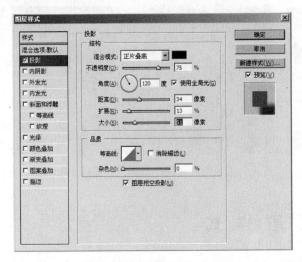

图 4-54 "图层样式"对话框

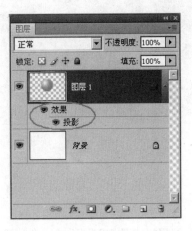

图 4-55 在图层面板中显示"投影"效果

4.6.2　图层样式的种类

Photoshop CS4 提供了 10 种图层样式，下面就来具体讲解一下它们的用途。

1．投影

"投影"样式对于平面处理来说使用非常频繁。无论是文字、按钮、边框，还是一个物体，如果添加一个投影效果，就会产生层次感，为图像增色不少。

"图层样式"对话框"投影"选项如图 4-54 所示，各项参数意义如下：

● 混合模式：选定投影的图层混合模式，在其右侧有一颜色框，用于设置投影颜色。

● 不透明度：设置阴影的不透明度，值越大阴影颜色越深。

● 角度：用于设置光线照明角度，阴影方向会随光照角度的变化而发生变化。

● 使用全局光：为同一图像中的所有图层样式设置相同的光线照明角度。

● 距离：设置阴影的距离，变化范围为 0~30 000，值越大，距离越远。

● 扩展：设置光线的强度，变化范围为 0%~100%，值越大，投影效果越强烈。

● 大小：设置投影柔化程度，变化范围为 0~250，值越大，柔化程度越大。当为 0 时，该选项将不产生任何效果。

● 等高线：单击"等高线"右侧下拉按钮，会弹出图 4-56 所示的面板，从中可以选择一种等高线。如果要编辑等高线，可以单击等高线图案，在弹出的图 4-57 所示的"等高线编辑器"对话框中对其进行再次编辑。图 4-58 所示为使用等高线制作的投影效果。

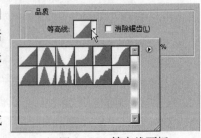

图 4-56　等高线面板

● 杂色：用于控制投影中的杂质多少。

● 图层挖空投影：控制投影在半透明图层中的可视性或闭合。

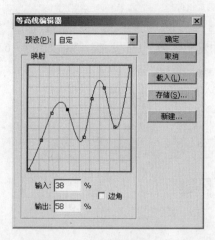

图 4-57 "等高线编辑器"对话框　　　　图 4-58 编辑投影等高线效果

2．内阴影

"内阴影"样式用于为图层添加位于图层内容边缘内的阴影，从而使图层产生凹陷的外观效果。"图层样式"对话框"内阴影"选项如图 4-59 所示，其参数设置与"投影"基本相同，图 4-60 为添加内阴影效果的前后比较图。

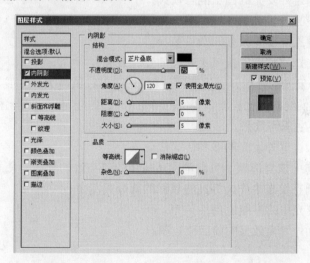

图 4-59 "内阴影"选项

添加内阴影前　　　　　　　　添加内阴影后

图 4-60 添加内阴影效果的前后比较图

3．外发光

"外发光"样式用于在图层内容的边缘以外添加发光效果。"外发光"选项如图 4-61 所示。

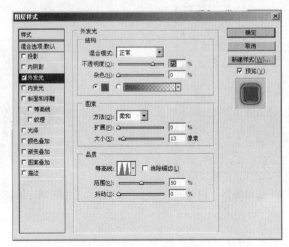

图 4-61 "外发光"选项

各项参数意义如下：

- 混合模式：选定外发光的图层混合模式。
- 不透明度：设置外发光的不透明度，值越大阴影颜色越深。
- 杂色：用于设置外发光效果的杂质多少。
- 方法：用于选择"精确"或"柔和"的发光效果。
- 扩展：设置外发光的强度，变化范围为 0%～100%，值越大，扩展效果越强烈。
- 大小：设置外发光的柔化程度，变化范围为 0～250，值越大，柔化程度越大。当为 0 时，该选项将不产生任何效果。
- 等高线：用于设置外发光的多种等高线效果。
- 消除锯齿：选中该复选框，可以消除所使用的等高线的锯齿，使之平滑。
- 范围：用于调整发光中作为等高线目标的部分或范围。
- 抖动：调整发光中的渐变应用。

图 4-62 为添加外发光效果的前后比较图。

添加外发光前　　　　　　　　　　　　添加外发光后

图 4-62 添加外发光效果的前后比较图

4．内发光

"内发光"样式用于在图层内容的边缘以内添加发光效果。"内发光"选项如图 4-63 所示，其参数设置与"外发光"基本相同，区别在于多了一个"源"选项，用于指定内发光的发光位置。它的参数意义如下：

- 居中：选中"居中"单选按钮，可指定图层内容的中心位置发光。
- 边缘：选中"边缘"单选按钮，可指定图层内容的内部边缘发光。

图 4-64 所示为内发光效果。

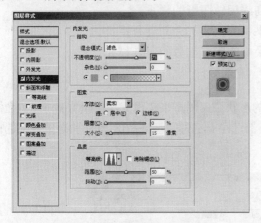

图 4-63 "内发光"选项

图 4-64 内发光效果

5．斜面和浮雕

"斜面和浮雕"样式是指在图层的边缘添加一些高光和暗调带，从而在图层的边缘产生立体的斜面效果或浮雕效果。"斜面和浮雕"选项如图 4-65 所示，各项参数意义如下：

- 样式：包括"内斜面"、"外斜面"、"浮雕效果"、"枕状浮雕"和"描边浮雕"5 种浮雕效果。图 4-66 所示为不同浮雕效果的比较。

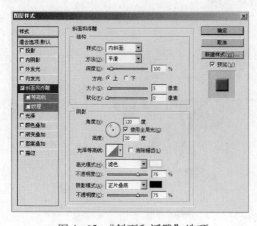

图 4-65 "斜面和浮雕"选项

图 4-66 不同浮雕效果的比较

- 方法：用于选择一种斜面表现方式，包括"平滑"、"雕刻清晰"、"雕刻柔和"3 种类型。
- 深度：用于调整斜面或浮雕效果凸起或凹陷的幅度。
- 方向：有"上"、"下"两个单选按钮可供选择。
- 大小：用于调整斜面的大小。
- 软化：可以调整斜面的柔和度。
- 角度：用于设置光线的照射角度。
- 高度：用于设置光线的照射高度。
- 光泽等高线：从中可以选择一种等高线用做阴影的样式。
- 高光模式：用于选择斜面或浮雕效果中的高光部分的混合模式。
- 阴影模式：用于选择斜面或浮雕效果中的阴影部分的混合模式。

6．光泽

"光泽"样式是指在图层内部根据图层的形状应用阴影来创建光滑的磨光效果。"光泽"选项如图 4-67 所示，它的选项在前面基本上都已经介绍过，图 4-68 为添加光泽效果的前后比较图。

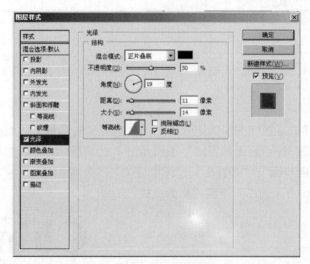

图 4-67　"光泽"选项

添加光泽前　　　　　　　　　　　　　　添加光泽后

图 4-68　添加光泽效果的前后比较图

7．颜色叠加

"颜色叠加"样式是指在图层内容上叠加颜色。"颜色叠加"选项如图4-69所示。

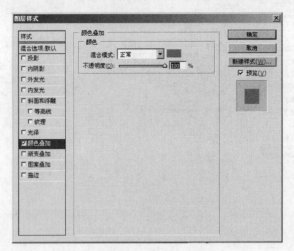

图4-69　"颜色叠加"选项

各项参数意义如下：

● 混合模式：用于控制右侧颜色块中的颜色与原来颜色进行混合的方式。

● 不透明度：用于控制右侧颜色块中的颜色与原来颜色进行混合时的不透明度。

图4-70为添加红色叠加效果的前后比较图。

　　　添加红色叠加效果前　　　　　　　　　　　　　添加红色叠加效果后

图4-70　添加红色叠加效果的前后比较图

8．渐变叠加

"渐变叠加"是指在图层内容上叠加渐变色。"渐变叠加"选项如图4-71所示。各项参数意义如下：

● 混合模式：用于控制渐变色与原来颜色进行混合的方式。

● 不透明度：用于控制渐变色与原来颜色进行混合的不透明度。

● 渐变：用于设置渐变色。

● 样式：有"线性"、"径向"、"角度"、"对称的"和"菱形"5种渐变样式可供选择。

● 角度：用于调整渐变的角度。

● 缩放：用于调整渐变范围的大小。

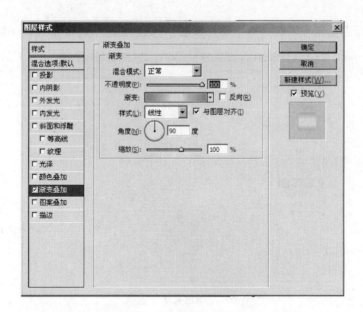

图 4-71 "渐变叠加"选项

图 4-72 为添加渐变叠加效果的前后比较图。

添加渐变叠加前

添加渐变叠加后

图 4-72 添加渐变叠加效果的前后比较图

9．图案叠加

"图案叠加"样式是指在图层内容上叠加图案。"图案叠加"选项如图 4-73 所示，各项参数意义如下：

- 混合模式：用于控制图案与原来颜色进行混合的方式。
- 不透明度：用于控制图案与原来颜色进行混合的不透明度。
- 图案：用于选择用于图案叠加的图案。
- 缩放：用于调整图案的显示比例。

图 4-74 为添加图案叠加效果的前后比较图。

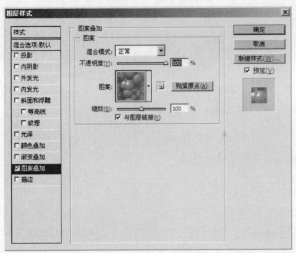

图 4-73 "图案叠加"选项

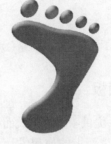

添加图案叠加前　　　　添加图案叠加后

图 4-74 添加图案叠加效果的前后比较图

10．描边

"描边"样式是指使用纯色、渐变色或图案在图层内容的边缘上描画轮廓，这种效果适于处理一些边缘清晰的形状（如文字）。"描边"选项如图 4-75 所示。

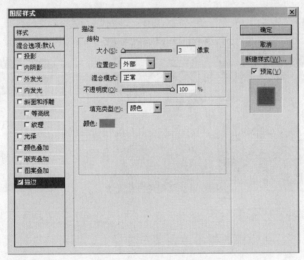

图 4-75 "描边"选项

各项参数意义如下：

● 大小：用于设置描边的宽度。

● 位置：用于设置描边的位置，有"外部"、"内部"和"居中"3 种类型可供选择。

● 混合模式：用于设置描边颜色与原来颜色进行混合的模式。

● 不透明度：用于设置描边颜色与原来颜色进行混合的不透明度。

● 填充类型：用于设置描边的类型，有"颜色"、"渐变"和"图案"3 种类型可供选择。

　图 4-76 为添加图案描边效果的前后比较图。

● 颜色：用于设置描边的颜色。

添加描边前

添加描边后

图 4-76　添加描边效果的前后比较图

4.6.3　使用样式面板

Photoshop CS4 提供了一个样式面板，该面板专门用于保存图层样式，以便下次调用，下面就来具体讲解一下该面板的使用方法。

1. 应用和新建样式

应用和新建样式的具体操作步骤如下：

① 新建一个文件，然后单击图层面板下方的 （创建新图层）按钮，从而新建一个图层。接着使用工具箱上的 （自定义图形工具），类型选择 （填充像素），再选择一个图形后进行绘制，结果如图 4-77 所示。

② 执行菜单中的"窗口|样式"命令，调出"样式"面板，如图 4-78 所示。

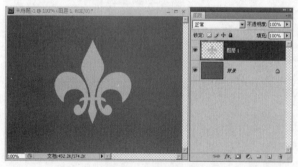

图 4-77　绘制图形

图 4-78　"样式"面板

③ 选中"图层 1"，在样式面板中单击某一种样式，即可将该样式施加到图形上，结果如图 4-79 所示。

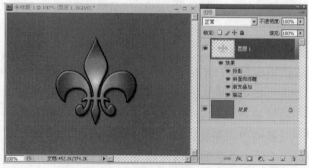

图 4-79　将样式施加到圆形上

④ 对"图层1"中施加在图形上的样式进行修改，如图4-80所示。然后单击"样式"面板下方的 ▣ （创建新样式）按钮，弹出图4-81所示的对话框，单击"确定"按钮，即可将这种样式添加到样式面板中，如图4-82所示。

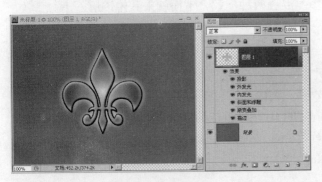

图4-80　修改样式

图4-81　"新建样式"对话框

2．管理样式

编辑了一个漂亮的图层样式后可以将其定义到"样式"面板中，以便下次继续使用，但是如果重新安装Photoshop CS4后，该样式就会被删除。为了在下次重新安装时可以载入这种样式，可以将样式保存为样式文件。

保存和载入样式文件的具体操作步骤如下：

① 单击样式面板右上角的小三角，从弹出的快捷菜单中选择"存储样式"命令。

② 在弹出的图4-83所示的对话框中选择保存的位置后，将其保存为ASL格式。

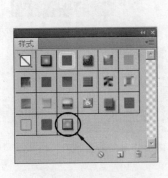

图4-82　新建的样式

图4-83　"存储"对话框

③ 在重新安装Photoshop CS4后，可以单击样式面板右上角的小三角，从弹出的快捷菜单中选择"载入样式"命令，在弹出的"载入样式"对话框中选择步骤②保存的样式文件即可。

4.7 混 合 图 层

混合图层分为一般图层混合和高级图层混合两种模式，下面就来具体讲解一下。

4.7.1 一般图层混合模式

一般图层混合模式包括"图层不透明度"、"填充不透明度"和"混合模式"3 个功能，通过这 3 个功能可以制作出许多图像合成效果。其中"图层不透明度"用于设置图层的总体不透明度；"填充不透明度"用于设置图层内容的不透明度；"混合模式"是指当图像叠加时，上方图像的像素如何与下方图像的像素进行混合，以得到结果图像。

Photoshop CS4 提供了 25 种图层混合模式，如图 4-84 所示。下面就来具体讲解一下这些图层混合模式的用途。

1．正常模式

这是系统默认的状态，当图层不透明度为 100% 时，设置为该模式的图层将完全覆盖下层图像。图 4-85 所示为正常模式下原图的图层分布和画面显示。

图 4-84 25 种图层混合模式   图 4-85 正常模式下图层分布和画面显示

2．溶解模式

该模式是根据本层像素位置的不透明度，随机分布下层像素，产生一种两层图像互相融合的效果。该模式对经过羽化过的边缘作用非常显著，图 4-86 所示为溶解模式下的图层分布和画面显示。

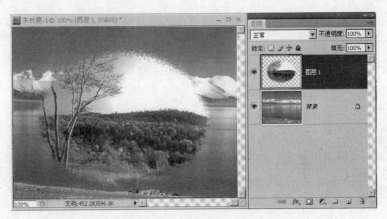

图4-86 溶解模式下的图层分布和画面显示

3.变暗模式

变暗模式进行颜色混合时，会比较绘制的颜色与底色之间的亮度，较亮的像素被较暗的像素取代，而较暗的像素不变。图4-87所示为变暗模式下的画面显示。

4.变亮模式

变亮模式正好与变暗模式相反，它是选择底色或绘制颜色中较亮的像素作为结果颜色，较暗的像素被较亮的像素取代，而较亮的像素不变。图4-88为变亮模式下的画面显示。

图4-87 变暗模式下的画面显示

图4-88 变亮模式下的画面显示

5.正片叠底模式

将两个颜色的像素相乘，然后再除以255，得到的结果就是最终色的像素值。通常执行正片叠底模式后颜色比原来的两种颜色都深，任何颜色和黑色执行正片叠底模式得到的仍然是黑色，任何颜色和白色执行正片叠底模式后保持原来的颜色不变。简单说，正片叠底模式就是突出黑色的像素。图4-89为正片叠底模式下的画面显示。

6.滤色模式

滤色模式的作用结果和正片叠底正好相反，它是将两个颜色的互补色的像素值相乘，然后再除以255得到最终色的像素值。通常执行滤色模式后的颜色都较浅。任何颜色和黑色执行滤色模式，原颜色不受影响；任何颜色和白色执行滤色模式得到的是白色；而与其他颜色执行此模式都会产生漂白的效果。简单说，滤色模式就是突出白色的像素。图4-90为滤色模式下的画面显示。

图4-89 正片叠底模式下的画面显示　　　图4-90 滤色模式下的画面显示

7．颜色加深

颜色加深模式查看每个通道的颜色信息，通过增加对比度使底色的颜色变暗来反映绘图色，和白色混合没有变化。图4-91所示为颜色加深模式下的画面显示。

8．线性加深

线性加深模式查看每个通道的颜色信息，通过降低亮度使底色的颜色变暗来反映绘图色，和白色混合没有变化。图4-92所示为线性加深模式下的画面显示。

图4-91 颜色加深模式下的画面显示　　　图4-92 线性加深模式下的画面显示

9．颜色减淡

使用颜色减淡模式时，首先查看每个通道的颜色信息，通过降低对比度，使底色的颜色变亮来反映绘图色，和黑色混合没有变化。图4-93为颜色减淡模式下的画面显示。

10．线性减淡

使用线性减淡模式时，首先查看每个通道的颜色信息，通过增加亮度，使底色的颜色变亮来反映绘图色，和黑色混合没有变化。图4-94为线性减淡模式下的画面显示。

11．叠加模式

图像的颜色被叠加到底色上，但保留底色的高光和阴影部分。底色的颜色没有被取代，而是和图像颜色混合体现原图的亮部和暗部。图4-95为叠加模式下的画面显示。

图 4-93 颜色减淡模式下的画面显示   图 4-94 线性减淡模式下的画面显示

12．柔光模式

柔光模式根据图像的明暗程度来决定最终色是变亮还是变暗。当图像色比 50% 的灰要亮时，则底色图像变亮；如果图像色比 50% 的灰要暗，则底色图像就变暗。如果图像色是纯黑色或者纯白色，最终色将稍稍变暗或者变亮，如果底色是纯白色或者纯黑色，则没有任何效果。图 4-96 为柔光模式下的画面显示。

图 4-95 叠加模式下的画面显示   图 4-96 柔光模式下的画面显示

13．强光模式

强光模式是根据图像色来决定执行叠加模式还是滤色模式。当图像色比 50% 的灰要亮时，则底色变亮，就像执行滤色模式一样，如果图像色比 50% 的灰要暗，则就像执行叠加模式一样，当图像色是纯白或者纯黑时得到的是纯白或者纯黑色。图 4-97 为强光模式下的画面显示。

14．亮光模式

亮光模式是根据图像色，通过增加或者降低对比度来加深或者减淡颜色。如果图像色比 50% 的灰亮，图像通过降低对比度被照亮；如果图像色比 50% 的灰暗，图像通过增加对比度变暗。图 4-98 为亮光模式下的画面显示。

图 4-97 强光模式下的画面显示   图 4-98 亮光模式下的画面显示

15．线性光模式

线性光模式是根据图像色，通过增加或者降低亮度来加深或者减淡颜色。如果图像色比 50% 的灰亮，图像通过增加亮度被照亮；如果图像色比 50% 的灰暗，图像通过降低亮度变暗。图 4-99 为线性光模式下的画面显示。

16．点光模式

点光模式是根据图像色来替换颜色。如果图像色比 50% 的灰要亮，图像色被替换，比图像色亮的像素不变化；如果图像色比 50% 的灰要暗，比图像色亮的像素被替换，比图像色暗的像素不变化。图 4-100 为点光模式下的画面显示。

图 4-99　线性光模式下的画面显示　　　　图 4-100　点光模式下的画面显示

17．实色混合

实色混合模式在通常情况下，两个图层混合结果是亮色更加亮了、暗色更加暗了。图 4-101 所示为实色混合模式下的画面显示。

18．差值模式

差值模式通过查看每个通道中的颜色信息，比较图像色和底色，用较亮的像素点的像素值减去较暗的像素点的像素值，差值作为最终色的像素值。与白色混合将使底色反相，与黑色混合则不产生变化。图 4-102 为差值模式下的画面显示。

图 4-101　实色混合模式下的画面显示　　　　图 4-102　差值模式下的画面显示

19．排除模式

排除模式与差值模式类似，但是比差值模式生成的颜色对比度小，因而颜色较柔和。与白色混合将使底色反相，与黑色混合则不产生变化。图 4-103 所示为排除模式下的画面显示。

20．色相模式

色相模式采用底色的亮度、饱和度以及图像色的色相来创建最终色。图4－104所示为色相模式下的画面显示。

图4－103　排除模式下的画面显示　　　　图4－104　色相模式下的画面显示

21．饱和度模式

饱和度模式采用底色的亮度、色相以及图像色的饱和度来创建最终色。如果绘图色的饱和度为0，原图就没有变化。图4－105所示为饱和度模式下的画面显示。

22．颜色模式

颜色模式能保留原有图像的灰度细节。这种模式能用来对黑白或者是不饱和的图像上色。图4－106所示为颜色模式下的画面显示。

图4－105　饱和度模式下的画面显示　　　　图4－106　颜色模式下的画面显示

23．明度模式

与颜色模式正好相反，明度模式采用底色的色相和饱和度以及绘图色的亮度来创建最终色。图4－107所示为明度模式下的画面显示。

24．深色模式

深色模式为Photoshop CS4新增的图层混合模式，利用它可以对一幅图片的局部而不是整幅图片进行变暗处理。图4－108所示为深色模式下的画面显示。

图4－107　明度模式下的画面显示

25．浅色模式

这种模式为Photoshop CS4新增的图层混合模式，利用它可以对一幅图片的局部而不是整幅图片进行变亮处理。图4-109所示为浅色模式下的画面显示。

图4-108　深色模式下的画面显示　　　　图4-109　浅色模式下的画面显示

4.7.2　高级图层混合模式

除了一般图层混合模式之外，Photoshop CS4还提供了一种高级混合图层的方法，即使用"混合选项"功能进行混合，具体操作步骤如下：

①　在图层面板中选择要设置"混合选项"的图层，然后执行菜单中的"图层|图层样式|混合选项"命令，此时会弹出图4-110所示的"图层样式"对话框。

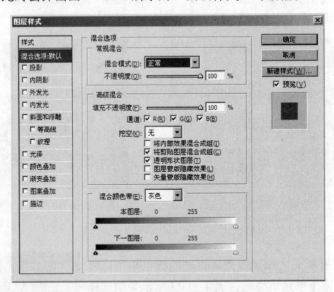

图4-110　"图层样式"对话框

②　在"常规混合"选项组中提供了一般图层混合的方式，可以设置混合模式和不透明度，这两项功能和图层面板中的图层混合模式和不透明度调整功能相同。

③　在"高级混合"选项组中提供了高级混合选项。

● 填充不透明度：用于设置不透明度。其填充的内容由"通道"选项中的R、G、B复选框来控制。例如：取消勾选R、G复选框，那么在图像中就只显示蓝通道的内容，而隐藏红和绿通道的内容。

- 挖空：用于指定哪一个图层被穿透，从而显示出下一层的内容。如果使用了图层组，则可以挖空图层组中最底层的图层，或者挖空背景图层中的内容，以及挖空调整图层使之显示出原图像的颜色。在其下拉列表框中选择"无"，表示不挖空任何图层；选择"浅"，表示挖空当前图层组最底层或剪贴组图层的最底层；选择"深"，表示挖空背景图层。
- 将内部效果混合成组：选中此复选框，可挖空在同一组中拥有内部图层样式的图层，如内阴影和外发光样式。
- 将剪贴图层混合成组：选中此复选框，可挖空在同一剪贴组图层中的每一个对象。
- 透明形状图层：选中此复选框，将禁用图层样式和不透明区域的挖空；如果不选中此复选框，将可以对图层应用这些效果。
- 图层蒙版隐藏效果：选中此复选框，将在图层蒙版中所定义的区域中禁用图层样式。
- 矢量蒙版隐藏效果：选中此复选框，将在形状图层所定义的区域中禁用图层样式。
- 混合颜色带：在此下拉列表框中用于指定混合效果将对哪一个通道起作用。如果选择"灰色"，表示作用于所有通道；如果选择其他选项，表示作用于图像中选择的某一原色通道。

4.8 实 例 讲 解

本节将通过"花纹鱼效果"、"变天效果"、"带阴影的图片合成效果"、"模拟玻璃杯的透明效果"、"图像合成效果"、"透明水珠效果"和"利用 Photoshop 后期处理效果图"7 个实例来讲解图层在实践中的应用。

4.8.1 花纹鱼效果

要点：

本例将对一幅灰色鱼图片进行上色处理，如图 4-111 所示（具体彩色效果见光盘\素材及结果\4.8.1 花纹鱼效果文件夹下相应文件）。通过本例学习应掌握图层模式的应用。

原图

结果图

图4-111　花纹鱼

操作步骤：

① 打开配套光盘"素材及结果|4.8.1 花纹鱼效果|原图.psd"文件，如图 4-111 所示，此时路径面板中有一个鱼形路径，如图 4-112 所示。

② 单击图层面板下方的 ▢（创建新图层）按钮，新建"图层1"，并将图层混合模式设置为"颜色"，分别选择不同颜色的画笔在画面上涂抹，这时看到鱼的纹理仍然保留，但是被添加了颜色，结果如图4-113所示，此时图层分布如图4-114所示。

图4-112 路径　　　　　图4-113 给不同部位上不同颜色　　　　　图4-114 图层分布

③ 新建"图层2"，将图层混合模式设为"叠加"，然后选择蓝色的画笔在鱼的身体部分涂抹，结果如图4-115所示，此时图层分布如图4-116所示。

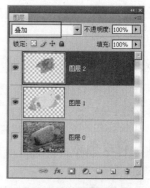

图4-115 给身体上色　　　　　　　　　　图4-116 图层分布

④ 在路径面板中选中鱼的路径，然后单击路径面板下方的 ◯（将路径作为选区载入）按钮，载入鱼的选区。然后使用<Ctrl+shift+I>组合键反选选区，结果如图4-117所示。

⑤ 单击路径面板上的灰色部分，使路径不被选择。

⑥ 回到图层面板中，选中"图层1"，按<Delete>键，目的是将刚才不小心画出的超出鱼的部分删除。再选中"图层2"，按<Delete>键，将不需要的部分删除掉。

⑦ 按<Ctrl+D>组合键取消选区，结果如图4-118所示。

图4-117 反选选区　　　　　　　　　　图4-118 取消选区效果

提示

"颜色"模式采用底色的亮度以及绘图色的色相、饱和度来创建最终色，它可以保护原图的灰阶层次，对于图像的色彩微调、给单色和彩色图像着色都非常有用。而"叠加"模式是使绘图色的颜色叠加到底色上，但保留底色的高光和阴影部分。

4.8.2　变天效果

要点：

本例将制作变天效果，如图 4-119 所示。通过本例学习应掌握利用"贴入"命令制作图层蒙版以及改变图层透明度的方法。

原图 1　　　　　　　　　原图 2　　　　　　　　　结果图

图 4-119　变天效果

操作步骤：

①　打开配套光盘"素材及结果|4.8.2 变天效果|原图 1.jpg"文件，如图 4-119 所示。

②　选择工具箱上的（魔棒工具），容差值调为 50，确定选中"连续"复选框。然后选择图中的天空部分，结果如图 4-120 所示。

③　打开配套光盘"素材及结果|4.8.2 变天效果|原图 2.jpg"图片，然后执行菜单中的"选择|全选"（<Ctrl+A>组合键）命令，接着执行菜单中的"编辑|复制"（<Ctrl+C>组合键）命令复制。

④　回到"原图 1.jpg"图片，执行菜单中的"编辑|贴入"命令，此时晚霞的图片被粘入到选区范围以内，选区以外的部分被遮住。图层面板中会产生一个新的图层"图层 1"和图层蒙版。然后使用（移动工具）选中蒙版图层上的蓝天部分，将晚霞移动到合适的位置，结果如图 4-121 所示。

图 4-120　创建选区

图 4-121　贴入晚霞效果

⑤ 此时树木与背景融合处有白色边缘，为了解决这个问题，需要选择 （画笔工具），选择一个柔化笔尖，然后确定前景色为白色，当前图层为蒙版图层，使用画笔在树冠部分涂抹使蓝天白云画面和原图结合得更好，如图 4-122 所示。

⑥ 制作水中倒影效果。使用工具箱上的 （多边形套索工具），羽化值设置为 0，将水塘部分圈画起来，结果如图 4-123 所示。

图 4-122　处理树木顶部边缘

图 4-123　创建水的选区

⑦ 执行菜单中的"编辑｜贴入"命令，将蓝天白云的图片贴入选区，这时出现了一个新的图层"图层 2"和它的蒙版图层，如图 4-124 所示。

图 4-124　贴入效果

⑧ 选择"图层 2"，然后执行菜单中的"编辑｜变换｜垂直翻转"命令，制作出晚霞的倒影。接着利用 （移动工具）选中蒙版图层上的晚霞部分，将晚霞移动到合适的位置。最后确定当前图层为倒影图层（即"图层 2"），将图层面板不透明度调整为 50%，结果如图 4-125 所示。

图 4-125　制作水中倒影效果

⑨　为了使陆地的色彩与晚霞相匹配。下面确定当前图层为"背景层"，执行菜单中的"图像|调整|色相/饱和度"（<Ctrl+U>组合键）命令，在弹出的对话框中设置参数，如图4–126所示，然后单击"确定"按钮，结果如图4–127所示。

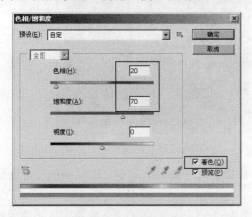

图4–126　设置参数　　　　　　　　　　图4–127　变天效果

4.8.3　带阴影的图片合成效果

要点：

本例将把一幅图片中的图像及阴影巧妙地融合到另一幅图片中，如图4-128所示。通过本例学习应掌握"亮度对比度"与图层蒙版的应用。

原图1　　　　　　　　原图2　　　　　　　　结果图

图4–128　　七彩棋盘效果

操作步骤：

①　打开配套光盘"素材及结果|4.8.3带阴影的图片合成效果|原图1.bmp"和"原图2.bmp"文件，如图4–128所示。

②　选择工具箱中的（移动工具），将"原图1.bmp"拖动到"原图2.bmp"中，结果如图4–129所示。

③　在合成图像时戒指实体与阴影要分开进行处理，因此下面复制出一个戒指图层（即"图层1副本"图层），如图4–130所示。

图4–129　将"原图1.bmp"拖动到"原图2.bmp"中

④ 创建戒指选区，如图 4-131 所示。

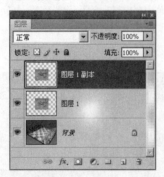
图 4-130 复制出"图层 1 副本"图层

图 4-131 创建选区

⑤ 单击图层面板下方的 ■（添加图层蒙版）按钮，对"图层 1 副本"图层添加一个图层蒙版，如图 4-132 所示。

⑥ 关闭"图层 1"前面的 ●（眼睛图标），如图 4-133 所示，观看一下戒指实体处理后的结果，如图 4-134 所示。

图 4-132 添加图层蒙版

图 4-133 关闭"图层 1"显示

图 4-134 观看效果

⑦ 对戒指阴影进行处理。首先关闭"图层 1 副本"图层前的 ●（眼睛图标），隐藏戒指实体，然后打开"图层 1"前的 ●（眼睛图标）。接着创建戒指实体以外的选区。

⑧ 对"图层 1"图层施加蒙版，如图 4-135 所示，结果如图 4-136 所示。

图 4-135 给"图层 1"添加蒙版

图 4-136 添加蒙版后效果

⑨ 对于戒指阴影部分将采用图层混合模式进行处理，因此必须在戒指阴影层（即"图层

1"，而不是蒙版）执行菜单中的"图像|调整|亮度/对比度"命令，设置参数如图4—137所示，单击"确定"按钮，结果如图4—138所示。

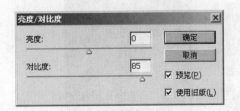

图4—137 设置"亮度/对比度"　　　　图4—138 调整"亮度/对比度"效果

⑩ 恢复"图层1"的显示，然后将"图层1"的图层混合方式设定为"正片叠底"，如图4—139所示，结果如图4—140所示。

⑪ 此时戒指阴影效果基本制作完成，但是有些细节需要进一步进行蒙版处理，将其去掉。选择工具箱上的（画笔工具），设定前景色为黑色，处理"图层1"的蒙版将多余的部分遮住，最终效果如图4—141所示。

图4—139 设置图层混合模式　　　　图4—140 "正片叠底"效果

图4—141 最终效果

4.8.4　模拟玻璃杯的透明效果

要点：

本例将利用两张图片模拟玻璃杯的透明效果，如图 4-142 所示。通过本例的学习，应掌握图层蒙版、图层组蒙版、不透明度及链接图层的综合应用。

原图 1　　　　　　　　　　原图 2　　　　　　　　　结果

图 4-142　模拟玻璃杯的透明效果

操作步骤：

① 打开配套光盘中的"素材及结果|4.8.4 模拟玻璃杯的透明效果|原图 1.bmp"和"原图 2.bmp"文件，如图 4-142 所示。

② 选择工具箱上的 （移动工具），将"原图 2.bmp"文件拖入到"原图 1.bmp"中，结果如图 4-143 所示。

③ 创建小怪人的选区，然后单击图层面板下方的 ▣（添加图层蒙版）按钮，对"图层 1"添加一个图层蒙版，将小怪人以外的区域进行隐藏，其效果如图 4-144 所示，此时图层分布如图 4-145 所示。

图 4-143　将"原图 2"拖入"原图 1"　　图 4-144　隐藏小怪人以外区域　　　图 4-145　图层分布

④ 选择"图层 1"，执行菜单中的"编辑|变换|水平翻转"命令，将该层图像水平翻转，效果如图 4-146 所示。

提示

利用蒙版中的黑色将图像中不需要的部分隐藏和直接将不需要的图像删除相比，前者具有不破坏原图的优点。执行菜单中的"图像|旋转画布|水平翻转画布"命令，是

对整幅图像进行水平翻转；执行菜单中的"编辑|变换|水平翻转"命令，只对所选择的图层进行水平翻转，而未选择的图层不做翻转。

⑤ 选择"背景"图层，单击图层面板下方的■（创建新图层）按钮，在背景图层上方新建"图层2"。

⑥ 选择工具箱上的 ✐（画笔工具），确定前景色为黑色，在新建的"图层2"上绘制小怪人的阴影，效果如图4-147所示。

图4-146 水平翻转图像

图4-147 绘制阴影

⑦ 此时阴影颜色太深，为了解决这个问题，需要进入图层面板，将"图层2"的不透明度设为50%，效果如图4-148所示，图层分布如图4-149所示。

图4-148 将阴影不透明度改为50%

图4-149 图层分布

⑧ 制作小怪人在玻璃杯后的半透明效果。关闭"图层1"和"图层2"前的 ◉ 眼睛图标，隐藏这两个图层，如图4-150所示。

⑨ 利用工具箱上的 ▨（多边形套索工具），在"背景"图层上创建玻璃杯的选区，如图4-151所示。

⑩ 单击图层面板下方的 ■（创建新组）按钮，新建一个图层组，然后将"图层1"和"图层2"拖入图层组，效果如图4-152所示。

⑪ 选择"组1"图层组，单击图层面板下方的 ◉（添加图层蒙版）按钮，对图层组添加一个图层蒙版，此时图层分布如图4-153所示。然后按住〈Alt〉键，单击图层组的蒙版，使其在视图中显示，如图4-154所示。

图 4-150　隐藏"图层1"和"图层2"

图 4-151　创建选区

图 4-152　将图层拖入图层组

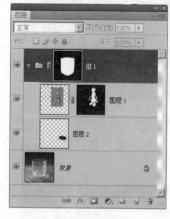

图 4-153　对图层组添加图层蒙版

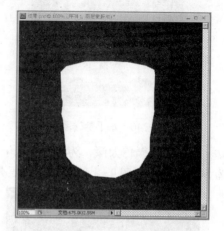

图 4-154　显示图层蒙版

⑫　按〈Ctrl+I〉组合键，将其颜色进行反相处理，最后用RGB（128，128，128）颜色填充图层组蒙版中的玻璃杯选区，如图4-155所示，以便于产生玻璃的透明效果，此时图层分布如图4-156所示。接着按〈Ctrl+D〉组合键取消选区，效果如图4-157所示。

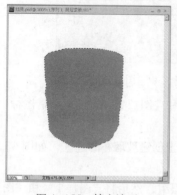

图 4-155　填充选区

图 4-156　图层分布

图 4-157　取消选区后的效果

⑬　再次按住〈Alt〉键，单击图层组的蒙版，使其在视图中取消显示。

⑭　恢复"图层1"和"图层2"的显示，然后利用工具箱上的 在画面上移动小怪人，会发现阴影并不随小怪人一起移动。为了使阴影和小怪人一起移动，下面同时选

择"图层1"和"图层2",然后单击图层面板下方的 ∞（链接图层）按钮,将两个图层进行链接,如图4-158所示。此时阴影即可随小怪人一起移动了,最终效果如图4-159所示。

图4-158 链接图层

图4-159 阴影随小怪人一起移动效果

4.8.5 图像合成效果

要点:

本例将利用3幅图片合成1幅图片,如图4-160所示。通过本例的学习,应掌握图层蒙版、图层样式、新的填充和调节图层的综合应用。

原图1

原图2

原图3

结果图

图4-160 图像合成效果

操作步骤：

1．处理木板图像

① 打开配套光盘中的"素材及结果|4.8.5图像合成效果|原图1.jpg"文件，如图4-160所示。

② 新建一个"图层1"，并用白色填充该图层。

③ 将"图层1"的图层混合模式设定为"颜色"，这样可以只保留原图的灰阶层次，效果及图层分布如图4-161所示。

图4-161 "颜色"模式效果

④ 此时图像对比度不强。为了解决这个问题，执行菜单中的"图像|调整|色阶"命令，在弹出的对话框中设置参数，如图4-162所示，单击"确定"按钮，效果如图4-163所示。

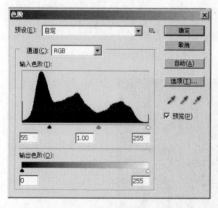

图4-162 调整"色阶"参数

图4-163 调整"色阶"效果

⑤ 对木板图片重新上色。单击图层面板下方的 （添加图层样式）按钮，在弹出的下拉菜单中选择"混合选项"命令，然后在弹出的对话框中选中"颜色叠加"和"图案叠加"选项，并分别设置参数，如图4-164所示，单击"确定"按钮。

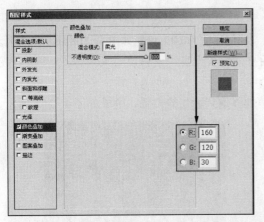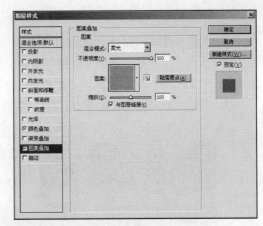

图 4-164 设置图层样式

⑥ 此时图层分布及效果如图 4-165 所示。将所有图层合并为一个图层，以便于以后和其他图像合成。

图 4-165 图层分布及效果

2．处理草地贴图

① 打开配套光盘中的"素材及结果|4.8.5 图像合成效果|原图2.jpg"文件，如图 4-160 所示。

② 此时草地的颜色发黄，单击图层面板下方的 （创建新的填充和调整图层）按钮，在弹出的下拉菜单中选择"色彩平衡"命令，然后在弹出的对话框中设置参数，如图 4-166 所示，单击"确定"按钮，效果如图 4-167 所示。

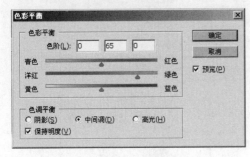

图 4-166 调整"色彩平衡"参数   图 4-167 "色彩平衡"效果

③ 合并所有图层。

3．合成图像

① 选择工具箱上的 ，设置"羽化"值为10，创建如图4-168所示的选区。

② 执行菜单中的"编辑|复制"命令，然后打开配套光盘"素材及结果|4.8.5 图像合成效果|原图3.jpg"文件，执行"编辑|粘贴"命令。

③ 选择工具箱上的 ，然后将草地移动到适当的位置，效果如图4-169所示。

图4-168　创建选区

图4-169　放置草地图像

④ 为了将木板粘贴到"原图3.jpg"的适当位置，必须将6个小孩分离到独立的图层上。为此必须关闭草地图层前的 ，将草地图层隐藏，以便于选取小孩，如图4-170所示。

⑤选择工具箱上的 ，设置"羽化"值为0，然后建立左侧小孩选区，如图4-171所示。在图像上右击，从弹出的快捷菜单中选择"通过拷贝的图层"命令，此时图层分布如图4-172所示。

图4-170　隐藏"图层1"

图4-171　创建选区

⑥ 同理，将6个小孩分别分离到不同图层上，如图4-173所示。

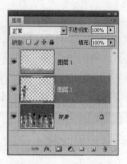

图4-172　图层分布

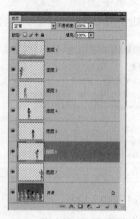

图4-173　将小孩分离到不同图层

提示

　　在分离小孩到不同的图层时，一定要选择快捷菜单中的"通过拷贝的图层"命令，而不要选择"通过剪切的图层"命令，否则会出现白边现象，如图 4-174 所示。

⑦　将所有的小孩图层合并为一个图层，如图 4-175 所示。

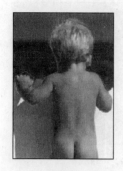
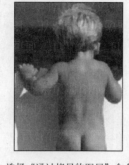

选择"通过剪切的图层"命令　　选择"通过拷贝的图层"命令

图 4-174　对比效果

图 4-175　合并小孩图层

⑧　对蓝天进行重新填色。选择工具栏上的 ![魔棒工具]（魔棒工具），然后在背景图层上创建如图 4-176 所示的选区，接着用 RGB（63,93,155）填充选区，效果如图 4-177 所示。

图 4-176　创建选区　　　　　　　　　　　图 4-177　填充选区

⑨　将木质栅栏放入"原图 3.jpg"中，在此之前必须创建栅栏选区。执行菜单中的"选择|反向"命令（〈Ctrl+Shift+I〉组合键），创建栅栏选区，如图 4-178 所示。

⑩　切换到"原图 1.jpg"文件中，如图 4-179 所示。

图 4-178　创建栅栏选区　　　　　　　　　图 4-179　回到"原图 1.jpg"

⑪　执行菜单中的"选择|全选"命令，然后执行菜单中的"编辑|复制"命令。

⑫　回到"原图 3.jpg"文件中，执行菜单中的"编辑|贴入"命令（〈Ctrl+Shift+V〉组合键），将木板贴入选区中，效果如图 4-180 所示。

⑬　此时有两个问题需要解决。一是木栅栏比例太大；二是木板粘贴到了小孩的头部区域。解决这两个问题的方法很简单，只需要在木板图层（注意不是木板蒙版图层）执行菜单中的"编辑|自由变换"命令，配合〈Shift〉键缩放木板，如图4-181所示，然后按〈Enter〉键确定。

图4-180　将木板贴入选区中

图4-181　缩放木板

⑭　选择工具栏上的 ▶+（移动工具），配合〈Alt+Shift〉组合键水平复制木板，然后单击"图层1"前的 ▦，使图层可视，此时图层分布如图4-182所示，效果如图4-183所示。

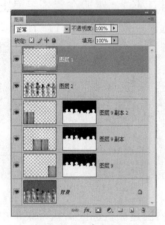
图4-182　图层分布

图4-183　显示出草地效果

⑮　制作小孩在栅栏上的投影。选择小孩所在"图层2"，单击图层面板下方的 fx（添加图层样式），从弹出的下拉菜单中选择"投影"命令，在弹出的对话框中设置参数，如图4-184所示，单击"确定"按钮，结果如图4-185所示。

⑯　此时小孩的投影不仅投射到木栅栏上，而且投射到天空，这是不正确的。下面就来解决这个问题。选择工具栏上的 ▦（矩形选框工具），创建如图4-186所示的选区，然后选择小孩所在的"图层2"，在图像中右击，从弹出的快捷菜单中选择"通过剪切的图层"命令，效果如图4-187所示，此时图层分布如图4-188所示。

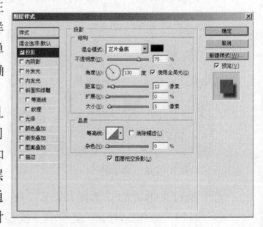
图4-184　设置"投影"参数

图 4-185　投影效果

图 4-186　创建选区

图 4-187　通过剪切的图层效果

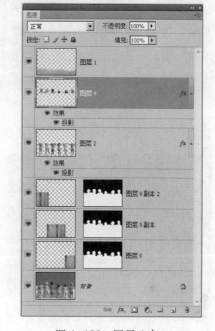

图 4-188　图层分布

⑰ 关闭"图层 4"效果前的 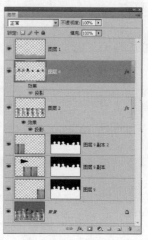（眼睛图标），隐藏"图层 4"的效果层，效果如图 4-189 所示，此时图层分布如图 4-190 所示。

图 4-189　隐藏"图层 4"的效果层

图 4-190　图层分布

⑱　对小孩臀部进行上色。选择工具栏上的🔲（自由套索工具），设置"羽化"值为2，在"图层2"上创建选区，如图4-191所示。

⑲　执行菜单中的"图像│调整│色相／饱和度"命令，在弹出的对话框中设置参数，如图4-192所示，单击"确定"按钮，效果如图4-193所示。

图4-191　创建选区

图4-192　设置"色相／饱和度"参数

⑳　同理，对其余5个小孩的臀部上色，最终效果如图4-194所示。

图4-193　调整颜色后的效果

图4-194　最终效果

4.8.6　透明水珠效果

🎨要点：

本例将制作透明的水珠效果，效果如图4-195所示。通过本例的学习，读者应掌握图层样式与滤镜的综合应用。

图4-195　透明水珠效果

操作步骤：

① 打开配套光盘中的"素材及结果 | 4.8.6 透明水珠效果 | 透明水珠背景.tif"文件，如图 4-196 所示。

② 按〈D〉键，将工具箱中的前景色和背景色分别设置为默认的黑色和白色。然后选择工具箱中的 T.（横排文字工具），并在上端的设置栏中设置字体为 Tahoma，Bold，字号为 60pt，接着单击操作窗口的中央位置并输入文字"Toy"，最后按〈Ctrl+F〉组合键，结束文字的输入操作。

③ 执行菜单中的"窗口 | 图层"命令，调出"图层"面板，此时可以看到在"图层"面板中生成了新的文本图层"Toy"，如图 4-197 所示。然后按〈Ctrl+T〉组合键应用"自由变换"命令，拖动控制框边角的手柄向外拖动，适当放大文本，如图 4-198 所示。

图 4-196　透明水珠背景　　　图 4-197　图层分布　　　图 4-198　适当放大文本

④ 单击"图层"面板下部的 （创建新图层）按钮，创建"图层 1"，然后按〈Ctrl+Delete〉组合键将"图层 1"填充为白色，接着将"图层 1"拖到"Toy"文本图层的下面，如图 4-199 所示。

⑤ 执行菜单中的"滤镜 | 渲染 | 云彩"命令，在画面中自动生成不规则的黑白云雾图像。然后反复按〈Ctrl+F〉组合键，多次应用"云彩"滤镜命令，直到选中一种较满意的黑白云彩效果，如图 4-200 所示。

图 4-199　移动"图层 1"　　　　图 4-200　多次应用"云彩"滤镜命令

 提示

"图层 1"云雾图像中的黑色部分代表将要形成的水珠区域，因此最好选择一种中间亮而四周暗的云雾效果。

⑥ 执行菜单中的"滤镜｜素描｜图章"命令，然后在如图 4-201 所示的对话框中调节"明/暗平衡"和"平滑度"的值。此步骤因为有一定的随机性，所以请读者自己设置合适的数值，并缩小左侧预览框，以便观察效果变化和水珠生成的位置，满意后单击"确定"按钮，结果如图 4-202 所示，此时云雾图像上的暗调部分凝聚成了水珠的形状。

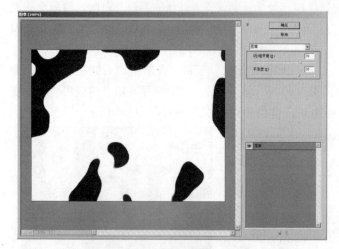

图 4-201 设置"图章"参数

图 4-202 "图章"效果

⑦ 利用工具箱中的 ✐ （画笔工具)对水珠的形状进行修整，再在文字附近绘制几个小的黑色圆形，使水珠的排列更为生动和随意，如图 4-203 所示。

图 4-203 对水珠的形状进行修整

⑧ 在"图层"面板中选中文本图层"Toy"，执行菜单中的"滤镜｜模糊｜高斯模糊"命令，这时，会弹出一个如图 4-204 所示的提示对话框，询问是否将文本图层栅格化后转换为一般的图像图层，单击"确定"按钮。然后在弹出的"高斯模糊"对话框中进行设置，如图 4-205 所示，将"半径"设置为 12 像素，单击"确定"按钮，模糊后的文字效果如图 4-206 所示。

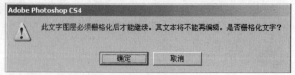

图 4-204 提示对话框

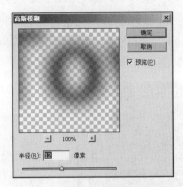

图 4-205 设置"高斯模糊"参数

图 4-206 "高斯模糊"效果

⑨ 在"图层"面板中选中"Toy"图层,按〈Ctrl+E〉组合键,将文本图层与其下的"图层 1"合并为一层。

⑩ 现在来处理文字。执行菜单中的"图像 | 调整 | 阈值"命令,在弹出的对话框中进行设置,如图 4-207 所示,将"阈值色阶"设置为 158,单击"确定"按钮,从而使文字边缘变得清晰而圆滑,形成了与水珠形状和谐的曲线形体,结果如图 4-208 所示。

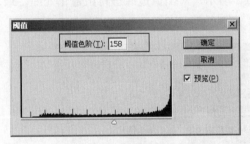

图 4-207 "阈值"对话框

图 4-208 "阈值"效果

⑪ 将图像中黑色的部分做成选区。执行菜单中的"选择 | 色彩范围"命令,在弹出的对话框中进行设置,如图 4-209 所示,将"颜色容差"设置为 100,单击"确定"按钮,这样图像中黑色的区域便被选中。

⑫ 单击"图层"面板下部的🔲(创建新图层)按钮,创建"图层 2",然后按〈Alt+Delete〉组合键,在"图层 1"中把前景色填充为黑色,接着在"图层"面板中将水珠图层"图层 1"拖动到🗑(删除图层)按钮上删除,删除后的效果如图 4-210 所示。

图 4-209 设置"色彩范围"参数

图 4-210 删除图层后的效果

⑬　执行菜单中的"窗口｜通道"命令，调出"通道"面板，单击面板下部的▣（将选区存储为通道）按钮，在"通道"面板中出现了通道"Alpha1"。单击"Alpha1"，操作画面中出现如图 4-211 所示的黑白通道图像。最后按〈Ctrl+D〉组合键取消选区。

图 4-211　在"通道"面板中将选区存储为通道"Alpha1"

⑭　下面对水珠和文字进行边缘部分的处理。先执行菜单中的"滤镜｜扭曲｜玻璃"命令，然后在弹出的对话框中进行设置，如图 4-212 所示，对图像边缘进行粗糙化处理，最后单击"确定"按钮。

图 4-212　在"玻璃"对话框中对图像边缘进行粗糙化处理

⑮　执行菜单中的"滤镜｜模糊｜高斯模糊"命令，在弹出的对话框中设置"高斯模糊"参数，如图 4-213 所示，"半径"为 2 个像素，使图像边缘稍微柔和虚化，单击"确定"按钮。结果如图 4-214 所示。

⑯　按住〈Ctrl〉键单击"通道"面板中的"Alpha1"通道，指定"Alpha1"通道形状的选区，然后按〈Shift+Ctrl+I〉组合键反选选区。接着在"图层"面板中选中"图层 2"，按〈Delete〉键删除选区图像，再多按几次〈Delete〉键，使文字与水珠的边缘经删除后变得粗糙不齐，最后按〈Ctrl+D〉组合键取消选区，效果如图 4-215 所示。

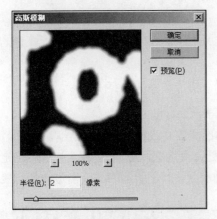

图 4-213 设置"高斯模糊"参数　　　　　　　　图 4-214 "高斯模糊"效果

⑰　在"图层"面板中选择"图层 2",将"填充"值设置为 0%,然后将黑色水珠与文字图像隐藏起来。接着单击面板下方的 _fx_（添加图层样式）按钮,在弹出的菜单中选择"斜面和浮雕"选项,如图 4-216 所示。

图 4-215　"图层 2"上的文字与水珠的边缘经处理后变得粗糙不齐　图 4-216　选择"斜面和浮雕"选项

⑱　在弹出的"图层样式"对话框中设置参数,如图 4-217 所示。

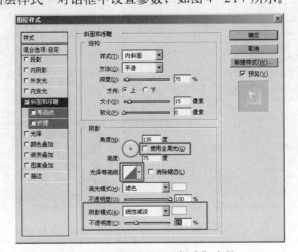

图 4-217　设置"图层样式"参数

a. 要注意将"高光模式"的"不透明度"设置为100%，以加强水珠左上角的高光效果。

b. 取消选中"使用全局光"复选框。

c. 将暗调的颜色设置为白色，"阴影模式"为"线性减淡"，"不透明度"设置为25%，从而表现出水珠因光线折射而变亮的效果。

单击该对话框中"光泽等高线"的自定图形，弹出"等高线编辑器"对话框，如图4-218所示。按图4-218调节对话框中的曲线形状，以更逼真地表现水珠效果，单击"确定"按钮。此时透明的水珠从背景中凸显出来，并且产生如图4-219所示的晶莹剔透的梦幻般的光影效果。

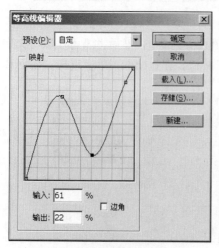

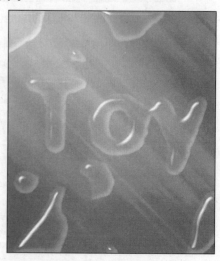

图4-218 "等高线编辑器"对话框　　　　　　　图4-219 "斜面和浮雕"效果

⑲ 在"图层样式"对话框左侧的列表中选择"内发光"选项，设置如图4-220所示的参数。水珠内侧受到光照后变亮了，结果如图4-221所示。

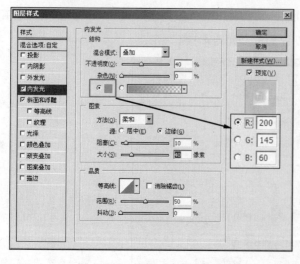

图4-220 设置"内发光"参数　　　　　　　　　图4-221 "内发光"效果

⑳　在"图层样式"对话框左侧的列表中选择"描边"选项，设置如图4-222所示的参数。水珠边缘湿润而变暗，结果如图4-223所示。

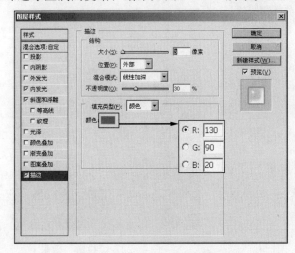

图 4-222　设置"描边"参数　　　　　　　　图 4-223　"描边"效果

㉑　在"图层样式"对话框左侧的列表中选择"内阴影"选项，表现水珠的暗调部分。设置如图4-224所示的参数，表现出水珠丰富的暗调层次，结果如图4-225所示。

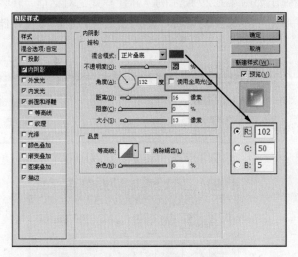

图 4-224　设置"内阴影"参数　　　　　　　图 4-225　"内阴影"效果

 提示
　　一定要取消对"使用全局光"复选框的选择。

㉒　设置水珠的阴影。在"图层样式"对话框左侧的列表中选择"投影"选项，设置如图4-226所示的参数，结果如图4-227所示。

 提示
　　a. 阴影颜色的RGB的参考值为（77,38,7），取消选中"使用全局光"复选框。
　　b. 单击"品质"选项组中的"等高线"图标，在弹出的列表中选中第1行第2个图标，调亮阴影的内侧，使光效更加微妙。

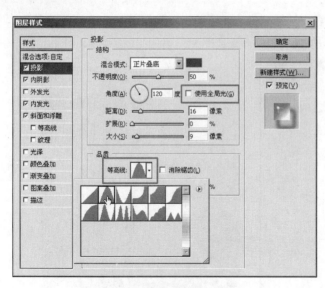

图 4-226　设置"投影"参数　　　　　　　　图 4-227　"投影"效果

㉓　此时，"图层 2"下有 5 个图层特效组成的图层样式，如图 4-228 所示。

㉔　保存图层样式以便以后调用。执行菜单中的"窗口｜样式"命令，调出"样式"面板，单击面板下方的"创建新样式"按钮，会弹出如图 4-229 所示的"新建样式"对话框，在"名称"文本框中输入"透明水珠"，单击"确定"按钮，就可将"图层 2"中的水珠样式存储到"样式"面板中，如图 4-230 所示。

图 4-229　"新建样式"对话框

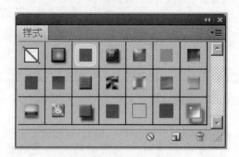

图 4-228　图层分布　　　　　　图 4-230　将水珠效果存储到"样式"面板中

4.8.7　利用 Photoshop 后期处理效果图

要点：

　　本例将对一幅 3ds Max 制作的欧式别墅效果图进行后期处理，如图 4-231 所示。通过本例的学习，应掌握图层蒙版与图层不透明度的应用。

原图　　　　　　　　　　　　　　　　效果图

图4-231　Photoshop后期处理效果图

 操作步骤：

① 打开配套光盘中的"素材及结果|4.8.7利用Photoshop后期处理效果图|原图.psd"文件，如图4-231所示。

② 制作蓝天。单击图层面板下方的▢（创建新图层）按钮，新建"蓝天"图层。然后选择工具箱上的▢（渐变工具），设置渐变类型为▢（线性渐变），设置渐变色如图4-232所示，单击"确定"按钮。接着对画面进行处理，效果如图4-233所示。

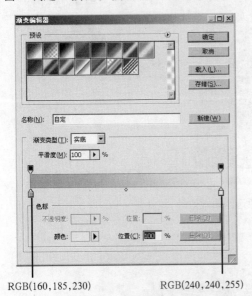

RGB(160,185,230)　　　　　　　RGB(240,240,255)

图4-232　设置"渐变色"

图4-233　对画面进行渐变处理

③ 此时蓝天将别墅全部遮挡住了，这是不正确的。为了解决这个问题，下面我们隐藏"蓝天"图层，然后利用工具箱上的✎（魔棒工具），创建如图4-234所示的黑色选区。接着重新显现"蓝天"图层，并对其添加蒙版，效果如图4-235所示。

④ 添加树木。打开配套光盘中的"素材及结果|4.8.7利用Photoshop后期处理效果图|树木1.jpg"图片，然后将其拖入"原图.psd"图片中并适当缩放，接着利用蒙版去除多余部分，效果如图4-236所示。

图4-234　创建黑色选区

图4-235　添加黑色选区蒙版效果

图4-236　添加树木

⑤ 同理将其余树木、草坪和小鸟图片放入"原图.jpg"图片中，结果如图 4-237 所示。

图 4-237 添加树木、草坪和小鸟

⑥ 制作树木在别墅上的阴影效果。打开配套光盘中的"素材及结果｜4.8.7 利用 Photoshop 后期处理效果图｜投影 1.jpg"、"投影 2.jpg"和"投影 3.jpg"图片，然后将其拖入"原图.jpg"图片中，位置如图 4-238 所示。然后将该层的不透明度设置为 40%，效果如图 4-239 所示。

图 4-238 添加投影

图 4-239 设置不透明度

⑦ 制作光线穿透树木的效果。新建"阴影"图层，然后利用工具箱上的 ✎（画笔工具），绘制如图 4-240 所示的线段。为了更加真实，可以将"阴影"图层的不透明度设置为 50%，最终效果如图 4-241 所示。

图 4-240 绘制穿透树木的光线

图 4-241 最终效果

4.9 课后练习

1．填空题

（1）填充图层的填充内容可为_____、_____和_____3种。

（2）蒙版是图像合成的重要手段，蒙版图层中的黑、白和灰色像素控制着图层中相应位置图像的透明程度，其中_____表示显现当前图层的区域，_____表示隐藏当前图层的区域，_____表示半透明区域。

2．选择题

（1）（　　）模式的作用结果和正片叠底正好相反，它是将两个颜色的互补色的像素值相乘，然后再除以255得到最终色的像素值。通常执行滤色模式后的颜色都较浅。任何颜色和黑色执行滤色模式，原颜色不受影响；任何颜色和白色执行滤色模式得到的是白色。而与其他颜色执行此模式都会产生漂白的效果。

A．叠加　　　　　　B．滤色　　　　　　C．颜色　　　　　　D．柔光

（2）（　　）模式根据图像的明暗程度来决定最终色是变亮还是变暗。当图像色比50%的灰亮时，则底色图像变亮；如果图像色比50%的灰暗，则底色图像就变暗。如果图像色是纯黑色或者纯白色，最终色将稍稍变暗或者变暗，如果底色是纯白色或者纯黑色，则没有任何效果。

A．叠加　　　　　　B．滤色　　　　　　C．颜色　　　　　　D．柔光

（3）移动图层上的图像时，按住（　　）键，可以使图层中的图像按45°的倍数方向移动。

A．Shift　　　　　　B．Ctrl　　　　　　C．Alt　　　　　　D．Tab

3．问答题/上机题

（1）简述将背景图层转换为普通图层的方法。

（2）练习1：制作出如图4-242所示的手镯效果。

（3）练习2：利用配套光盘"课后练习|4.9课后练习|练习2|原图.jpg"图片，制作出如图4-243所示的映射在背景上的浮雕效果。

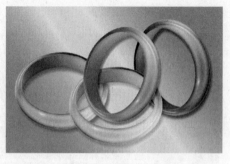

图4-242　练习1效果　　　　　　　　　　图4-243　练习2效果

第5章

通道和蒙版

 本章要点

通道和蒙版是 Photoshop CS4 图像处理中两个不可缺少的利器。利用这两个利器能够使用户更完美地表现艺术才华，使创意设计达到更高的境界。通过本章学习应掌握以下内容：

- 通道的概念
- 通道面板
- Alpha 通道的使用
- 通道的操作
- 蒙版的操作

5.1 通道概述

通道分为颜色通道、Alpha 通道和专色通道 3 种类型。

颜色通道用于保存图像的颜色数据。例如一幅 RGB 模式的图像，其每一个像素的颜色数据是由红、绿、蓝 3 个通道记录的，而这 3 个色彩通道组合定义后合成了一个 RGB 主通道，如图 5-1 所示。因此，改变红、绿、蓝 3 个通道之一的颜色数据，都会马上反映到 RGB 主通道中。而在 CMYK 模式的图像中，颜色数据则分别由青色、洋红色、黄色、黑色 4 个单独的通道组合成一个 CMYK 主通道，如图 5-2 所示。这 4 个通道也就相当于四色印刷中的 4 色胶片，即 CMYK 图像在彩色输出时可以进行分色打印，将 CMYK 四原色的数据分别输出成为青色、洋红、黄色和黑色 4 张胶片。在印刷时这四张胶片叠合，即可印刷出色彩斑斓的彩色图像。

Alpha 通道用于保存蒙版。即将一个选取范围保存后，就会成为一个蒙版保存在一个新增的通道中，如图 5-3 所示。具体讲解请参见"5.3 Alpha 通道"。

图 5-1　RGB 模式图像的通道　　图 5-2　CMYK 模式图像的通道

图 5-3　Alpha 通道

专色通道用于印刷出片时出专色版。

5.2 通 道 面 板

执行菜单中的"窗口|通道"命令，调出通道面板，如图 5-4 所示。通过该面板可以完成如新建、删除、复制、合并以及拆分通道等操作。

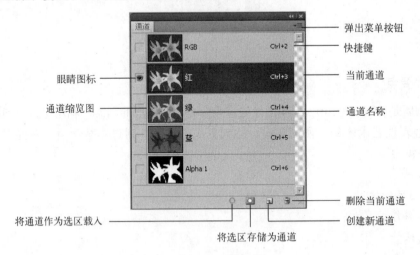

图 5-4 通道面板

- 眼睛图标：用于显示或隐藏当前通道。
- 通道缩览图：在通道名称左侧有一个缩览图，其中显示该通道的内容，从中可以迅速识别每一个通道。在任一图像通道中进行编辑修改后，该缩览图中的内容均会随着改变。如果对图层中的内容进行编辑和修改，则各原色通道的缩览图也会随着改变。

- 弹出菜单按钮：单击此按钮，会弹出快捷菜单，如图 5-5 所示。从中可以选择相应的菜单命令。
- 快捷键：按下这些快捷键可以快速、准确地选中所指定的通道。
- 通道名称：每一个通道都有一个不同的名称以便区分。在新建 Alpha 通道时，如不为新通道命名，则 Photoshop CS4 会自动依序定名为 Alpha1、Alpha2，依此类推。如果新建的是专色通道，则 Photoshop CS4 会自动依序定名为专色 1、专色 2，依此类推。

图 5-5 通道弹出菜单

- 当前通道：选中某一通道后，则以蓝颜色显示这一通道。此时图像中只显示这一通道的整体效果。
- 将通道作为选区载入：单击此按钮，可将当前作用通道中的内容转换为选取范围。
- 将选区存储为通道：单击此按钮，可以将当前图像中的选取范围转换为一个蒙版，保存到一个新增的 Alpha 通道中。该功能与执行菜单中的"选择|存储选区"命令相同，只不过更加快捷而已。
- 创建新通道：单击此按钮，可以快速新建 Alpha 通道。
- 删除当前通道：单击此按钮，可以删除当前通道。注意主通道不可以删除。

5.3　Alpha 通道

Alpha 通道与选区有着密切的关系，其可以创建从黑到白共 256 级灰度色。Alpha 通道中的纯白色区域为选区，纯黑色区域为非选区，而灰色区域为羽化选区。通道不仅可以转换为选区，也可以将选区保存为通道。图 5-6 为一幅图像中的 Alpha 通道，图 5-7 为将其转换为选区后的效果。

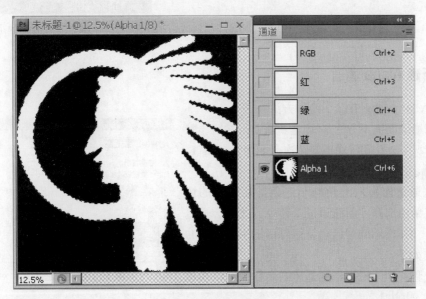

图 5-6　Alpha 通道

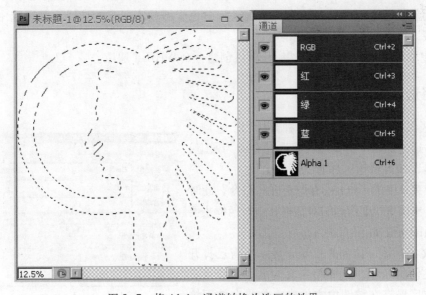

图 5-7　将 Alpha 通道转换为选区的效果

图 5-8 为一个图形选区，图 5-9 为将其保存为 Alpha 通道的效果。

图 5-8　图形选区

图 5-9　将选区保存为 Alpha 通道的效果

5.3.1　新建 Alpha 通道

新建 Alpha 通道有以下两种方法：

● 单击通道面板下方的 （创建新通道）按钮。默认情况下，Alpha 通道被依次命名为 Alpha 1、Alpha 2、Alpha 3 ……

● 单击通道面板右上角的小三角，从弹出的快捷菜单中选择"新建通道"命令，此时会弹出图 5-10 所示的对话框，该对话框主要选项的含义如下：

◆ 名称：用于设置新建通道的名称。默认名称为 Alpha1。

图 5-10　"新建通道"对话框

◆ 色彩指示：用于确认新建通道的颜色显示方式。如果选中"被蒙版区域"单选按钮，则新建通道中黑色区域代表蒙版区，白色区域代表保存的选区；如果选中"所选区域"单选按钮，则含义相反。

设置完毕后，单击"确定"按钮，即可创建一个 Alpha 通道。

5.3.2　将选区保存为通道

将选区保存为通道有以下两种方法：

● 单击通道面板下方的 （将选区存储为通道）按钮，即可将选区保存为通道。

● 执行菜单中的"选择 | 存储选区"命令，此时会弹出图 5-11 所示的对话框，该对话框主要选项的含义如下：

◆ 文档：该下拉列表框用于显示所有已打开文件的名称，选择相应文件名称，即可将选区保存在该图像文件中。如果在该下拉列表框中选择"新建"选项，则可以将选区保存在一个新文件中。

图 5-11　"存储选区"对话框

◆通道：该下拉列表框中包括当前文件已存在的 Alpha 通道名称及"新建"选项。如果选择已有的 Alpha 通道，则可以替换该 Alpha 通道所保存的选区；如果选择"新建"选项，则可以创建一个新的 Alpha 通道。

◆新建通道：选中该单选按钮，可以创建一个新通道。如果在"通道"下拉列表框中选择一个已存在的 Alpha 通道，此时"新建通道"单选按钮将转换为"替换通道"单选按钮，选中"替换通道"单选按钮，则可用当前选区生成的新通道替换所选的通道。

◆添加到通道：该单选按钮只有在"通道"下拉列表框中选择一个已存在的 Alpha 通道时，才可以使用。选中该单选按钮，可以在原通道的基础上添加当前选区所定义的通道。

◆从通道中减去：该单选按钮只有在"通道"下拉列表框中选择一个已存在的 Alpha 通道时，才可以使用。选中该单选按钮，可以在原通道的基础上减去当前选区所创建的通道，即在原通道中以黑色填充当前选区所确定的区域。

◆与通道交叉：该单选按钮只有在"通道"下拉列表框中选择一个已存在的 Alpha 通道时，才可以使用。选中该单选按钮，可以将原通道与当前选区的重叠部分创建为新通道。

设置完毕后，单击"确定"按钮，即可将选区保存为 Alpha 通道。

5.3.3　将通道作为选区载入

将通道作为选区载入有以下两种方法：

● 在通道面板中选择该 Alpha 通道，然后单击通道面板下方的 ▢（将通道作为选区载入）按钮，即可载入 Alpha 通道所保存的选区。

● 执行菜单中的"选择 | 载入选区"命令，弹出图 5-12 所示的"载入选区"对话框，该对话框中选项与"存储选区"对话框中选项的含义相同，在此不再赘述。

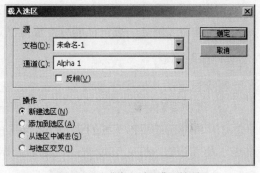

图 5-12　"载入选区"对话框

> **提示**
>
> 　　按住键盘上的〈Ctrl〉键的同时单击通道，可以直接载入该通道所保存的选区；如果按住键盘上的〈Ctrl+Shift〉组合键的同时单击通道，可在当前选区中添加该通道所保存的选区；如果按住键盘上的〈Ctrl+Alt〉组合键的同时单击通道，可以在当前选区中减去该通道所保存的选区；如果按住键盘上的〈Ctrl+Alt+Shift〉组合键的同时单击通道，可以得到当前选区与该通道所保存的选区相重叠的选区。

5.4　通道的操作

用户不仅可以通过通道面板创建新通道，还可以进行复制、删除、合并和分离通道的操作，下面就来进行具体讲解。

5.4.1 复制和删除通道

保存了一个选区范围后，对该选区范围（即通道中的蒙版）进行编辑时，通常要先将该通道的内容复制后再编辑，以免编辑后不能还原，这时就可以复制通道。为了节省硬盘的存储空间，提高程序运行速度，还可以将没有用的通道删除。

1．复制通道

复制通道的具体操作步骤如下：

① 选中要复制的通道。

② 单击通道面板右上角的小三角，从弹出的快捷菜单中选择"复制通道"命令，弹出图5－13所示的对话框。

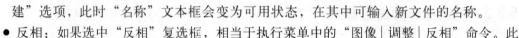

- 为：用于设置复制后的通道名称。
- 文档：用于选择要复制的目标图像文件。
- 名称：如果在"文档"下拉列表中选择"新

图5－13 "复制通道"对话框

建"选项，此时"名称"文本框会变为可用状态，在其中可输入新文件的名称。
- 反相：如果选中"反相"复选框，相当于执行菜单中的"图像｜调整｜反相"命令。此时复制后的通道颜色会以反相显示，即黑变白、白变黑。

③ 单击"确定"按钮，即可完成复制通道的操作。

2．删除通道

删除通道的具体操作步骤如下：

① 选中要删除的通道，如图5－14所示。

② 单击通道面板下方的 📷（删除当前通道）按钮，在弹出的如图5－15所示的对话框中单击"是"按钮，即可完成删除通道的操作。

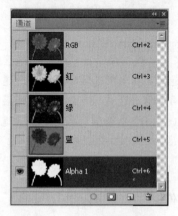

图5－14 选中要删除的通道

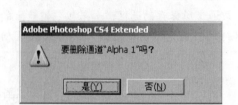

图5－15 删除通道提示对话框

提示

如果将当前通道拖到 📷（删除当前通道）按钮上，可直接删除当前通道而不出现对话框。

5.4.2　分离和合并通道

对于一幅包含多个通道的图像，可以将每个通道分离出来。然后对分离后的通道经过编辑和修改后，再重新合并成一幅图像。

1．分离通道

分离通道的具体操作步骤如下：

① 打开一幅要分离通道的图像，如图 5-16 所示。

图 5-16　打开要分离通道的图像

② 单击通道面板右上角的小三角，从弹出的快捷菜单中选择"分离通道"命令，此时每一个通道都会从原图像中分离出来，同时关闭原图像文件。分离后的图像都将以单独的窗口显示在屏幕上。这些图像都是灰度图，不含有任何色彩，并在标题栏上显示其文件名。文件名是由原文件的名称和当前通道的英文缩写组成的，比如"红"通道，分离后的名称为"鲜花_R．扩展名"（其中"鲜花"为原文件名）。图 5-17 为一幅含有 Alpha 通道的 RGB 图像分离后的结果。

图 5-17　RGB 图像通道被分离后结果

提示

> 执行"分离通道"命令的图像必须是只含有一个背景层的图像，如果当前图像含有多个图层，则需先合并图层，否则"分离通道"命令不可用。

2．合并通道

合并通道的具体操作步骤如下：

① 选择一个分离后经过编辑修改的通道图像。

② 单击通道面板右上角的小三角，从弹出的快捷菜单中选择"合并通道"命令，此时会弹出如图 5-18 所示的对话框。

● 模式：用于指定合并后图像的颜色模式。

● 通道：用于输入合并通道的数目。

③ 单击"确定"按钮，弹出如图 5-19 所示的对话框。在该对话框中可以分别为红、绿、蓝三原色通道选定各自的源文件。注意三者之间不能有相同的选择，并且如果三原色选定的源文件不同，会直接关系到合并后的图像效果。单击"确定"按钮，即可完成合并通道的操作。

 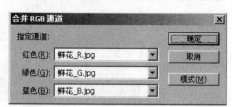

图 5-18 "合并通道"对话框　　　　图 5-19 "合并 RGB 通道"对话框

5.5 通道计算和应用图像

使用通道"计算"和"应用图像"命令，可以将图像内部和图像之间的通道组合成新图像。这些命令提供了图层面板中没有的两个附加混合模式，即"添加"和"减去"。尽管通过将通道复制到图层面板的图层中可以创建通道的新组合，但采用"计算"命令来混合通道信息会更迅速。

5.5.1 使用"应用图像"命令

"应用图像"命令可以将图像的图层和通道（源）与现用图像（目标）的图层和通道混合。使用"应用图像"命令的具体操作步骤如下：

① 打开配套光盘"素材及结果｜应用图像1.jpg"和"应用图像2.jpg"两张像素尺寸相同的图片，如图 5-20 所示。

应用图像1.jpg　　　　　　　应用图像2.jpg

图 5-20 打开两张像素尺寸相同的图像

② 选择"应用图像 1.jpg"为当前图像,执行菜单中的"图像 | 应用图像"命令,在弹出的对话框中设置"源"为"应用图像 2.jpg","混合"设置为"正片叠底","不透明度"为 70%,如图 5-21 所示,单击"确定"按钮,结果如图 5-22 所示。

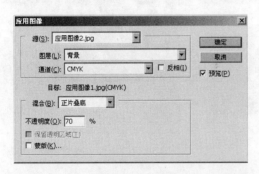

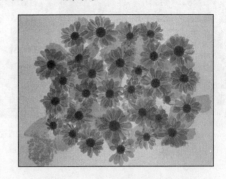

图 5-21　在"应用图像"对话框中设置参数　　　　图 5-22　"应用图像"后效果

③ 如果要通过蒙版应用混合,可以选中"蒙版"复选框,此时"应用图像"面板如图 5-23 所示。然后选择包含蒙版的图像和图层。对于"通道",可以选择任何颜色通道或 Alpha 通道作为蒙版,单击"确定"按钮,结果如图 5-24 所示。

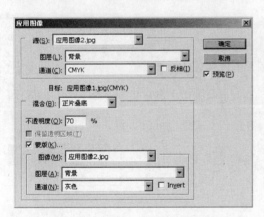

图 5-23　选中"蒙版"复选框　　　　图 5-24　使用"蒙版"后"应用图像"效果

5.5.2　使用"计算"命令

使用"计算"命令可以混合两个来自一个或多个源图像的单个通道,然后可以将结果应用到新图像或新通道或现有图像的选区。使用"计算"命令的具体操作步骤如下:

① 打开配套光盘"素材及结果 | 计算.jpg"图片,如图 5-25 所示。

② 新建一个通道,然后输入文字"野外",如图 5-26 所示。

③ 执行菜单中的"滤镜 | 模糊 | 高斯模糊"命令,在弹出的"高斯模糊"对话框中进行设置,如图 5-27 所示,单击"确定"按钮。

图 5-25　打开图像

图5-26 在通道中输入文字　　　　　　　图5-27 设置"高斯模糊"参数

④ 执行菜单中的"滤镜｜风格化｜浮雕效果"命令，在弹出的对话框中进行设置，如图5-28所示，单击"确定"按钮，结果如图5-29所示。

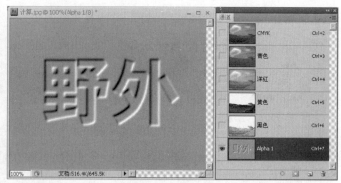

图5-28 设置"浮雕效果"参数　　　　　　　图5-29 浮雕效果

⑤ 执行菜单中的"图像｜计算"命令，在弹出的对话框中进行设置，如图5-30所示，单击"确定"按钮，结果如图5-31所示。

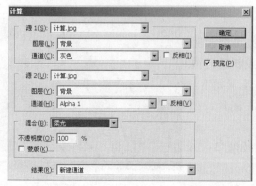

图5-30 在"计算"对话框中设置参数　　　　　图5-31 "计算"后效果

5.6 蒙版的产生和编辑

蒙版用来保护被遮盖的区域，使被遮盖的区域不受任何编辑操作的影响。蒙版与选区范围的功能是相同的，两者之间可以互相转换，但它们本质上有区别。选区范围是一个透明无色的虚框，在图像中只能看出它的虚框形状，不能看出经过羽化边缘后的选区范围效果。而蒙版则是以一个实实在在的形状出现在通道面板中，可以对它进行修改和编辑（如选择滤镜功能、旋转和变形等），然后转换为选区范围应用到图像上。事实上，蒙版是一个灰色图像，在通道中将有颜色的区域设为遮盖的区域时，白色的区域即为透明的区域（即图像的选区范围），而灰色的区域则是半透明区域。

5.6.1 蒙版的产生

在 Photoshop CS4 中蒙版的应用非常广泛，产生蒙版的方法也很多，通常有以下几种方法：

- 单击通道面板下方的 ▣（将选区存储为通道）按钮，将选区范围转换为蒙版。
- 利用通道面板先建立一个 Alpha 通道，然后利用绘图工具或其他编辑工具在该通道上编辑也可以产生一个蒙版。
- 利用图层蒙版功能，可在通道面板中产生一个蒙版，具体请参考"4.5　图层蒙版"。
- 使用工具箱中的快速蒙版功能产生一个快速蒙版。

5.6.2 蒙版的编辑

利用快速蒙版可以快速地将一个选区范围变成一个蒙版，然后对这个蒙版进行修改和编辑，以完成精确的范围选取，此后再转换为选区范围使用。应用快速蒙版的具体操作步骤如下：

① 打开配套光盘"素材及结果 | 快速蒙版 .jpg"图片，如图 5-32 所示。

② 利用工具箱中的 ✎（魔棒工具）选取画笔，会发现笔尖部分由于和阴影颜色十分接近，很难选取，如图 5-33 所示。此时可以单击工具箱中的 ▣（以快速蒙版模式编辑）按钮（快捷键〈Q〉），进入快速蒙版状态。

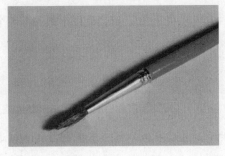

图 5-32　打开图片

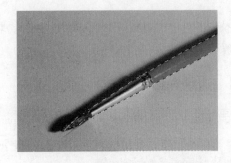

图 5-33　魔棒工具选取后效果

③ 此时通道中会产生一个临时蒙版，如图 5-34 所示。其作用与将选区范围保存到通道中相同，只不过它是临时的蒙版，一旦单击 ▣（以标准模式编辑）按钮，快速蒙版就会马上消失。

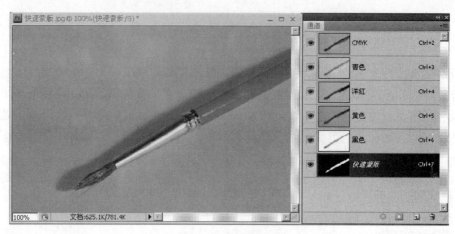

图5-34 快速蒙版

④ 在快速蒙版状态下，设置前景色为白色，利用工具箱中的 在笔尖部分进行涂抹，从而将在 情况下不易选取的笔尖部分进行选取，如图5-35所示。

⑤ 单击 按钮，结果如图5-36所示。

图5-35 利用 涂抹笔尖部分

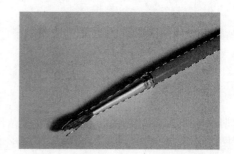

图5-36 标准模式下的状态

5.7 实例讲解

本节将通过"边缘效果"、"通道抠像效果"、"木板雕花效果"和"金属字效果"4个实例来讲解通道与蒙版在实践中的应用。

5.7.1 边缘效果

要点：

利用通道制作边缘效果文字，如图5-37所示。通过本例学习应掌握利用 Alpha 通道制作特效文字的方法。

图5-37 边缘效果

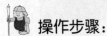 **操作步骤：**

① 执行菜单中的"文件|新建"命令，在弹出的对话框中进行设置，如图5-38所示，然后单击"确定"按钮，从而新建一个图像文件。

② 确定前景色为红色，背景色为白色，执行菜单中的"滤镜|渲染|云彩"命令，结果如图5-39所示。

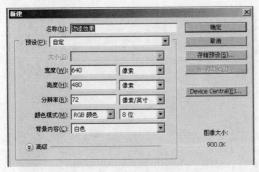

图5-38 设置新建文件参数

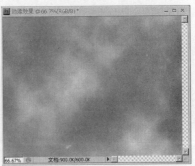

图5-39 云彩效果

③ 进入通道面板，单击通道面板下方的 ⬚（创建新通道）按钮，新建一个名称为Alpha1的通道，结果如图5-40所示。

④ 选择工具箱上的 ⬚（横排文字蒙版工具），在图像文件上输入文字"天"（字体为隶书，字号为500点），结果如图5-41所示。

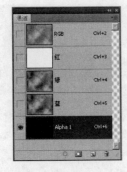

图5-40 新建Alpha1通道

图5-41 利用 ⬚（横排文字蒙版工具)输入文字"天"

⑤ 右击文字，从弹出的快捷菜单中选择"描边"命令，在弹出的对话框中进行设置，如图5-42所示，然后单击"确定"按钮，结果如图5-43所示。

图 5-42 "描边"对话框

图 5-43 "描边"效果

⑥ 拖动 Alpha1 通道到 （创建新通道）按钮上，从而产生 Alpha 2 通道。

⑦ 在 Alpha2 通道上执行菜单中的"滤镜│模糊│高斯模糊"命令，在弹出的对话框中进行设置，如图 5-44 所示，然后单击"确定"按钮，结果如图 5-45 所示。

图 5-44 设置"高斯模糊"参数

图 5-45 "高斯模糊"效果

⑧ 执行菜单中的"滤镜│风格化│浮雕效果"命令，在弹出的对话框中进行设置，如图 5-46 所示，然后单击"确定"按钮，结果如图 5-47 所示。

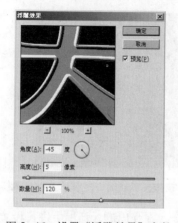

图 5-46 设置"浮雕效果"参数

图 5-47 浮雕效果

⑨ 执行菜单中的"选择|修改|扩展"命令，在弹出的对话框中进行设置，如图 5-48 所示，然后单击"确定"按钮，结果如图 5-49 所示。

图 5-48 设置"扩展选区"参数　　　　　　　　图 5-49 扩展选区后效果

⑩ 执行菜单中的"选择|存储选区"命令，在弹出的对话框中进行设置，如图 5-50 所示，然后单击"确定"按钮，从而产生 Alpha3 通道，结果如图 5-51 所示。

⑪ 回到 RGB 通道，如图 5-52 所示。

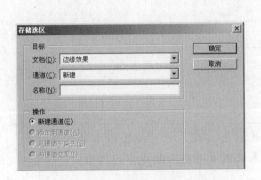

图 5-50 设置"存储选区"参数　　图 5-51 产生 Alpha3 通道　图 5-52 选择 RGB 通道

⑫ 执行菜单中的"选择|载入选区"命令，在弹出的对话框中进行设置，如图 5-53 所示，然后单击"确定"按钮，结果如图 5-54 所示。

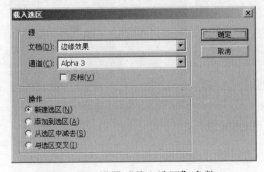

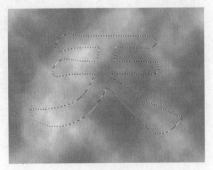

图 5-53 设置"载入选区"参数　　　　　　　　图 5-54 载入选区后效果

⑬ 执行菜单中的"选择|反向"（〈Ctrl+Shift+I〉组合键）命令，然后用白色填充选区，如图 5-55 所示。接着按〈Ctrl+D〉组合键，取消选区。

⑭ 同理，载入 Alpha2 选区，结果如图 5-56 所示。

图 5-55　用白色填充文字以外部分　　　　　图 5-56　载入 Alpha2 选区

⑮ 按快捷键〈Delete〉，结果如图 5-57 所示。

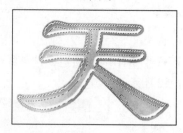

图 5-57　删除 Alpha2 选区后效果

5.7.2　通道抠像效果

要点：

本例将介绍一种利用通道将图像中的人物抠出，放入另一幅图像中的方法，如图 5-58 所示。通过本例学习应掌握利用通道来处理带毛发人物抠像的方法。

原图 1　　　　　　　　　　原图 2　　　　　　　　　结果图
图 5-58　通道抠像效果

操作步骤：

① 执行菜单中的"文件 | 打开"命令，打开配套光盘中的"素材及结果 | 5.7.2　通道抠像效果 | 原图 1.jpg"图像文件，如图 5-58 所示。

② 进入通道面板，如图 5-59 所示。然后选择红色通道，将其拖到 🔲（创建新通道）按钮上，从而复制出"红　副本"通道，如图 5-60 所示，结果如图 5-61 所示。

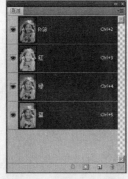
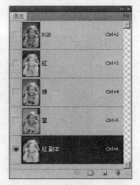

图 5-59　进入通道面板　　　图 5-60　复制出"红　副本"通道　　　图 5-61　复制的通道效果

③ 通道中白色的区域为选区，黑色的区域不是选区，而灰色的区域为渐隐渐现的选区。下面我们将利用"亮度/对比度"命令来将图像中的灰色区域去除。执行菜单中的"图像|调整|亮度/对比度"命令，在弹出的对话框中设置参数，如图 5-62 所示，单击"确定"按钮，结果如图 5-63 所示。

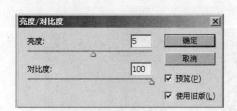

图 5-62　调整"亮度/对比度"　　　　　图 5-63　调整"亮度/对比度"效果

④ 选择工具箱上的 🔾（套索工具），羽化值设为 0，创建如图 5-64 所示的选区。然后用白色填充选区，结果如图 5-65 所示。接着按住〈Ctrl〉键单击"红　副本"通道，从而获得"红　副本"通道的选区，结果如图 5-66 所示。

图 5-64　创建选区　　　　　图 5-65　用白色填充选区　　　　　图 5-66　"红　副本"通道的选区

⑤ 回到 RGB 通道，如图 5-67 所示。然后打开配套光盘"素材及结果|5.7.2 通道抠像效果|原图 2.jpg"图像文件，如图 5-58 所示。接着利用 （移动工具），将选区内的图像移到"原图 2.jpg"图像文件，最终效果如图 5-68 所示。

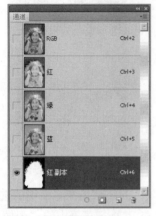

图 5-67 回到 RGB 通道

图 5-68 最终效果

5.7.3 木板雕花效果

🧑 要点：

本例将制作印在木板上的雕花效果，如图 5-69 所示。通过本例学习应掌握 Illustrator 在 Photoshop 中的置入以及应用图像的使用方法。

原图 1

原图 2

结果图

图 5-69 木板雕花效果

 操作步骤：

① 打开配套光盘中的"素材及结果|5.7.3 木板雕花效果|原图 1.jpg"文件，如图 5-69 所示。

② 单击通道面板上的 （创建新通道）按钮，建立一个新的 Alpha1 通道，如图 5-70 所示。

③ 执行菜单中的"文件|置入"命令，在 Alpha1 通道上置入配套光盘"5.7.3 木板雕花效果|原图 2.ai"文件（这是一幅在 Illustrator 中绘制的矢量图），如图 5-71 所示。然后按〈Enter〉键确认。

④ 选择工具箱上的 （魔棒工具），在"原图 2"的灰色处单击，然后执行菜单中的"选择|选取相似"命令，从而选择图像中所有灰色区域。接着用白色填充选区，最后按〈Ctrl+D〉组合键取消选区，结果如图 5-72 所示。

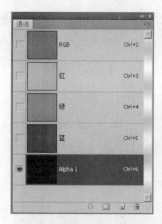

图 5-70 建立 Alpha1 通道

图 5-71 置入图像

图 5-72 取消选区效果

⑤ 对"原图 2"进行模糊处理。执行菜单中的"滤镜 | 模糊 | 高斯模糊"命令，在弹出的对话框中进行设置，如图 5-73 所示，然后单击"确定"按钮，结果如图 5-74 所示。

图 5-73 设置"高斯模糊"参数

图 5-74 "高斯模糊"效果

⑥ 执行菜单中的"滤镜 | 风格化 | 浮雕效果"命令，在弹出的对话框中设置参数，如图 5-75 所示，然后单击"确定"按钮，结果如图 5-76 所示。

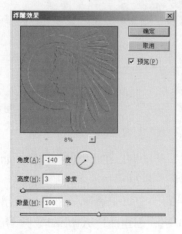

图 5-75 设置"浮雕效果"参数

图 5-76 浮雕效果

⑦ 选择图层面板上的背景图层，回到复合状态。执行菜单中的"图像|应用图像"命令，在弹出的对话框中设置参数，如图 5-77 所示，单击"确定"按钮，结果如图 5-78 所示。

图 5-77 设置"应用图像"参数　　　　　图 5-78 应用图像效果

5.7.4 金属字效果

要点:

　　金属字效果是 Photoshop 软件的经典案例，它主要利用对两个通道中相对应的像素点进行数学计算的原理，配合层次与颜色的调整，形成特殊的带有立体浮凸感和金属反光效果的特殊材质。本例将制作一种金属字效果，如图 5-79 所示。通过本例学习应掌握 Alpha 通道的创建、通道中的滤镜效果、通道运算、曲线功能、通过"变化"来上色等知识的综合应用。

图 5-79 金属字效果

操作步骤:

　　① 执行菜单中的"文件|新建"命令，打开"新建"对话框，在其中进行设置，如图 5-80 所示，单击"确定"按钮，新创建"金属字.psd"文件。

　　② 先创建通道并在通道中输入文字，执行菜单中的"窗口|通道"命令，调出"通道"面板，然后单击"通道"面板下方的 □ （创建新通道）按钮，创建通道 Alpha1。接着选择工具

箱中的 T（横排文字工具）在画面中输入白色文字"堂皇"，在选项栏内设置"字体"为"行楷"，"字体大小"为90pt。最后，按〈Ctrl+D〉组合键去除选区，如图5-81所示。

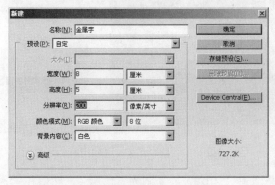

图 5-80　新创建一个文件

图 5-81　在通道 Alpha1 中输入文字

③　复制出一个通道并利用滤镜功能将文字加粗，因为金属字制作完成后会产生扩展和浮凸的效果，因此要先准备一个字体加粗的通道。在"通道"面板中将 Alpha1 图标拖动到面板下方的 （创建新通道）按钮上，将它复制一份，并更名为 Alpha2，如图5-82 所示。然后执行菜单中的"滤镜｜其他｜最大值"命令，在弹出的"最大值"对话框中设置"半径"为4像素，如图5-83所示，单击"确定"按钮，"最大值"操作的结果会将图像中白色的面积扩宽，因此 Alpha2 中文字明显加粗，效果如图5-84所示。

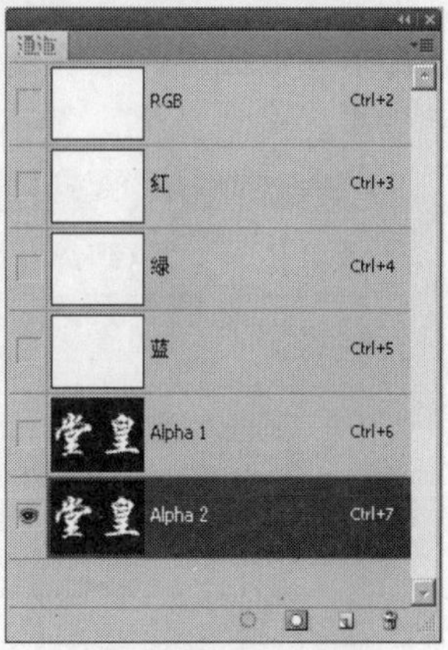

④　下面选中通道 Alpha1，将它再次拖动到面板下方的 （创建新通道）按钮上复制一份，并更名为 Alpha3，然后执行菜单中的"滤镜｜模糊｜高斯模糊"命令，在弹出的"高斯模糊"对话框中设置"半径"为4像素，如图5-85所示，单击"确定"按钮，Alpha3 中的文字变得模糊不清，如图5-86所示。

图 5-82　将 Alpha1
复制为 Alpha2

图 5-83　"最大值"对话框

图 5-84　Alpha2 中文字明显加粗

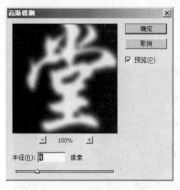  

图 5-85　"高斯模糊"对话框　　　　　　　　图 5-86　Alpha3 中的文字变得模糊不清

⑤　继续进行通道的复制与滤镜操作。先将通道 Alpha3 再复制为 Alpha4，然后在"通道"面板中选中 Alpha3，执行菜单中的"滤镜｜其他｜位移"命令，在弹出的"位移"对话框中设置"水平"与"垂直"参数都为 2，如图 5-87 所示，"位移"操作可以让图像中的像素发生偏移，正的数值将产生向右下方的偏移。单击"确定"按钮，得到如图 5-88 所示效果。

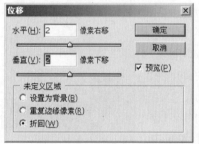 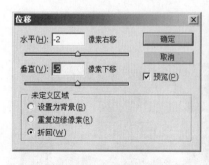

图 5-87　在"位移"对话框中输入正的数值　　图 5-88　使 Alpha3 往右下方偏移 2 像素

⑥　选中 Alpha4，执行菜单中的"滤镜｜其他｜位移"命令，在弹出的"位移"对话框中设置"水平"与"垂直"参数都为 -2，如图 5-89 所示，负的数值将产生向左上方的偏移。单击"确定"按钮，得到如图 5-90 所示效果。

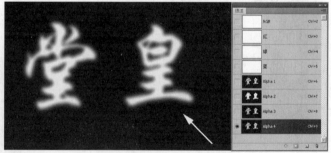

图 5-89　在"位移"对话框中输入负的数值　　图 5-90　使 Alpha4 往左上方偏移 2 像素

⑦　准备工作完成了，现在可以开始进行通道运算。要了解 Photoshop "计算"功能的工作原理，必须先理解以下两个基本概念：

- 通道中每个像素点亮度的数值是 0～255，当使用"计算"功能时，是对这些数值进行计算。
- 因为执行的是像素对像素的计算，所以执行计算的两个文件（通道）必须具有完全相同的大小和分辨率，也就是说具有相同数量的像素点。

执行菜单中的"图像｜计算"命令，打开如图 5－91 所示的"计算"对话框，将"源 1"的"通道"设为 Alpha3，将"源 2"的"通道"设为 Alpha4，在"混合"下拉列表框中选择"差值"选项，在"结果"下拉列表框中选择"新建通道"选项，这一步骤的意义是将 Alpha3 和 Alpha4 经过差值相减的计算，生成一个新通道，新通道自动命名为 Alpha5，单击"确定"按钮，得到如图 5－92 所示的效果。

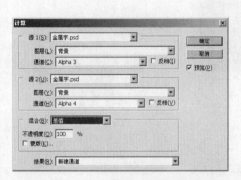

图 5－91　在"计算"对话框中设置参数　　　图 5－92　Alpha3 和 Alpha4 经过计算生成新通道 Alpha5

⑧　经过第⑦步的"计算"，Alpha5 中已初步形成了金属字的雏形，但是立体感和金属感都不够强烈，下面应用"曲线"功能来进行调节。执行菜单中的"图像｜调整｜曲线"命令，在弹出的"曲线"对话框中调节曲线为近似"M"的形状，如图 5－93 所示（如果一次调整效果不理想，还可以多次进行调整，使金属反光效果变化更丰富），单击"确定"按钮，得到如图 5－94 所示效果。

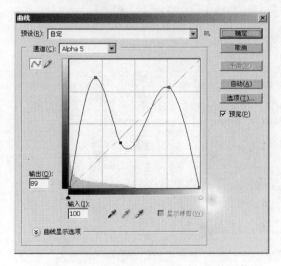

图 5－93　调节曲线为近似"M"的形状　　　图 5－94　通过调节曲线形成丰富变化的金属反光

提示

这一步骤主观性和随机性较强，曲线形状的差异会形成效果迥异的金属反光效果，可以尝试多种不同的曲线形状，以得到最为满意的效果。

⑨ 下面这一步很重要，要将金属字从通道转换到图层里去。首先选中 Alpha5 通道，然后按住〈Ctrl〉键单击 Alpha2 通道名称，这样就在 Alpha5 中得到了 Alpha2 的选区。接着，按〈Ctrl+C〉组合键将其复制，在"通道"面板中单击 RGB 主通道，再按〈Ctrl+V〉组合键将刚才复制的内容粘贴到选区内，效果如图 5-95 所示。现在打开"图层"面板，可以看到自动生成了"图层 1"，画面中是黑白效果的金属字，如图 5-96 所示。

图 5-95　将通道 Alpha5 中的内容复制到主通道中　　　　图 5-96　自动生成了"图层 1"

⑩ 下面来给黑白的金属字上色。执行菜单中的"图像|调整|变化"命令，在弹出的"变化"对话框中对金属字的高光、中间调、暗调分别进行上色，使文字呈现出黄铜色的金属效果，如图 5-97 所示。单击"确定"按钮，得到如图 5-98 所示的效果。

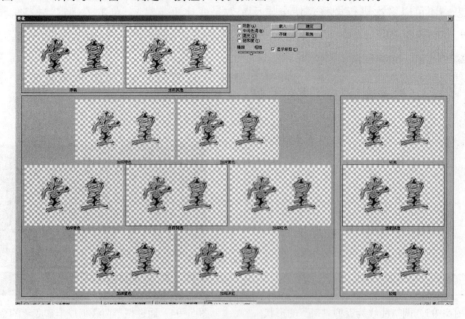

图 5-97　在"变化"对话框中对金属字的高光、中间调、暗调分别进行上色

⑪ 最后为金属字添加投影，增强文字的立体感。选中"图层1"，单击"图层"面板下方的 （添加图层样式）按钮，在弹出的菜单中选择"投影"命令。接着，在弹出的"图层样式"对话框中设置如图5-99所示的参数，单击"确定"按钮，此时图像右下方向出现了半透明的投影。

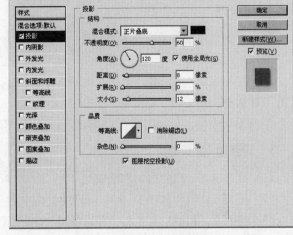

图5-98　文字呈现出黄铜色的金属效果　　　　　图5-99　为"图层1"设置"投影"参数

⑫ 到此为止，金属字制作完成，读者可根据自己的喜好在上色时为文字添加不同色相的颜色（例如蓝色和绿色的金属效果也不错）。另外，对标志图形进行立体金属化的处理也是很有趣的尝试。最后的效果如图5-100所示。

图5-100　最后完成的金属字效果

5.8　课　后　练　习

1．填空题

(1) 通道可以分为＿＿＿＿＿、＿＿＿＿＿＿和＿＿＿＿＿3种。

(2) 如果已经有一个Alpha选区，执行菜单中的"选择|载入选区"命令后将出现＿＿＿＿＿、＿＿＿＿＿＿、＿＿＿＿＿和＿＿＿＿＿4个选项可供选择。

（3）按住键盘上的＿＿＿＿＿＿＿＿键的同时单击通道，可以直接载入该通道所保存的选区；如果按住键盘上的＿＿＿＿＿＿＿＿键的同时单击通道，可在当前选区中添加该通道所保存的选区；如果按住键盘上的＿＿＿＿＿＿＿＿键的同时单击通道，可以在当前选区中减去该通道所保存的选区；如果按住键盘上的＿＿＿＿＿＿＿＿键的同时单击通道，可以得到当前选区与该通道所保存的选区相重叠的选区。

2．选择题

（1）启动快速蒙版的快捷键是（　　　　）。

A．Q　　　　　　　　B．K　　　　　　　　C．D　　　　　　　　D．X

（2）按住（　　）键，单击通道面板下方的 ⬛（创建新通道）按钮，即可弹出一个"新建通道"对话框。

A．Ctrl　　　　　　　B．Shift　　　　　　　C．Alt　　　　　　　D．Ctrl+Shift

3．问答题／上机题

（1）简述 Alpha 通道的使用方法。

（2）练习1：制作如图5-101所示的立体字效果。

（3）练习2：利用配套光盘"课后练习│5.8课后练习│练习2│原图.jpg"图片，制作出如图5-102所示的木板雕花效果。

图5-101　练习1效果

图5-102　练习2效果

第6章
图像色彩和色调调整

本章要点

调整图像颜色是Photoshop CS4的重要功能之一，在Photoshop中有十几种调整图像颜色的命令，利用它们可以对拍摄或扫描后的图像进行相应处理，从而得到所需的效果。通过本章学习应掌握以下内容：

- 整体色彩的快速调整
- 图像色调的精细调整
- 特殊效果的色调调整

6.1 整体色彩的快速调整

当需要处理的图像要求不是很高时，可以运用"亮度/对比度"、"自动色阶"、"自动颜色"和"变化"等命令对图像的色彩或色调进行快速而简单的总体调整。

6.1.1 亮度/对比度

"亮度/对比度"命令可以简便、直观地完成图像亮度和对比度的调整。

使用"亮度/对比度"命令调整图像色调的具体操作步骤如下：

① 打开配套光盘"素材及结果｜亮度对比度.jpg"图片，如图6-1所示。
② 执行菜单中的"图像｜调整｜亮度/对比度"命令，弹出图6-2所示的对话框。

图6-1 亮度对比度.jpg

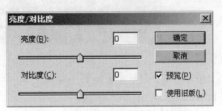

图6-2 "亮度/对比度"对话框

③　在该对话框中将亮度滑块向右移动会增加色调值并扩展图像高光，而将亮度滑块向左移动会减少色调值并扩展阴影；拖动对比度滑块可扩展或收缩图像中色调值的总体范围。

④　未选中"使用旧版"复选框，则执行"亮度/对比度"会与"色阶"和"曲线"调整一样，按比例（非线性）调整图像像素；如果选中"使用旧版"复选框，在调整亮度时只是简单地增大或减小所有像素值，由于这样会导致修剪或丢失高光或阴影区域中的图像细节，因此对于高端输出，建议不要选中"使用旧版"复选框。

⑤　设置参数，如图6-3所示，单击"确定"按钮，结果如图6-4所示。

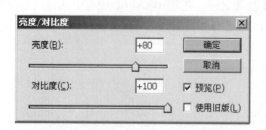

图6-3　调整"亮度/对比度"参数　　　　图6-4　调整"亮度/对比度"参数后的效果

6.1.2　变化

"变化"命令可以直观地调整图像或选区的色相、亮度和饱和度。使用"变化"命令调整图像色彩的具体操作步骤如下：

①　打开配套光盘"素材及结果|变化.jpg"图片，如图6-5所示。

图6-5　变化.jpg

②　执行菜单中的"图像|调整|变化"命令，弹出如图6-6所示的对话框。

该对话框中主要选项的含义如下：

● 原稿、当前挑选：在第一次弹出该对话框时，这两个图像显示完全相同，经过调整后，

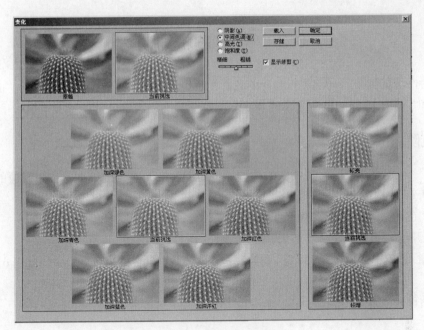

图 6-6　"变化"对话框

"当前挑选"缩略图显示为调整后的状态。

- 较亮、当前挑选、较暗：分别单击"较亮"和"较暗"缩略图，可以增亮或加暗图像，"当前挑选"图像缩略图显示为当前调整后的状态。
- 阴影、中间色调、高光和饱和度：选中对应的单选按钮，可分别调整图像中该区域的阴影、色相、亮度和饱和度。
- 精细/粗糙：拖动该滑块可以确定每次调整的数量，将滑块向右侧移动一格，可使调整度双倍增加。
- 调整色相：该对话框左下方有 7 个缩略图，中间的"当前挑选"缩略图与左上方的"当前挑选"缩略图的作用相同，用于显示调整后的图像效果。其余 6 个缩略图分别可以用来改变图像的 6 种颜色，单击其中任意一个缩略图，均可增加与该缩略图对应的颜色。如单击"加深红色"缩略图，可使图像在一定程度上增加红色，根据需要可以单击多次，从而得到适当的效果。

图 6-7　调整"变化"参数后的效果

- 存储、载入：单击"存储"按钮，可以将该对话框的设置保存为一个"＊.AVA"文件，如果在以后的工作中遇到需要做同样设置的图像，可以在该对话框中单击"载入"按钮，调出该文件，从而设置该对话框。

③　设置完毕后，单击"确定"按钮，结果如图 6-7 所示。

6.2　色调的精细调整

当要对图像的细节、局部进行精确的色彩和色调调整时，可以使用"色阶"、"曲线"、"色彩平衡"和"匹配颜色"等命令来完成。

6.2.1　色阶

"色阶"命令可以通过调整图像的暗调、中间调和高光等强度级别，校正图像的色调范围和色彩平衡。

使用"色阶"命令调整图像色调的具体操作步骤如下：

① 打开配套光盘"素材及结果|色阶.jpg"图片，如图6-8所示。

② 执行菜单中的"图像|调整|色阶"（〈Ctrl+L〉组合键）命令，弹出如图6-9所示的对话框。

该对话框中主要选项的含义如下：

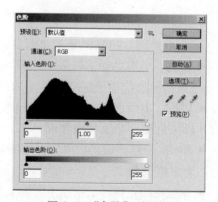

图6-8　色阶.jpg　　　　　　　图6-9　"色阶"对话框

- 通道：在该下拉列表框中，用于选定要进行色调调整的通道。如果选中"RGB"，则色调调整将对所有通道起作用；如果只选中"R"、"G"、"B"通道中的单一通道，则"色阶"命令将只对当前选中的通道起作用。

- 输入色阶：在"输入色阶"后面有3个文本框，分别对应通道的暗调、中间调和高光。这3个文本框分别与其下方的直方图上的3个小三角形滑块一一对应，分别拖动这三个滑块可以很方便地调整图像暗调、中间调和亮部色调。缩小"输入色阶"的范围可以提高图像的对比度。

- 输出色阶：使用"输出色阶"可以限定处理后图像的亮度范围。缩小"输出色阶"的范围会降低图像的对比度。

- 吸管工具：对话框右下角从左到右依次为 （设置黑场）、（设置灰点）和 （设置白场）。选择其中任何一个吸管，然后将鼠标指针移到图像窗口中，鼠标指针变成相应的吸管形状，此时单击即可进行色调调整。选择 （设置黑场）后在图像中单击，图像中所有像素的亮度值将减去吸管单击处的像素亮度值，从而使图像变暗。（设置白场）与 （设置黑场）相反，Photoshop CS4 将所有的像素的亮度值加上吸管单击处的像素的亮度值，从而提高图像的亮度。✐（设置灰点）所选中的像素的亮度值用来调整图像的色调分布。

- 自动：单击"自动"按钮，将以所设置的自动校正选项对图像进行调整。
- 存储预设：单击"存储"按钮，可以将当前所做的色阶调整保存起来。
- 载入预设：单击"载入"按钮，可以载入以前的色阶调整（与存储预设一样，需单击▦ 按钮后，在弹出的菜单中选择这两个命令）。

③ 设置"输入色阶"的 3 个值分别为 30，1.00，180，如图 6-10 所示，单击"确定"按钮，结果如图 6-11 所示。

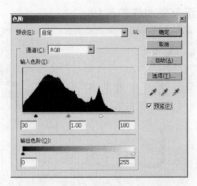

图 6-10　调整"色阶"参数

图 6-11　调整"色阶"参数后的效果

6.2.2　曲线

"曲线"命令是使用非常广泛的色调控制方式。它的功能和"色阶"命令相同，只不过它比"色阶"命令可以做更多、更精密的设置。"色阶"命令只是用 3 个变量（高光、暗调、中间调）进行调整，而"曲线"命令可以调整 0～255 范围内的任意点，最多可同时使用 16 个变量。

使用"曲线"命令调整图像色调的具体操作步骤如下：

① 打开配套光盘"素材及结果 | 曲线.jpg"图片，如图 6-12 所示。

② 执行菜单中的"图像 | 调整 | 曲线"（〈Ctrl+M〉组合键）命令，弹出如图 6-13 所示的对话框。

图 6-12　曲线.jpg

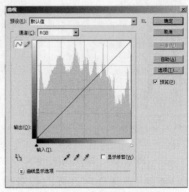

图 6-13　"曲线"对话框

该对话框中主要选项的含义如下：

- 坐标轴：坐标轴中的 X 轴代表图像调整前的色阶，从左到右分别代表图像从最暗区域到最亮区域的各个部分，Y 轴代表图像调整后的色阶，从上到下分别代表改变后图像从最暗区域到最亮区域的各个部分。在未做编辑前图像中显示一条 45°的直线，即输入值与输出值相同。

- ∿（编辑点以修改曲线）：通过该按钮，可以添加控制点以控制曲线的形状。激活该按钮，就可以通过在曲线上添加控制点来改变曲线的形状。移动鼠标指针到曲线上方，此时鼠标指针呈"+"形状，单击即可产生一个节点，如图 6-14 所示，同时该点的"输入 / 输出"值将显示在对话框左下角的"输入"和"输出"数值框中。移动鼠标到节点上方，当鼠标指针呈双向十字箭头形状时，按住鼠标左键并拖动鼠标，或者按键盘上的方向键，即可移动节点，如图 6-15 所示，从而改变曲线的形状。

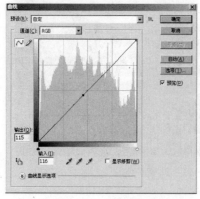 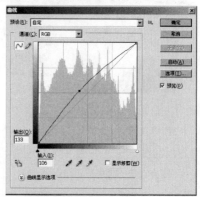

图 6-14　添加节点　　　　　　　　　　　图 6-15　移动节点

- ✎（通过绘制来修改曲线）：通过该按钮，可直接在该对话框的编辑区中手动绘制自由的曲线形状。激活该按钮，然后移动鼠标指针到网格中按住鼠标左键绘制即可，如图 6-16 所示。此时绘制的曲线不平滑，单击"平滑"按钮，可使曲线自动变平滑，如图 6-17 所示。

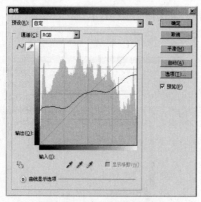 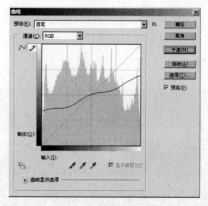

图 6-16　绘制曲线形状　　　　　　　　　图 6-17　平滑曲线

- ✎✎✎（在图像中取样以设置黑场、灰场、白场）：单击 ✎ 按钮后在图像中单击，即可将该点设置为图像的黑场；单击 ✎ 按钮后在图像中单击，即可将该点设置为图像的灰场；单击 ✎ 按钮后在图像中单击，即可将该点设置为图像的白场。

③ 此时设置参数，如图6-18所示，单击"确定"按钮，结果如图6-19所示。

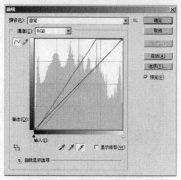

图6-18 调整"曲线"参数

图6-19 调整"曲线"参数后的效果

6.2.3 色彩平衡

"色彩平衡"命令会在彩色图像中改变颜色的混合，从而使整体图像的色彩平衡。使用"色彩平衡"命令调整图像色彩的具体操作步骤如下：

① 打开配套光盘"素材及结果│色彩平衡.jpg"图片，如图6-20所示。

② 执行菜单中的"图像│调整│色彩平衡"命令，弹出如图6-21所示的"色彩平衡"对话框。在该对话框中包含3个滑块，分别对应上面"色阶"的3个文本框，拖动滑块或者直接在文本框中输入数值都可以调整色彩。3个滑块的变化范围均为$-100\sim+100$。

图6-20 色彩平衡.jpg

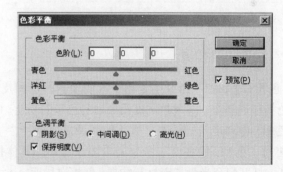

图6-21 "色彩平衡"对话框

③ 选中"中间调"单选按钮，调整滑块的位置，如图6-22所示，结果如图6-23所示。

④ 选中"高光"单选按钮，调整3个滑块的位置，如图6-24所示，单击"确定"按钮，结果如图6-25所示。

 提示

如果选中"保持明度"复选框，则可以保持图像的亮度不变，而只改变颜色。

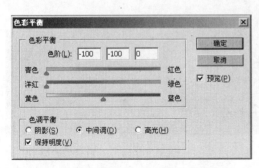

图 6-22 设置"中间调"参数　　　　　图 6-23 调整"中间调"参数后的效果

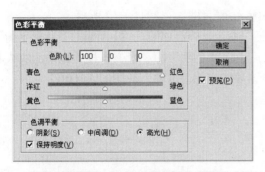

图 6-24 设置"高光调"参数　　　　　图 6-25 调整"高光"参数后的效果

6.2.4 色相/饱和度

"色相/饱和度"命令主要用于改变像素的色相及饱和度，而且它还可以通过给像素指定新的色相和饱和度，实现给灰度图像添加色彩的功能。在 Photoshop CS4 中还可以存储和载入"色相/饱和度"的设置，供其他图像重复使用。

使用"色相/饱和度"命令调整图像色彩的具体操作步骤如下：

① 打开配套光盘"素材及结果|色相饱和度.jpg"图片，如图 6-26 所示。

② 执行菜单中的"图像|调整|色相/饱和度"（〈Ctrl+U〉组合键）命令，弹出如图 6-27 所示的对话框。

该对话框中主要选项的含义如下：

● 全图：用于选择调整颜色的范围，包括"全图"、"红色"、"黄色"、"绿色"等7个选项。

● 色相/饱和度/明度：按住鼠标左键拖动"色相"（范围为 $-180\sim+180$）、"饱和度"（范围为 $-100\sim+100$）和"明度"（范围为 $-100\sim+100$）滑块，或在其数值框中输入数值，可以分别控制图像的色相、饱和度和明度。

图 6-26　色相饱和度.jpg

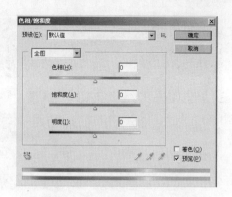

图 6-27　"色相/饱和度"对话框

- 吸管：单击 按钮后，在图像中单击，可选定一种颜色作为调整的范围；单击 按钮后，在图像中单击，可以在原有颜色变化范围上添加当前单击处的颜色范围；单击 按钮后，在图像中单击，可以在原有颜色变化范围上减去当前单击处的颜色范围。
- 着色：选中该复选框后，可以将一幅灰色或黑白的图像处理为某种颜色的图像。

③　设置参数，如图 6-28 所示，单击"确定"按钮，结果如图 6-29 所示。

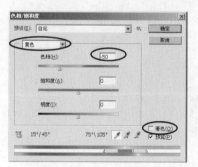

图 6-28　设置"色相/饱和度"参数

图 6-29　调整"色相/饱和度"参数后的效果

6.2.5　匹配颜色

"匹配颜色"用于匹配不同图像之间、多个图层之间或者多个颜色选区之间的颜色，即将源图像的颜色匹配到目标图像上，使目标图像虽然保持原来的画面，却有着与源图像相似的色调。使用该命令还可以通过更改亮度和色彩范围来调整图像中的颜色。

使用"匹配颜色"命令调整图像色彩的具体操作步骤如下：

①　打开配套光盘"素材及结果 | 匹配颜色 1.jpg"和"匹配颜色 2.jpg"两幅图片，如图 6-30 所示。

②　执行菜单中的"图像 | 调整 | 匹配颜色"命令，弹出如图 6-31 所示的对话框。

该对话框中主要选项的含义如下：

- 明亮度：用于增加或降低目标图像的亮度。取值范围为 1~200，最小值为 1，默认值为 100。
- 颜色强度：用于调整目标图层中颜色像素值的范围。最大值为 200，最小值为 1（灰度图像），默认值为 100。

匹配颜色1.jpg

匹配颜色2.jpg

图6-30　打开图片

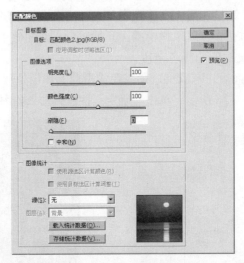

图6-31　"匹配颜色"对话框

● 渐隐：用于控制图像的调整量。向右拖动滑块可增大调整量，该数值越大，则得到的图像越接近于颜色区域前后的效果；反之，匹配的效果越明显。

● 源：用于选取将其颜色与目标图像中的颜色相匹配的源图像。当用户不希望参考另一个图像来计算色彩调整时，应选择"无"选项，此时目标图像和源图像相同。

● 图层：用于选择当前选择图像的图层。

● 应用调整时忽略选区：如果在当前操作图像中存在选区，选中该复选框后，可以忽略选区对于操作的影响。

● 使用源选区计算颜色：选中该复选框后，在匹配颜色时仅计算源文件选区中的图像，选区之外图像的颜色不在计算之内。

● 使用目标选区计算调整：选中该复选框后，在匹配颜色时仅计算目标文件选区中的图像，选区之外图像的颜色不在计算之内。

③ 此时设置参数，如图6-32所示，单击"确定"按钮，结果如图6-33所示。

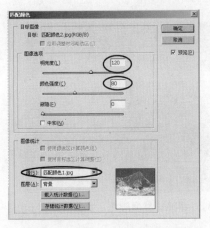

图 6-32　设置"匹配颜色"参数　　　　图 6-33　调整"匹配颜色"参数后的效果

6.2.6　替换颜色

"替换颜色"命令允许先选定图像中的某种颜色，然后改变它的色相、饱和度和亮度值。它相当于执行菜单中的"选择|色彩范围"命令再加上"色相/饱和度"命令的功能。使用"替换颜色"命令调整图像色彩的具体操作步骤如下：

①　打开配套光盘"素材及结果|替换颜色.jpg"图片，如图 6-34 所示。

②　执行菜单中的"图像|调整|替换颜色"命令，弹出如图 6-35 所示的对话框。在该对话框中，可以选择预览"选区"或是"图像"。

图 6-34　替换颜色.jpg　　　　图 6-35　"替换颜色"对话框

③　选取 （吸管工具），在图像中单击花瓣主体位置，确定选区范围。然后选取 （添加到取样），在花瓣边缘增加当前的颜色；选取 （从取样中减去），在取样区域减少当前的颜色。

④　拖动"颜色容差"滑块可调整选区的大小。容差越大，选取的范围越大，此时设置"颜色容差"为75。然后在"替换"选项组中，调整所选中颜色的"色相"、"饱和度"和"亮度"，如图 6-36 所示，单击"确定"按钮，结果如图 6-37 所示。

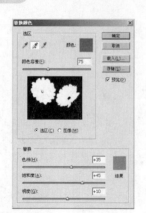

图 6-36　调整"替换颜色"参数

图 6-37　调整"替换颜色"参数后的效果

6.2.7　可选颜色

"可选颜色"命令可校正不平衡的色彩和调整颜色，它是高端扫描仪和分色程序使用的一项技术，可以在图像中每个原色中添加和减少 CMYK 印刷色的量。使用"可选颜色"命令调整图像色彩的具体操作步骤如下：

①　打开配套光盘"素材及结果|可选颜色.jpg"图片，如图 6-38 所示。

②　执行菜单中的"图像|调整|可选颜色"命令，弹出如图 6-39 所示的对话框。在该对话框中，可以调整在"颜色"下拉列表框中设置的颜色，有针对性地选择红色、绿色、蓝色、青色、洋红色、黄色、黑色、白色和中性色进行调整。

图 6-38　可选颜色.jpg

图 6-39　"可选颜色"对话框

③　此时选择"黄色"，然后调整滑块的位置，如图 6-40 所示，单击"确定"按钮，结果如图 6-41 所示。

图 6-40　调整"可选颜色"参数

图 6-41　调整"可选颜色"参数后的效果

6.2.8　通道混合器

"通道混合器"命令可以通过从每个颜色通道中选取它所占的百分比来创建高品质的灰度图像，还可以创建高品质的棕褐色调或其他彩色图像。它使用图像中现有（源）颜色通道的混合来修改目标（输出）颜色通道。使用"通道混合器"命令可以通过源通道向目标通道加减灰度数据。

使用"通道混合器"命令调整图像色彩的具体操作步骤如下：

①　打开配套光盘"素材及结果 | 通道混合器 .jpg"图片，如图 6-42 所示。

②　执行菜单中的"图像 | 调整 | 通道混合器"命令，弹出图 6-43 所示的对话框。

图 6-42　通道混合器 .jpg

图 6-43　"通道混合器"对话框

该对话框中主要选项的含义如下：

●输出通道：用于选择要设置的颜色通道。

●源通道：拖动"红色"、"绿色"和"蓝色"滑块，可以调整各个原色的值。不论是 RGB 模式还是 CMYK 模式的图像，其调整方法都是一样的。

●常数：拖动滑块或在数值框中输入数值（取值范围是 -200～200），可以改变当前指定通道的不透明度。

●单色：选中该复选框后，可以将彩色图像变成灰度图像，此时图像值包含灰度值，所有色彩通道使用相同的设置。

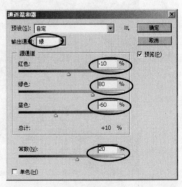

图 6-44　调整"通道混合器"参数

③　此时设置参数，如图 6-44 所示，单击"确定"按钮，结果如图 6-45 所示。

图 6-45　调整"通道混合器"参数后的效果

6.2.9　照片滤镜

"照片滤镜"命令用于模拟传统光学滤镜特效，能够使照片呈现暖色调、冷色调及其他颜色的色调。

使用"照片滤镜"命令调整图像色彩的具体操作步骤如下：

① 打开配套光盘"素材及结果│照片滤镜.jpg"图片，如图 6-46 所示。

② 执行菜单中的"图像│调整│照片滤镜"命令，弹出如图 6-47 所示的对话框。

该对话框中主要选项的含义如下：

图 6-46　照片滤镜.jpg

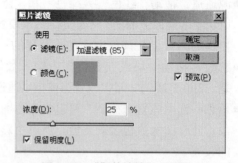

图 6-47　"照片滤镜"对话框

● 滤镜：在该下拉列表框中可以选择预设的选项对图像进行调节。

● 颜色：单击该色块，在弹出的"选择滤镜颜色"对话框中可以指定一种照片滤镜颜色。

● 浓度：拖动该滑块，可以设置原图像的亮度。

● 保留明度：选中该复选框，将在调整颜色的同时保留原图像的亮度。

③ 此时设置参数，如图 6-48 所示，单击"确定"按钮，结果如图 6-49 所示。

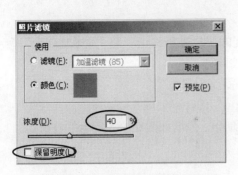

图 6-48　调整"照片滤镜"参数　　　　　图 6-49　调整"照片滤镜"参数后的效果

6.2.10　阴影/高光

"阴影/高光"命令适用于由强逆光而形成剪影的照片，或者校正由于太接近相机闪光灯而有些发白的焦点。使用"阴影/高光"命令调整图像色彩的具体操作步骤如下：

① 打开配套光盘"素材及结果 | 阴影高光.jpg"图片，如图 6-50 所示。

② 执行菜单中的"图像 | 调整 | 阴影/高光"命令，弹出如图 6-51 所示的对话框。

图 6-50　阴影高光.jpg　　　　　图 6-51　"阴影/高光"对话框

该对话框中主要选项的含义如下：

● 阴影：拖动其下的数量滑块或在数值框中输入相应的数值，可改变暗部区域的明亮程度。

● 高光：拖动该滑块或在该数值框中输入相应的数值，即可改变高亮区域的明亮程度。

③ 设置参数，如图 6-52 所示，单击"确定"按钮，结果如图 6-53 所示。

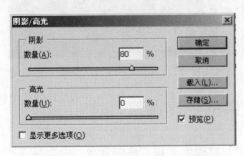

图 6-52　调整"阴影/高光"参数　　　　　图 6-53　调整"阴影/高光"参数后的效果

6.2.11　曝光度

"曝光度"命令用于对曝光不足或曝光过度的照片进行修正。与"阴影/高光"命令不同的是，"曝光度"命令是对图像整体进行加亮或调暗。

使用"曝光度"命令调整图像色彩的具体操作步骤如下：

①　打开配套光盘"素材及结果|曝光度.jpg"图片，如图6-54所示。

②　执行菜单中的"图像|调整|曝光度"命令，弹出如图6-55所示的对话框。

 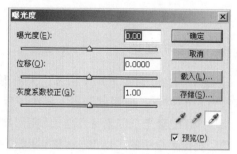

图6-54　曝光度.jpg　　　　　　　　图6-55　"曝光度"对话框

该对话框中主要选项的含义如下：

● 曝光度：拖动该滑块或在数值框中输入相应的数值，可调整图像区域的高光。

● 位移：拖动该滑块或在数值框中输入相应的数值，可使阴影和中间色调区域变暗，对高光驱的影响很轻微。

● 灰度系数：拖动该滑块或在数值框中输入相应的数值，可使用简单的乘方函数调整图像的灰度区域。

③　设置参数，如图6-56所示，单击"确定"按钮，结果如图6-57所示。

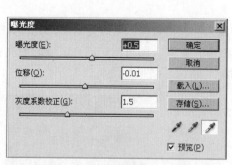 

图6-56　设置"曝光度"参数　　　　图6-57　调整"曝光度"参数后的效果

6.3　特殊效果的色调调整

"去色"、"渐变映射"、"反相"、"色调均化"、"阈值"和"色调分离"命令可以更改图像中的颜色或亮度值，从而产生特殊效果，但它们不用于校正颜色。

6.3.1　去色

"去色"命令的主要作用是去除图像中的饱和色彩，即将图像中所有颜色的饱和度都变为 0，使图像转变为灰色色彩的图像。

与"灰度"命令将彩色图像转换成灰度图像有所不同，用"去色"命令处理后的图像不会改变颜色模式，只不过失去了图像的颜色。此外，"去色"命令可以只对图像的某一选择范围进行转换，不像"灰度"命令那样不加选择地对整个图像产生作用。

6.3.2　渐变映射

"渐变映射"命令的主要功能是将相等的图像灰度范围映射到指定的渐变填充色上。如果指定双色渐变填充，图像中的暗调映射到渐变填充的一个端点颜色，高光映射到另一个端点颜色，中间调映射到两个端点间的层次。

使用"渐变映射"命令产生特殊效果的具体操作步骤如下：

①　打开配套光盘"素材及结果 | 渐变映射.jpg"图片，如图 6-58 所示。

②　执行菜单中的"图像 | 调整 | 渐变映射"命令，弹出如图 6-59 所示的对话框。

图 6-58　渐变映射.jpg

图 6-59　"渐变映射"对话框

③　单击"渐变映射"对话框中的渐变条右边的小三角，从弹出的渐变填充列表中选择相应的渐变填充色，如图 6-60 所示，单击"确定"按钮，结果如图 6-61 所示。

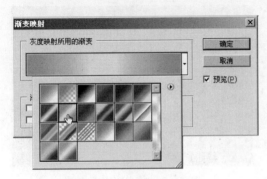
图 6-60　选择渐变填充色

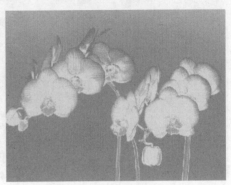
图 6-61　"渐变映射"效果

6.3.3 反相

使用"反相"命令可以将像素颜色改变为它们的互补色，如黑变白、白变黑等，该命令是不损失图像色彩信息的变换命令。

使用"反相"命令产生特殊效果的具体操作步骤如下：

① 打开配套光盘"素材及结果|反相.jpg"图片，如图6-62所示。

② 执行菜单中的"图像|调整|反相"命令，结果如图6-63所示。

图6-62 反相.jpg　　　　　　　　　　图6-63 "反相"效果

6.3.4 色调均化

"色调均化"命令可以重新分布图像中像素的亮度值，以便更均匀地呈现所有范围的亮度级。在应用此命令时，Photoshop CS4会查找复合图像中最亮和最暗的值并重新映射这些值，以使最亮的值表示白色，最暗的值表示黑色。之后，Photoshop CS4尝试对亮度进行色调均化处理，即在整个灰度范围内均匀分布中间像素值。

使用"色调均化"命令产生特殊效果的具体操作步骤如下：

① 打开配套光盘"素材及结果|色调均化.jpg"图片，如图6-64所示。

② 执行菜单中的"图像|调整|色调均化"命令，结果如图6-65所示。

图6-64 色调均化.jpg　　　　　　　　图6-65 "色调均化"效果

6.3.5　阈值

使用"阈值"命令可将一幅彩色图像或灰度图像转换为只有黑白两种色调的高对比度的黑白图像。该命令主要根据图像像素的亮度值把它们一分为二，一部分用黑色表示，另一部分用白色表示。

使用"阈值"命令产生特殊效果的具体操作步骤如下：

① 打开配套光盘"素材及结果\阈值.jpg"图片，如图 6-66 所示。

图 6-66　阈值.jpg

② 执行菜单中的"图像\调整\阈值"命令，弹出如图 6-67 所示的对话框。在该对话框"阈值色阶"文本框中输入亮度的阈值后，大于此亮度的像素会转换为白色，小于此亮度的像素会转换为黑色。

③ 此时保持默认参数，单击"确定"按钮，结果如图 6-68 所示。

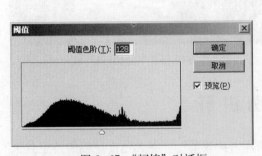

图 6-67　"阈值"对话框

图 6-68　"阈值"效果

6.3.6　色调分离

"色调分离"命令可以让用户指定图像中每个通道的色调级（或亮度值）的数目，然后将这些像素映射为最接近的匹配色调。"色调分离"命令与"阈值"命令的功能类似，所不同的是"阈值"命令在任何情况下都只考虑两种色调，而"色调分离"的色调可以指定 0～255 的任何一个值。

使用"色调分离"产生特殊效果的具体操作步骤如下：

① 打开配套光盘"素材及结果|色调分离.jpg"图片，如图6-69所示。

图6-69　色调分离.jpg

② 执行菜单中的"图像|调整|色调分离"命令，弹出如图6-70所示的对话框。在该对话框"色阶"数值框中输入数值，可以确定色调等级。数值越大，颜色过渡越细腻；反之，图像的色块效果显示越明显。

③ 此时保持默认参数，单击"确定"按钮，结果如图6-71所示。

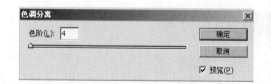

图6-70　"色调分离"对话框

图6-71　"色调分离"效果

6.4　实例讲解

本节将通过"变色的花朵效果"、"黑白老照片去黄效果"、"曝光过度原稿的校正效果"、"分层的色阶处理"、"匹配颜色效果"和"静物图效果"6个实例来讲解图像的色调和色彩调整在实践中的应用。

6.4.1　变色的郁金香效果

要点：

本例将对图片中的红色郁金香进行处理，使之成为黄色，如图6-72所示。通过本例学习应掌握通过色相/饱和度命令对单一颜色进行调整的使用。

原图

结果图

图 6-72　变色的郁金香

 操作步骤：

① 打开配套光盘"素材及结果 | 6.4.1　变色的郁金香 | 原图.jpg"文件，如图 6-72 所示。

② 将红色的郁金香处理为黄色。执行菜单中的"图像 | 调整 | 色相 / 饱和度"（〈Ctrl+U〉组合键）命令，然后在弹出的对话框"编辑"右侧下拉列表中选择"红色"，如图 6-73 所示。接着调整参数，如图 6-74 所示，单击"确定"按钮，结果如图 6-75 所示。

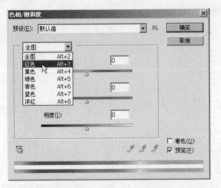

图 6-73　选择"红色"

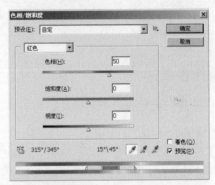

图 6-74　调整"色相 / 饱和度"参数

图 6-75　结果图

6.4.2 黑白老照片去黄效果

要点:

　　本例将对一幅黑白老照片进行去黄处理，如图 6-76 所示。通过本例学习应掌握利用通道以及色彩校正中的曲线命令对黑白老照片去黄的方法。

原图　　　　　　　　　　　　　　　　结果图

图6-76　　黑白老照片去黄效果

操作步骤:

　　① 打开配套光盘中"素材及结果|6.4.2　黑白老照片去黄|原图.tif"图像文件，如图6-76 所示。

　　② 进入通道面板复制一个名称为"红副本"的红色通道，如图 6-77 所示，然后删除"红副本"通道以外的其余通道，如图 6-78 所示，结果如图 6-79 所示。

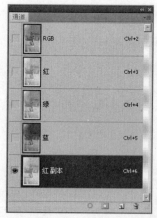  

图 6-77　复制出"红副本"通道　　　图 6-78　删除"红副本"以外通道　　　图 6-79　删除通道效果

③ 去除水印。选择工具箱上的 ▢（套索工具），设置"羽化"值为"20"，然后在画面上创建如图6-80所示的选区。

④ 执行菜单中的"图像|调整|曲线"命令，在弹出的对话框中进行设置，如图6-81所示，然后单击"确定"按钮，结果如图6-82所示。

图6-80　创建选区　　　　图6-81　调整曲线　　　　图6-82　调整曲线效果

⑤ 按〈Ctrl+D〉组合键取消选区。

⑥ 对照片进行上色处理。执行菜单中的"图像|模式|灰度"命令，将图像转换为灰度图像，此时通道如图6-83所示。然后执行菜单中的"图像|模式| RGB颜色"命令，将灰度图像转换为RGB模式的图像，此时通道如图6-84所示。

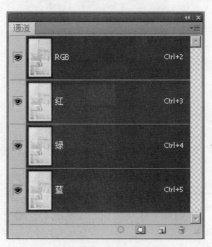

图6-83　灰度模式的通道　　　　图6-84　RGB模式的通道

⑦ 执行菜单中的"图像|调整|色相/饱和度"命令，在弹出的对话框中进行设置，如图6-85所示，单击"确定"按钮，结果如图6-86所示。

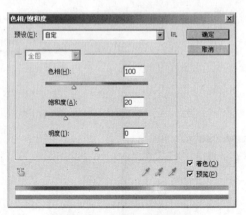

图6-85 调整色相/饱和度   图6-86 最终效果

6.4.3 曝光过度原稿的校正效果

要点：

　　本例将对一幅曝光过度的风景原稿进行处理。由于该图像太亮造成主要部分缺乏细节，图像层次主要集中于中间调及亮调区域，图像整体发白、发灰，树叶层次显得单薄，色彩饱和度不够。下面我们针对原稿这些问题来进行色调和色彩校正，如图6-87所示。通过本例学习应掌握通过色相/饱和度命令对单一颜色进行调整的使用。

原图   结果图

图6-87 曝光过度原稿的校正效果

操作步骤：

　　① 打开配套光盘中"素材及结果|6.4.3曝光过度原稿的校正效果|原图.tif"图像文件，如图6-87所示。

② 此类原稿校正的重点在中间调，下面通过"曲线"功能对其进行调节。执行菜单中的"图像｜调整｜曲线"命令，打开如图 6-88 所示的"曲线"对话框，"通道"处选择"RGB"总通道，然后在曲线中间位置设置一个控制点，加大中间调与暗调的密度，使原先的中调层次往暗调处转移，增大图像反差，单击"确定"按钮。经"曲线"调整后的图像效果如图 6-89所示，图片的层次与色彩饱和度都得到了一定改善。

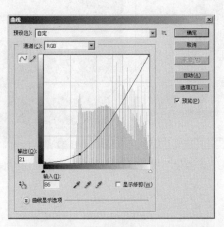

图 6-88　"曲线"对话框加大中间调与暗调的密度　　图 6-89　图像层次与色彩得到改善

③ 该图片主要是以绿色调为主，图中树叶的绿色鲜艳度不够，而溪流的蓝色饱和度也有所欠缺，需要进行颜色的修正。执行菜单中的"图像｜调整｜可选颜色"命令，打开如图 6-90所示的"可选颜色"对话框，它可以针对图像中的一些特殊专色进行调节。在"颜色"下拉列表中选择"绿色"，然后将绿专色中的相反色"洋红"稍微降低一些；接着，再选择"青色"，将青专色中的"青色"和"洋红"数值都稍微加大一些，如图 6-91 所示，单击"确定"按钮，效果如图 6-92 所示。

图 6-90　在"可选颜色"对话框中调节绿专色　　图 6-91　在"可选颜色"对话框中调节青专色

④这幅图像的细微层次极为丰富，为了更好地表现树叶和岩石的质感，下一步要增大清晰度。执行菜单中的"滤镜｜锐化｜USM 锐化"命令，打开如图 6-93 所示"USM 锐化"对

话框，将"阈值"设为10，"半径"设为0.5，"数量"设为80~100均可，单击"确定"按钮。从而忽略颗粒对图像的不利影响，使树叶间的微妙差别更为突出，最终完成的图像效果如图6-94所示。

图6-92　色彩校正后的效果　　　图6-93　设置"USM 锐化"参数　　　图6-94　校正完成的图像效果

6.4.4　分层的色阶处理

要点：

在图像处理中有一种常用的色彩处理特效，就是使图像的亮调部分与暗调部分分别呈现出不同的色彩倾向，这种根据图像的亮调与暗调区域进行分别设定的方法称为"分层的色阶处理"。本例将对一幅图像进行分层的色阶处理，如图6-95所示。通过本例学习应掌握对图像进行分层的色阶处理的方法。

原图　　　　　　　　　　　　　　　　结果图

图6-95　分层的色阶处理

操作步骤：

①　打开如图 6-95 所示的配套光盘中"素材及结果 | 6.4.4 分层的色阶处理效果 | 原图.tif"文件，执行菜单中的"图像 | 调整 | 去色"命令，该命令会将图像中的颜色信息转换为灰度效果，如图 6-96 所示。

②　下面先来增大灰度图像的对比度。执行菜单中的"图像 | 调整 | 色阶"命令，弹出如图 6-97 所示的"色阶"对话框，将"输入色阶"处的黑白三角都向里拖动，压缩图像的亮调与暗调区域，使图像对比度增大。调节完成后单击"确定"按钮，效果如图 6-98 所示。

　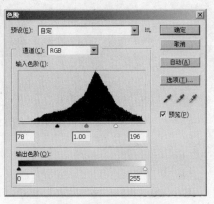　

图 6-96　图像转为灰度效果　　　　图 6-97　调整"色阶"参数　　　　图 6-98　图像对比度增大效果

③　开始进入填色阶段，先对图像的暗调区域进行填色。先将工具箱中的前景色设置为一种明亮的品红色（参考色值 RGB：210,8,200），然后执行菜单中的"编辑 | 填充"命令，在弹出的对话框中进行设置，如图 6-99 所示，将"混合"更改为"滤色"，"滤色"模式可以只针对图像的暗调区域进行填充。单击"确定"按钮，效果如图 6-100 所示，图像暗调区域被填充为明亮的品红色，而亮调区域保持为白色。

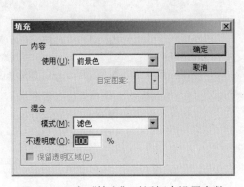　　

图 6-99　在"填充"对话框中设置参数　　　　图 6-100　图像暗调区域被填充为品红色

④ 下面需要对图像亮调区域进行填色，先来制作亮调的选区。执行菜单中的"窗口｜通道"命令，打开"通道"面板，观察"红"、"绿"、"蓝"3 个颜色通道，其中"绿"通道层次最好。按住〈Ctrl〉键单击面板中"绿"通道的缩略图，得到如图 6-101 所示的选区，选中的是图像的亮调区域。

图 6-101　得到"绿"通道的选区

⑤ 先将工具箱中的前景色设置为一种明亮的黄色（参考色值 RGB：250，236，106），然后执行菜单中的"编辑｜填充"命令，在弹出的对话框中进行设置，如图 6-102 所示，将"混合"更改为"正常"，设置完成后单击"确定"按钮，此时图像亮调区域被填充为明亮的黄色，而中间调区域由黄色和品红色混合而形成，效果如图 6-103 所示。

⑥ 利用这种简便的原理，可以为图像的亮调与暗调填充各种不同的颜色，例如图 6-104 便是应用黄蓝进行填色的图像效果。这种色彩效果在电影海报、音乐海报和 CD 盘封设计中应用广泛。

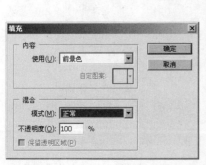

图 6-102　在"填充"对话框中设置参数　图 6-103　完成的效果图　图 6-104　应用黄蓝进行填色的效果

6.4.5　颜色匹配效果

要点：

本例将利用"匹配颜色"功能将一张照片匹配成另一张照片的颜色，如图 6-105 所示。通过本例学习应掌握利用菜单中"匹配颜色"命令来处理照片的方法。

原图 1　　　　　　　　　　原图 2　　　　　　　　　　结果图

图 6-105　颜色匹配

操作步骤：

①　打开配套光盘"素材及结果|6.4.5 颜色匹配效果|原图 1.jpg"图像文件，如图 6-105 所示。

②　利用"匹配颜色"命令，将"原图 1.jpg"图像文件匹配为"原图 2.jpg"图像文件的颜色。激活"原图 1.jpg"图像文件，执行菜单中的"图像|调整|匹配颜色"命令，弹出如图 6-106 所示的对话框。然后单击"来源"右侧下拉三角，从中选择"原图 2.jpg"，并调整其余参数，如图 6-107 所示，单击"确定"按钮，结果如图 6-108 所示。

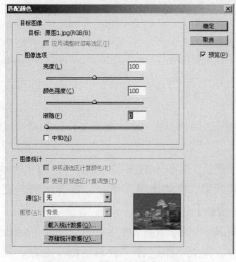　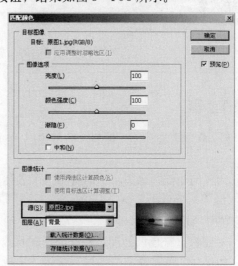

图 6-106　"匹配颜色"对话框　　　　　　　图 6-107　调整参数

图6-108　匹配颜色效果

6.4.6　静物图效果

要点：

　　本例将把一幅照片处理为水彩画效果，如图6-109所示。通过本例的学习，读者应
掌握图像调整中的色彩平衡、曲线和粗糙画笔滤镜的综合使用。

 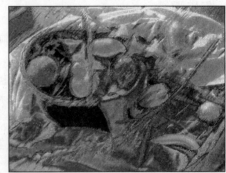

原图　　　　　　　　　　　　　　　　　　　　结果图

图6-109　静物图效果

 操作步骤

　　①　打开配套光盘中的"素材及结果|6.4.6 静物图效果|原图.jpg"图像文件，如图6-109
所示。

　　②　为了防止破坏原图，下面复制一个名称为"背景　副本"的图层，如图6-110所示。

　　③　制作蜡笔效果。执行菜单中的"滤镜|艺术效果|粗糙蜡笔"命令，在弹出的对话框
中设置参数，如图6-111所示，然后单击"确定"按钮。

　　④　对图像进行色调处理。确认当前图层为"背景　副本"层，然后单击"图层"面板下
方的 🖉（创建新的填充和调节图层）按钮。从弹出的下拉菜单中选择"色彩平衡"命令，接着
在"调整"面板中设置参数，如图6-112所示，单击"确定"按钮。此时，图层分布如
图6-113所示，结果如图6-114所示。

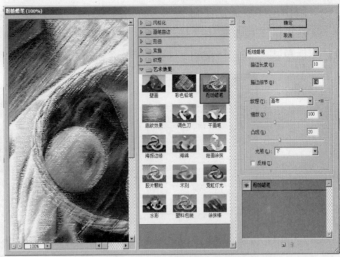

图 6-110　复制出"背景 副本"图层　　　　　图 6-111　设置"粗糙蜡笔"参数

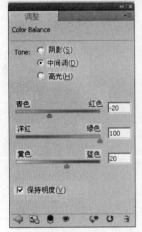

图 6-112　设置"色彩平衡"参数　　图 6-113　图层分布　　　图 6-114　"色彩平衡"效果

⑤ 将 RGB 图像转换为 CMYK 图像。执行菜单中的"图像|模式|CMYK 颜色"命令，在弹出的对话框中单击"不拼合"按钮，如图 6-115 所示，结果如图 6-116 所示。

图 6-115　单击"不拼合"按钮

图 6-116　转换为 CMYK 模式后的效果

⑥ 制作出印象派的绘画效果。单击"图层"面板下方的 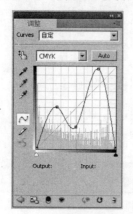（创建新的填充和调节图层）按钮，从弹出的下拉菜单中选择"曲线"命令，然后在弹出的对话框中设置参数，如图 6-117 所示，然后单击"确定"按钮。此时，图层分布如图 6-118 所示，结果如图 6-119 所示。

图 6-117　设置"曲线"参数　　　　　　　图 6-118　图层分布

图 6-119　最终效果

6.5　课　后　练　习

1．填空题

（1）_____命令，用于匹配不同图像之间、多个图层之间或者多个颜色选区之间的颜色，即将源图像的颜色匹配到目标图像上，使目标图像虽然保持原来的画面，却有与源图像相似的色调。使用该命令还可以通过更改亮度和色彩范围来调整图像中的颜色。

（2）_____命令，适用于由强逆光而形成剪影的照片，或者校正由于太接近相机闪光灯而有些发白的焦点。

2．选择题

（1）下列哪些选项属于整体色彩的快速调整的命令：（　　　　）

A．色阶　　　　　B．曲线　　　　　C．色相 / 饱和度　　　　　D．亮度 / 对比度

（2）下列哪些选项属于色调的精细调整的命令：（　　　　）

A．色阶　　　　　　B．曲线　　　　　　C．色相/饱和度　　　　　　D．亮度/对比度

3．问答题/上机题

（1）练习1：打开配套光盘"课后练习|6.5　课后练习|练习1|原图.jpg"图片，如图6-120所示。然后利用"色相/饱和度"命令，制作出如图6-121所示的效果。

（2）练习2：打开配套光盘"课后练习|6.5　课后练习|练习2|原图.jpg"图片，如图6-122所示。然后利用色彩调整的相关命令，制作出如图6-123所示的效果。

　　　图6-120　原图　　　　　　　　　　　　　　图6-121　结果图

　　　图6-122　原图　　　　　　　　　　　　　　图6-123　结果图

第7章

路 径

 本章要点

Photoshop CS4 是一个以编辑和处理位图图像为主的图像处理软件。同时为了应用的需要，也包含了一定的矢量图形处理功能，以此来协助位图图像的设计。路径是 Photoshop CS4 矢量设计功能的充分体现。用户可以利用路径功能绘制线条或曲线，并对绘制后的线条进行填充和描边，从而完成一些绘图工具所不能完成的工作。通过本章学习应掌握以下内容：

- 路径概述
- 路径面板
- 路径的创建和编辑
- 选择和变换路径
- 应用路径
- 创建路径形状

7.1　路径和图像概述

在 Photoshop CS4 中，路径功能是其矢量设计功能的充分体现。"路径"是指用户勾绘出来的、由一系列点连接起来的线段或曲线。可以沿着这些线段或曲线填充颜色，或者进行描边，从而绘制出图像。此外，路径还可以转换成选取范围。这些都是路径的重要功能。

图像有两种基本构成方式，一种是矢量图形；另一种是位图图像。对于矢量图形来说，路径和点是它的两个组成元素。路径指矢量对象的线条，点则是确定路径的基准。在矢量图像的绘制中，图像中每个点和点之间的路径都是通过计算自动生成的。在矢量图形中记录的是图像中每个点和路径的坐标位置。当缩放矢量图形时，实际上改变的是点和路径的坐标位置。当缩放完成时，矢量图依然是相当清晰的，没有马赛克现象。同时由于矢量图计算模式的限制，一般无法表达大量的图像细节，因此看上去色彩和层次上都与位图有一定的差距，感觉不够真实、缺乏质感。

与矢量图像不同，位图图像中记录的是像素的信息，整个位图图像是由像素构成的。位图图像不必记录烦琐复杂的矢量信息，而以每个点为图像单元的方式真实地表现自然界中任何画面。因此，通常用位图来制作和处理如照片等需要逼真效果的图像。但是随着位图图像的放大，马赛克的效果越来越明显，图像也变得越来越模糊。

7.2　路径面板

执行菜单中的"窗口|路径"命令，调出"路径"面板，如图 7-1 所示。由于还未编辑路径，此时在面板中没有任何路径内容。在创建了路径后，就会在"路径"面板中显示相应路径，如图 7-2 所示。

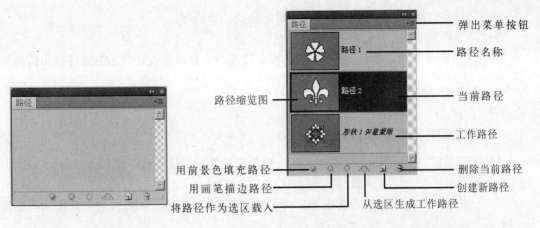

图 7-1 "路径"面板　　　　图 7-2 创建了路径后的"路径"面板

●路径缩览图：用于显示当前路径的内容。它可以迅速地辨识每一条路径的形状。

●弹出菜单按钮：单击此按钮，会弹出快捷菜单，如图 7-3 所示。从
　中可以选择相应的菜单命令。

●路径名称：便于在多个路径之间区分。如在新建路径时不输入新
　路径的名称，则Photoshop CS4 会自动一次命名为路径1、路径
　2、路径 3，依此类推。

●当前路径：选中某一路径后，则以蓝颜色显示这一路径。此时图
　像中只显示这一路径的整体效果。

●工作路径：是一种临时路径，名称以斜体字表示。当建立一个新
　的工作路径时，原有工作路径将被删除。

●用前景色填充路径：单击此按钮，Photoshop CS4 将以前景填
　充被路径包围的区域。

图 7-3 弹出的菜单

●用画笔描边路径：单击此按钮，可以按设置的绘图工具和前景色颜色沿着路径进行描边。

●将路径作为选区载入：单击此按钮，可以将当前路径转换为选区范围。

●从选区生成工作路径：单击此按钮，可以将当前选区转换为工作路径。

●创建新路径：单击此按钮，可以创建一个新路径。

●删除当前路径：单击此按钮，可以删除当前选中的路径。

7.3 路径的创建和编辑

右击工具箱中的 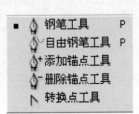（钢笔工具），将弹出路径工作组，如图 7-4 所
示。路径工作组中包含 5 个工具，它们的功能如下：

● 　（钢笔工具）：路径工具组中最精确的绘制路径工具，可以
　绘制光滑而复杂的路径。

● 　（自由钢笔工具）：类似于钢笔工具，只是在绘制过程中将自
　动生成路径。通常情况下，该工具生成的路径还需要再次编辑。

图 7-4 路径工作组

- 📝(添加锚点工具)：用于为已创建的路径添加锚点。
- 📝(删除锚点工具)：用于从路径中删除锚点。
- ▶(删除锚点工具)：用于将圆角锚点转换为尖角锚点或将尖角锚点转换为圆角锚点。

7.3.1 利用钢笔工具创建路径

1．使用钢笔工具绘制直线路径

"钢笔工具"是建立路径的基本工具，使用该工具可创建直线路径和曲线路径。下面使用钢笔工具绘制一个六边形，具体操作步骤如下：

① 新建一个文件，然后选择工具箱上的📝(钢笔工具)，此时钢笔工具选项栏如图7-5所示。

图7-5　钢笔工具选项栏

- 橡皮带：选中该复选框后，移动鼠标时光标和刚绘制的锚点之间会有一条动态变化的直线或曲线，表明若在光标处设置锚点会绘制什么样的线条，对绘图起辅助作用，如图7-6所示。
- 自动添加/删除：选中该复选框，当光标经过线条中部时指针旁会出现加号，此时单击可在曲线上添加一个新的锚点；当光标在锚点附近时指针旁会出现负号，此时单击会删除此锚点。

② 将光标移到图像窗口，单击确定路径起点，如图7-7所示。

③ 将光标移到要建立的第二个锚点的位置上单击，既可绘制连接第二个锚点与开始点的线段，再将鼠标移到第三个锚点的位置单击，结果如图7-8所示。

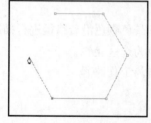 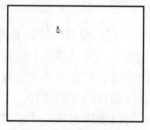 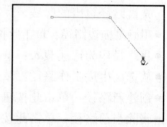

图7-6　选中"橡皮带"效果　　图7-7　确定路径起点　　图7-8　确定第三个锚点位置

④ 同理，绘制出其他线段，当绘制线段回到开始点时，在光标右下方会出现🖋图标，如图7-9所示，单击后封闭路径，如图7-10所示。

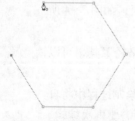 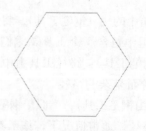

图7-9　封闭路径标志　　　　　图7-10　封闭路径效果

2．使用钢笔工具绘制曲线路径

使用"钢笔工具"除了可以绘制直线路径外，还可以绘制曲线路径，下面使用钢笔工具绘制一个心形，具体操作步骤如下：

① 选择工具箱上的 ![] (钢笔工具)，选中选项栏中的"橡皮带"复选框。

② 将光标移到图像窗口，单击确定路径起点。

③ 移动光标，在适当的位置单击，并不松开鼠标进行拖动，此时可在该锚点处出现一条有两个方向点的方向线，如图 7-11 所示，确定其方向后松开鼠标。

④ 同理，继续绘制其他曲线，当光标移到开始点上时单击封闭路径，结果如图 7-12 所示。

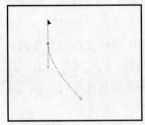

图 7-11　拉出方向线　　　　　　　图 7-12　绘制心形

3．连接曲线和直线路径

使用"钢笔工具"绘制路径时，常常需要既包括直线又包括曲线。将直线和曲线路径进行连接的具体操作步骤如下：

① 首先绘制一条曲线路径，如图 7-13 所示。

② 按住键盘上的〈Alt〉键，单击第二个锚点，此时它的一条方向线消失了，如图 7-14 所示。

③ 在合适的位置单击鼠标，即可创建直线路径，如图 7-15 所示。

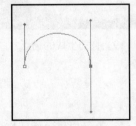
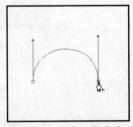
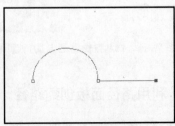

图 7-13　绘制曲线　　　图 7-14　去除一条方向线　　　图 7-15　创建直线路径

④ 按住键盘上的〈Alt〉键，单击第三个锚点即可出现方向线，如图 7-16 所示。

⑤ 在合适的位置单击并拖动鼠标，即可重新绘制出曲线，如图 7-17 所示。

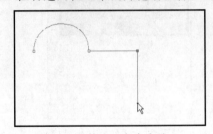
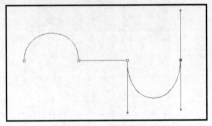

图 7-16　拉出一条方向线　　　　　　　图 7-17　重新绘制曲线

7.3.2　利用自由钢笔工具创建路径

"自由钢笔工具"的功能与"钢笔工具"基本相同，但是操作方式略有不同。"钢笔工具"是通过建立锚点而建立路径，"自由钢笔工具"是通过绘制曲线来勾绘路径，它会自动添加锚点。

使用自由钢笔工具绘制路径的具体操作步骤如下：

① 打开一个图像文件。

② 选择工具箱中的 ◊（自由钢笔工具），其选项栏如图 7-18 所示。

● 曲线拟合：用于控制路径圆滑程度，取值范围为 0.5～10 像素，数值越大，创建的路径锚点越少，路径也越圆滑。

● 磁性的：与"磁性套索工具"相似，也是通过选区边缘在指定宽度内的不同像素值的反差来确定路径，差别在于使用磁性钢笔生成的是路径，而"磁性套索工具"生成的是选区。

● 钢笔压力：在使用光笔绘图板时才起作用，当选中该复选框时，钢笔压力的增加将导致宽度减小。

③ 在图像工作区按住鼠标不放，沿图像的边缘拖动鼠标，此时将会自动生成锚点，结果如图 7-19 所示。

图 7-18　◊（自由钢笔工具）选项栏　　　　　　　图 7-19　自动生成的锚点

7.3.3　利用路径面板创建路径

通常用户建立的路径都被系统保存为工作路径，如图 7-20 所示。当用户在路径面板空白处单击鼠标取消路径的显示状态后，再次绘制新路径时，该工作路径将被替换，如图 7-21 所示。

图 7-20　工作路径　　　　　　　　　　图 7-21　工作路径被替换

　　为了避免这种情况的发生，在绘制路径前，可以单击路径面板下方的 ![]（创建新路径）按钮，创建一个新的路径。然后再使用 ![]（钢笔工具）绘制路径即可。

　　通常新建的路径被依次命名为"路径1"、"路径2"……，如果需要在新建路径时重命名路径，可以在按住〈Alt〉键的同时单击路径面板下方的 ![]（创建新路径）按钮，此时会弹出"新建路径"对话框，如图7－22所示。然后输入所需的名称，单击"确定"按钮，即可创建新的路径。

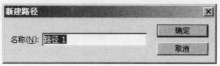

图 7－22　"新建路径"对话框

7.3.4　添加锚点工具

　　![]（添加锚点工具）用于在已创建的路径上添加锚点。添加锚点的具体操作步骤如下：

　　① 选择工具箱中的 ![]（添加锚点工具）。

　　② 将鼠标移到路径上所需添加锚点的位置，如图7－23所示。然后单击鼠标，即可添加一个锚点，如图7－24所示。

 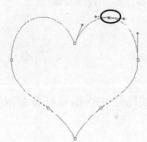

图 7－23　将鼠标移到路径上所需添加锚点的位置　　　　图 7－24　添加锚点的效果

7.3.5　删除锚点工具

　　![]（删除锚点工具）用于从路径中删除锚点。删除锚点的具体操作步骤如下：

　　① 选择工具箱中的 ![]（删除锚点工具）。

　　② 将鼠标移动到要删除锚点的位置，如图7－25所示。然后单击鼠标，即可删除一个锚点，如图7－26所示。

 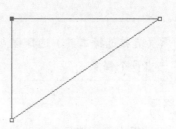

图 7－25　将鼠标移动到要删除锚点的位置　　　　图 7－26　删除锚点的效果

7.3.6 转换点工具

利用 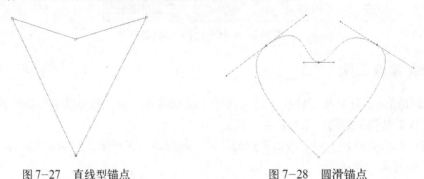（转换点工具），可以将一个两侧没有控制柄的直线型锚点，如图 7-27 所示，转换为两侧具有控制柄的圆滑锚点，如图 7-28 所示；或将圆滑锚点转换为直线型锚点。转换锚点的具体操作步骤如下：

① 选择工具箱中的 ▶（转换点工具）。

② 在直线型锚点上按住鼠标左键并拖动，可以将锚点转换为圆滑锚点；反之，在圆滑锚点上单击鼠标，则可以将该锚点转换成直线型锚点。

图 7-27　直线型锚点　　　　　　　　　　　图 7-28　圆滑锚点

7.4　选择和变换路径

初步建立的路径往往很难符合要求，此时可以通过调整锚点的位置和属性来进一步调整路径。

7.4.1 选择锚点或路径

1．选择锚点

在对已绘制完成的路径进行编辑操作时，往往需要选择路径中的锚点或整条路径。如果要选择路径中的锚点，只需选择工具箱中的 ▶（直接选择工具），然后在路径锚点处单击或框选即可。此时选中的锚点会变为黑色小正方形；未选中的锚点为空心小正方形，如图 7-29 所示。

图 7-29　选择锚点

> 💡 **提示**
>
> 　　利用 ▶（直接选择工具）选择锚点时，按住键盘上的〈Shift〉键的同时单击锚点，可以连续选中多个锚点。

2．选择路径

如果在编辑过程中需要选择整条路径，可以选择工具箱中的 ▶（选择工具），然后单击要选择的路径即可，此时路径上的全部锚点显示为黑色小正方形。

提示

　　如果当前使用的工具为 ▶️(直接选择工具)，无需切换到 ▶️(选择工具)，只需按住〈Alt〉键的同时单击路径，即可选中整条路径。

7.4.2 移动锚点或路径

　　1．移动锚点

　　要改变路径的形状，可以利用 ▶️(直接选择工具)单击锚点，当选中的锚点变为黑色小正方形时，按住鼠标左键拖动锚点即可移动锚点，从而改变路径的形状。

　　2．移动路径

　　选择工具箱中的 ▶️(选择工具)在要移动的路径上按住鼠标左键并进行拖动，即可移动路径。

7.4.3 变换路径

　　选中要变换的路径，执行菜单中的"编辑|自由变换路径"命令或执行菜单中的"编辑|变换路径"子菜单中的命令，即可对当前所选择的路径进行变换操作。

　　变换路径操作和变换选区操作一样，包括"缩放"、"旋转"、"透视"和"扭曲"等操作。执行变换路径命令后，其工具属性栏如图 7-30 所示。在该工具属性栏中可以重新定义其中的数值，以精确改变路径的形状。

| ▦ ▾ | ▦▦ X: 223.6 px | △ Y: 170.5 px | W: 100.0% | ⊗ H: 100.0% | △ 0.0 度 | H: 0.0 度 | V: 0.0 度 | 🗇 ⊘ ✔ |

图 7-30　变换路径时的工具属性栏

7.5 应 用 路 径

　　应用路径包括"填充路径"、"描边路径"、"删除路径"、"剪切路径"、"将路径转换为选区"和"将选区转换为路径"操作。

7.5.1 填充路径

　　对于封闭的路径，Photoshop CS4 还提供了用指定的颜色、图案、历史记录等对路径所包围的区域进行填充的功能，具体操作步骤如下：

　　① 首选选中要编辑的图层。然后在路径面板中选中要填充的路径。

　　② 单击路径面板右上角的小三角，或者按住键盘上的〈Alt〉键单击路径面板下方的 ⦿(用前景色填充路径)按钮，弹出如图 7-31 所示的"填充路径"对话框。

　　● 使用：设置填充方式，可选择使用前景色、背景色、图案、历史记录等。

　　● 模式：设置填充的像素与图层原来像素的混合模式，默认为"正常"。

　　● 不透明度：设置填充像素的不透明度，默认为 100%，即完全不透明。

● 保留透明区域：填充时对图像中的透明区域不进行填充。

● 羽化半径：用于设置羽化边缘的半径，范围是 0～255 像素。使用羽化会使填充的边缘过渡更为自然。

● 消除锯齿：在填充时消除锯齿状边缘。

③ 此时选择一种图案，羽化半径设为 10，如图 7-32 所示，单击"确定"按钮，结果如图 7-33 所示。

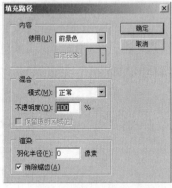

图 7-31 "填充路径"对话框

图 7-32 设置填充路径参数

图 7-33 填充路径效果

提示

填充路径时，如果当前图层处于隐藏状态，则 ◎（用前景色填充路径）按钮为不可用状态。

7.5.2 描边路径

"描边路径"命令可以沿任何路径创建绘画描边。具体操作步骤如下：

① 首先选中要编辑的图层。然后在路径面板中选中要描边的路径。

② 选择工具箱中的 ✐（画笔工具），单击路径面板右上角的小三角，或者按住键盘上的〈Alt〉键单击路径面板下方的 ◎（用画笔描边路径）按钮，弹出如图 7-34 所示的对话框。

● 工具：可在此下拉列表框中选择要使用的描边工具，如图 7-35 所示。

● 模拟压力：选中此复选框，则可模拟绘画时笔尖压力起笔时从轻到重，提笔时从重变轻的变化。

③ 此时选择"画笔"，单击"确定"按钮，结果如图 7-36 所示。

图 7-34 "描边路径"对话框   图 7-35 选择描边工具   图 7-36 描边后效果

7.5.3 删除路径

删除路径的具体操作步骤如下：

①　选中要删除的路径。

②　单击路径面板下方的 （删除当前路径）按钮，在弹出的如图 7-37 所示的对话框中单击"确定"按钮，即可删除当前路径。

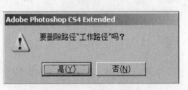

图 7-37　提示信息框

> 提示
>
> 　　按住〈Alt〉键的同时，单击 （删除当前路径）按钮，可以在不出现提示信息框的情况下删除路径。

7.5.4 剪贴路径

"剪贴路径"功能主要是制作印刷中的去背景效果。也就是说使用"剪贴路径"功能输出的图像插入到 InDesign 等排版软件中，路径之内的图像会被输出而路径之外的区域不进行输出。

使用"剪贴路径"的具体操作步骤如下：

①　在图像中绘制路径，如图 7-38 所示。

图 7-38　绘制路径

②　由于工作路径不能作为"剪贴路径"进行输出，下面将其转换为路径。在路径面板中双击工作路径的名称，在弹出的"存储路径"对话框中进行设置，如图 7-39 所示，单击"确定"按钮。

③　单击路径面板右上角的小三角，从弹出的快捷菜单中选择"剪贴路径"命令，然后在弹出的"剪贴路径"对话框中进行设置，如图 7-40 所示，单击"确定"按钮。

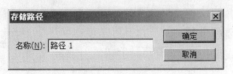

图 7-39　设置"存储路径"的名称

图 7-40　设置"剪贴路径"参数

④ 执行菜单中的"文件|存储"命令，将文件保存为"小兔子.tif"。

⑤ 启动 InDesign 软件，执行菜单中的"文件|置入"命令，置入"小兔子.tif"，结果如图 7-41 所示。

图 7-41　置入 InDesign 后效果

7.5.5　将路径转换为选区

在创建比较复杂的选区时，比如将物体从背景图像中抠出来，而物体和周围环境颜色又十分接近，使用魔棒等工具不易选取时，此时可以使用 ![钢笔] （钢笔工具）先沿着想要的选区的边缘进行比较精细的绘制，然后可以对路径进行编辑操作，在满意之后，再将其转换为选区。将路径转换为选区的具体操作步骤如下：

① 在路径面板中选中要转换为选区的路径，如图 7-42 所示。

② 单击路径面板右上角的小三角，从弹出的快捷菜单中选择"建立选区"命令，或者按住键盘上的〈Alt〉键，单击路径面板下方的 ![按钮] （将路径作为选区载入）按钮，弹出如图 7-43 所示的"建立选区"对话框。

图 7-42　选中要转换为选区的路径

图 7-43　"建立选区"对话框

- 羽化半径：用于设置羽化边缘的半径，范围是 0～255 像素。
- 消除锯齿：用于消除锯齿状边缘。
- 操作：可设置新建选区与原有选区的操作方式。

③ 单击"确定"按钮，即可将路径转换为选区，如图 7-44 所示。

7.5.6　将选区转换为路径

图 7-44　将路径转换为选区

Photoshop CS4 还可以将选区转换为路径。具体操作步骤如下：

① 选择要转换为路径的选区。

② 单击路径面板右上角的小三角，从弹出的快捷菜单中选择"建立工作路径"命令，或者按住键盘上的〈Alt〉键，单击路径面板下方的 ![按钮] （从选区生成工作路径）按钮，在弹出的对话框中进行设置，如图 7-45 所示，单击"确定"按钮，即可将选区转换为路径。

图 7-45　设置"建立工作路径"参数

7.6 创建路径形状

在工具箱中的形状工具上右击,将弹出如图 7-46 所示的形状工作组。运用这些工具可以快速创建矩形、圆角矩形和椭圆等形状图形。

图 7-46 形状工作组

7.6.1 利用矩形工具创建路径形状

使用□(矩形工具)可以绘制出矩形、正方形的路径或是形状,其选项栏如图 7-47 所示。

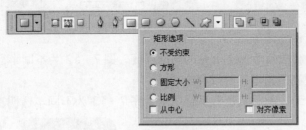

图 7-47 矩形工具选项栏

- □(形状图层):单击此按钮,绘制出的图形为形状,如图 7-48 所示。
- □(路径):单击此按钮,绘制出的图形为路径,如图 7-49 所示。

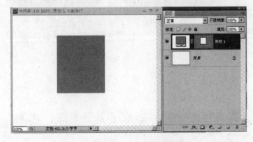

图 7-48 绘制形状

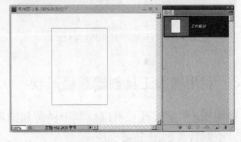

图 7-49 绘制路径

- □(填充像素):单击此按钮,绘制出的图形为普通的填充图形,如图 7-50 所示。

图 7-50 绘制填充图形

- 不受约束:可绘制出任意大小的矩形。
- 方形:可绘制出任意大小的正方形。

- 固定大小：在"W"中输入宽度，在"H"中输入高度，可绘出指定大小的矩形。
- 比例：在"W"和"H"中输入水平和垂直比例值，可绘制指定比例的矩形。
- 从中心：从中心开始绘制矩形。
- 对齐像素：使矩形边缘对齐像素。

7.6.2 利用圆角矩形工具创建路径形状

▢（圆角矩形工具）常用于绘制按钮，该工具选项栏中的选项与"矩形工具"基本相同，如图 7-51 所示。

图 7-51 圆角矩形工具选项栏

- 半径：用于控制圆角矩形 4 个角的圆滑程度，图 7-52 为不同半径的效果比较。
- 模式：用于控制圆角矩形的混合模式。
- 不透明度：用于控制圆角矩形不透明度，图 7-53 为不同不透明度的效果比较。

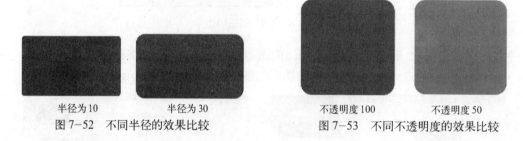

半径为 10　　　　　　半径为 30　　　　　　不透明度 100　　　　　不透明度 50

图 7-52 不同半径的效果比较　　　　　　图 7-53 不同不透明度的效果比较

7.6.3 利用椭圆工具创建路径形状

使用 ◯（椭圆工具）可以绘制出椭圆和圆形，其选项栏也和"矩形工具"类似，如图 7-54 所示，绘制效果如图 7-55 所示。

图 7-54 椭圆工具选项栏　　　　　　图 7-55 椭圆工具绘制效果

7.6.4 利用多边形工具创建路径形状

使用 ◯（多边形工具）可以绘制出正多边形，例如等边三角形、五角星和各种星形。其选项栏如图 7-56 所示。

- 半径：用于指定多边形的中心到外部点的距离。指定半径后可以按照固定的大小绘制。

图 7-56　多边形工具选项栏

- 平滑拐角：选中该复选框后，尖角会被平滑的圆角所替代，图 7-57 为选中"平滑拐角"前后的效果比较。
- 星形：选中该复选框，可以绘制星形。图 7-58 为选中"星形"复选框前后的效果比较。

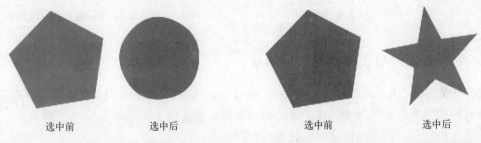

图 7-57　选中"平滑拐角"前后的效果比较　　　图 7-58　选中"星形"前后的效果比较

- 缩进边依据：指定缩进的大小和半径的百分比，范围是 1%～99%，图 7-59 为不同"缩进边依据"数值的效果比较。
- 平滑缩进：可以圆滑多边形的角，使绘制出的多边形的角更加柔和，图 7-60 为选中"平滑缩进"前后的效果比较。

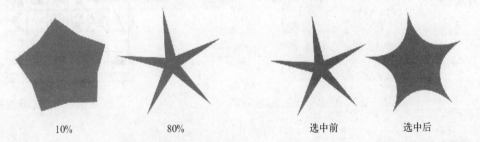

图 7-59　不同"缩进边依据"数值的效果比较　　　图 7-60　选中"平滑缩进"前后的效果比较

7.6.5　利用直线工具创建路径形状

使用 ＼（直线工具）可以绘制出直线、箭头的形状和路径。其选项栏如图 7-61 所示。
- 起点：可以在起点位置绘制箭头。
- 终点：可以在终点位置绘制箭头。
- 宽度：设置箭头宽度，范围为 100%～1000%。

● 长度：设置箭头的长度，范围为 10%～5000%。

● 凹度：设置箭头凹度，范围为 −50%～50%。

图 7-62 为不同设置的直线效果。

图 7-61　直线工具选项栏

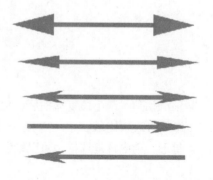

图 7-62　不同设置的直线效果

7.6.6　利用自定形状工具创建路径形状

（自定形状工具）可以绘制出各种 Photoshop CS4 预置的形状，如箭头、灯泡等，还可以将常用的图形定义为形状保存下来，便于使用。其选项工具栏如图 7-63 所示。

● 定义的比例：以形状定义时的比例绘制图形。

● 定义的大小：以形状定义时的大小进行绘制。

● 形状：单击"形状"右侧下拉列表，会弹出如图 7-64 所示的面板，从中可以选择需要的形状。单击右上角的小三角，从弹出的快捷菜单中还可以选择"载入形状"、"存储形状"、"复位形状"和"替换形状"命令。

图 7-63　自定形状工具选项栏

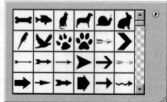

图 7-64　自定形状面板

7.6.7　保存形状路径

自定形状面板中的形状与笔刷一样，都可以文件形式保存起来，以便用户以后调用及共享。将形状进行保存的具体步骤是：单击自定形状面板右上角的 按钮，在弹出的快捷菜单中选择"存储形状"命令，然后在弹出的如图 7-65 所示的"存储"对话框"文件名"文本框中输入文件名称，单击"确定"按钮，即可保存该形状。

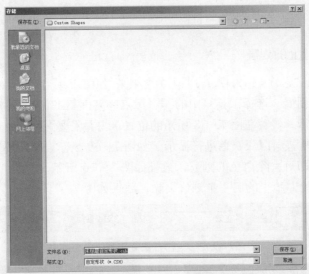

图 7-65　"存储"对话框

7.7　实 例 讲 解

本节将通过"照片修复效果"、"水晶苹果效果"、"卡通课程表效果"、"音乐海报效果"和"宣传海报效果" 5 个实例来讲解路径矢量图形在实践中的应用。

7.7.1　照片修复效果

要点：

本例将去除小孩的脸部的划痕，如图 7-66 所示。通过本例学习应掌握 和 的综合应用。

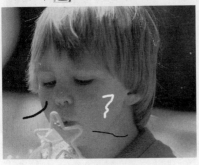
原图

结果图

图 7-66　照片修复

操作步骤：

1．去除人物左脸上的划痕

① 打开配套光盘"素材及结果|7.7.1 照片修复效果|原图.jpg"图片，如图7-66中左图所示。

② 去除白色的划痕。选择工具箱中的 （污点修复画笔工具），然后在其属性栏中设置参数，如图7-67所示。接着在图7-68所示的位置单击并沿要去除的白色划痕拖动鼠标，此时拖动的鼠标拖动的轨迹会以深灰色进行显示，如图7-69所示。当将要去除的白色划痕全部遮挡住后松开鼠标，即可去除白色的划痕，效果如图7-70所示。

③ 同理，将人物左脸上的另一条划痕去除，结果如图7-71所示。

图7-67 设置（污点修复画笔工具）参数

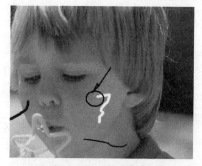
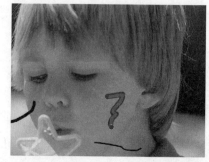

图7-68 单击鼠标　　　　　　图7-69 将要去除的白色划痕全部遮挡住

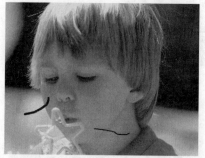

图7-70 去除白色的划痕效果　　　　图7-71 去除蓝色划痕效果

④ 去除人物脖子处的划痕。选择工具箱中的 （污点修复画笔工具），然后在其属性栏中设置参数，如图7-72所示。接着在图7-73所示的位置单击并沿要去除的划痕拖动鼠标，此时拖动的鼠标拖动的轨迹会以深灰色进行显示，如图7-74所示。当将要去除的白色划痕全部遮挡住后松开鼠标，即可去除划痕，效果如图7-75所示。

2．去除人物右脸上的划痕

① 利用工具箱中的 （钢笔工具）沿脸的轮廓绘制路径，如图7-76所示。

图7-72 设置（污点修复画笔工具）参数

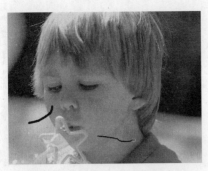

图 7-73　单击鼠标

图 7-74　将要去除的划痕全部遮挡住

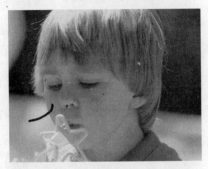

图 7-75　去除脖子处的划痕效果

图 7-76　沿脸的轮廓绘制路径

②　在路径面板中单击面板下方的 <u>　　</u>（将路径作为选区载入）按钮，如图 7-77 所示，将路径转换为选区，结果如图 7-78 所示。

图 7-77　单击 <u>　</u>（将路径作为选区载入）按钮

图 7-78　将路径转换为选区

③　选择工具箱中的 <u>　</u>（仿制图章工具），按住键盘上的〈Alt〉键，吸取脸部黑色划痕周围的颜色，然后对脸部黑色划痕进行涂抹，直到将脸部黑色划痕完全修饰掉，结果如图 7-79 所示。

④　按〈Ctrl+D〉组合键取消选区，然后在路径面板中单击工作路径，从而在图像中重新显示出路径。接着利用工具箱中的 <u>　</u>（直接选择工具）移动路径锚点的位置，如图 7-80 所示。

　提示

此时一定不要移动沿脸部轮廓绘制的锚点。

图 7-79　去除右脸上的划痕

图 7-80　调整路径锚点的位置

⑤　在路径面板中单击面板下方的 （将路径作为选区载入）按钮，将路径转换为选区。然后利用工具箱中的 （仿制图章工具），按住键盘上的〈Alt〉键，吸取黑色划痕周围的颜色。接着松开鼠标，对脸部以外的黑色划痕进行涂抹，直到将黑色划痕完全去除，结果如图 7-81 所示。

⑥　按〈Ctrl+D〉组合键取消选区，然后双击工具箱中的 （抓手工具）满屏显示图像，最终效果如图 7-82 所示。

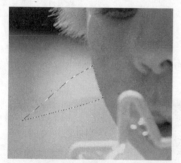

图 7-81　将脸部以外的黑色划痕去除

图 7-82　最终效果

7.7.2　水晶苹果效果

要点：

本例将制作一个水晶苹果，如图 7-83 所示。通过本例学习应掌握图层、通道、路径、滤镜的综合应用。

图 7-83　水晶苹果

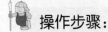 **操作步骤：**

① 执行菜单中"文件 | 新建"（〈Ctrl+N〉组合键）命令，在弹出的"新建"对话框中设置参数，如图 7-84 所示，然后单击"确定"按钮，新建一个图像文件。

② 确定前景色为蓝色（RGB：0，0，255），然后按〈Alt+Delete〉组合键，用前景色填充，结果如图 7-85 所示。

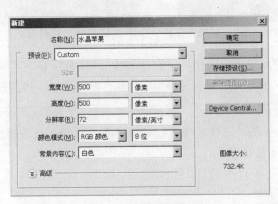

图 7-84 设置新建参数

图 7-85 用蓝色填充背景

③ 执行菜单中的"滤镜 | 渲染 | 光照效果"命令，在弹出的对话框中进行设置，如图 7-86 所示，单击"确定"按钮，结果如图 7-87 所示。

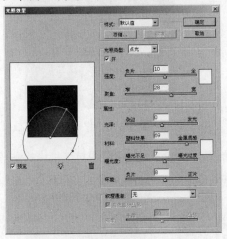

图 7-86 设置"光照效果"参数

图 7-87 光照效果

④ 选择工具箱上的 （椭圆选框工具），按住〈Shift〉键，绘制一个正圆形选区，结果如图 7-88 所示。

⑤ 单击路径面板下方的 （从选区生成工作路径）按钮，将圆形选区转换为路径，结果如图 7-89 所示。然后利用工具箱上的 （直接选择工具）调整锚点的位置，使之成为苹果的形状。接着单击路径面板下方的 （将路径转换为选区）按钮，结果如图 7-90 所示。

图 7-88　绘制正圆形选区

图 7-89　将圆形选区转换为路径

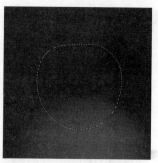
图 7-90　将路径转换为选区

⑥　保持选区，在背景层上执行菜单中的"图像|调整|色相/饱和度"（〈Ctrl+U〉组合键）命令，在弹出的对话框中进行设置，如图 7-91 所示，单击"确定"按钮，结果如图 7-92 所示。

提示

> 将背景的色相/饱和度与亮度提高一点。这样可以为完成后的苹果增加点通透的感觉，同时也方便在做以后几步时看清苹果的轮廓。

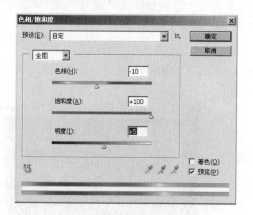
图 7-91　设置"色相/饱和度"参数

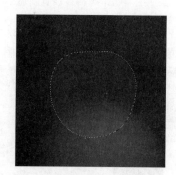
图 7-92　调整"色相/饱和度"后效果

⑦　继续保持选区，执行菜单中的"选择|存储选区"命令，在弹出的对话框中进行设置，如图 7-93 所示，单击"确定"按钮，此时通道中会产生一个 Alpha1 通道，如图 7-94 所示。

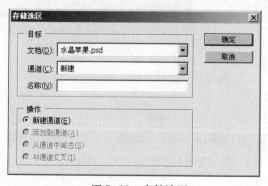
图 7-93　存储选区

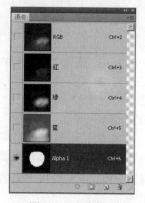
图 7-94　通道面板

⑧ 回到图层面板，新建"图层 1"。然后选择工具箱中的 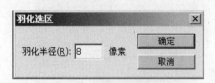（套索工具），沿苹果轮廓的边缘做出选区，结果如图 7-95 所示。然后右击，在弹出的菜单中选择"羽化"命令，接着在弹出的对话框中进行设置，如图 7-96 所示，单击"确定"按钮。

图 7-95　创建选区

图 7-96　设置羽化选区参数

⑨ 执行菜单中的"选择 | 载入选区"命令，在弹出的对话框中进行设置，如图 7-97 所示，单击"确定"按钮，结果如图 7-98 所示。

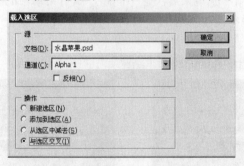

图 7-97　载入选区

图 7-98　"载入选区"效果

⑩ 调节前景色为 RGB：150，150，180，然后按〈Alt+Delete〉组合键，用前景色填充选区，结果如图 7-99 所示。

⑪ 同理，创建其余选区，然后调节前景色为 RGB：230，230，230，接着按〈Alt+Delete〉组合键，用前景色填充选区，结果如图 7-100 所示。

图 7-99　用前景色填充选区

图 7-100　创建并填充其余选区

⑫ 选择工具箱上的 （椭圆选框工具）绘制一个椭圆。接着选择 （画笔工具）在选区中随意画些白点。最后执行菜单中的"滤镜 | 扭曲 | 水波"命令，在弹出的对话框中进行设置，如图 7-101 所示，单击"确定"按钮，结果如图 7-102 所示。

提示
此时需要有些耐心，多试几次。

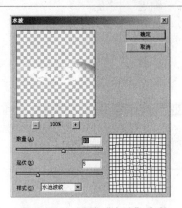

图 7-101　设置"水波"参数

图 7-102　"水波"效果

⑬　此时水波有些生硬，下面通过"模糊"滤镜来解决这个问题。执行菜单中的"滤镜|
模糊|高斯模糊"命令，在弹出的对话框中进行设置，如图 7-103 所示，单击"确定"按钮，
结果如图 7-104 所示。

⑭　选择工具箱上的 ◊ (钢笔工具)，勾出苹果柄的轮廓，结果如图 7-105 所示。

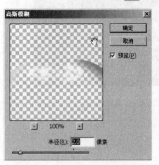

图 7-103　设置"高斯模糊"参数

图 7-104　"高斯模糊"效果

图 7-105　勾出苹果柄的轮廓

⑮　单击路径面板下方的 ◻ (将路径转换为选区) 按钮，将路径转换为选区。

⑯　新建"图层 2"。然后右击，在弹出的菜单中选择"描边 (Stroke)"命令，在弹出的
对话框中进行设置，如图 7-106 所示，单击"确定"按钮。接着使用 ✐ (画笔工具) 在"图层
2"中画上几条白线，结果如图 7-107 所示。

图 7-106　设置"描边"参数

图 7-107　"描边"效果

⑰ 执行菜单中的"滤镜|模糊|高斯模糊"命令，在弹出的对话框中进行设置，如图7-108所示，单击"确定"按钮，结果如图7-109所示。

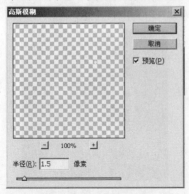

图7-108　设置"高斯模糊"参数　　　　图7-109　"高斯模糊"效果

⑱ 选择工具箱上的 ✎ (钢笔工具)，勾出高光轮廓，结果如图7-110所示。然后单击路径面板下方的 ◎ (将路径转换为选区) 按钮，将路径转换为选区。接着选择工具箱上的 ■ (渐变工具)，渐变色为 ▨ (前景色到透明)。

⑲ 新建"图层3"，在选区内从左向右拉渐变，结果如图7-111所示。

⑳ 新建"图层4"，选择 ✎ (画笔工具)，设置笔头为 ▨ 画笔: ▨ 。然后在"图层4"上单击，从而创建几个反光点，结果如图7-112所示。

图7-110　勾出高光轮廓　　　图7-111　对高光区域进行渐变处理　　　图7-112　创建反光点

㉑ 在"图层4"上执行菜单中的"滤镜|模糊|高斯模糊"命令，在弹出的对话框中进行设置，如图7-113所示，单击"确定"按钮，结果如图7-114所示。

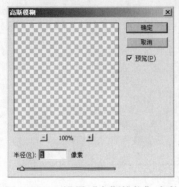

图7-113　设置"高斯模糊"参数　　　　图7-114　对反光点进行模糊处理

㉒　新建"图层 5"，再添加一些细节，结果如图 7-115 所示。

㉓　选择工具箱上的 T（横排文字工具），设置字体为 Monotype Corsiva，字号为 36 点，字色为白色，然后在画面上输入文字"Apple"，结果如图 7-116 所示。

图 7-115　添加一些细节　　　　　　　　　　图 7-116　输入文字

㉔　制作文字透视效果。单击 ♨（创建文字变形）按钮，在弹出的对话框中进行设置，如图 7-117 所示，单击"确定"按钮，结果如图 7-118 所示。

图 7-117　设置变形参数　　　　　　　　　　图 7-118　变形效果

㉕　新建"图层 6"。然后创建一个椭圆选区并羽化 20，接着用 RGB：30,180,235 填充选区，最后再旋转一下作为苹果的光影，最终结果如图 7-119 所示。

图 7-119　添加光影效果

7.7.3 卡通课程表效果

要点：

本例将制作一个卡通课程表效果，如图 7-120 所示。这是一个非常典型的图像退底的案例。在课程表的图像设计中，难点是要将卡通图形进行退底操作，其中包括带有丰富曲线的卡通猫和四肢极其纤细的小蜜蜂，因此，最理想的解决方案是采用精确的选取方式—— 钢笔工具和快速蒙版相结合，可以快速而精确地实现复杂图形的退底处理。本例的另一个重要知识点是简单表格的绘制，需要熟练地掌握 Photoshop CS4 中的图形工具和快速复制的方法。通过本例学习应掌握路径和快速蒙版的综合应用。

图 7-120 卡通课程表效果

操作步骤：

① 执行菜单中的"文件｜打开"命令，打开配套光盘""素材及结果｜7.7.3 卡通课程表效果｜原图 2.tif"文件，如图 7-121 所示。

② 下面需要制作出图中所有卡通动物图形的选区，然后将它们贴入新的背景图中。先来制作猫的选区，由于该图形边缘包含大量的曲线，因此采用钢笔工具来绘制选区。先放大帽子部分，然后选择工具箱中的 ⬚（钢笔工具），在其选项栏内单击 ⬚（路径）按钮，沿着帽子边缘绘制曲线路径（关于钢笔工具的具体使用方法请参看"7.3.1 利用钢笔工具创建路径"）。在绘制的过程中，还可以选用工具箱中的 ⬚（直接选择工具）调节锚点和两侧的方向线，如图 7-122 所示。

图 7-121 配套光盘中提供的素材"原图 2.tif"　　图 7-122 沿着帽子边缘绘制曲线路径

③ 在绘制路径的过程中，当曲线碰到转折时，可按住〈Alt〉键单击锚点将一侧方向线去除，如图 7-123 所示，然后继续向下设置锚点时，可以不受上一条曲线方向的影响，这是绘制曲线路径常用的一个小技巧。沿着卡通猫的图形边缘绘制一圈路径，最后再单击第一个锚点，使路径首尾闭合，如图 7-124 所示。

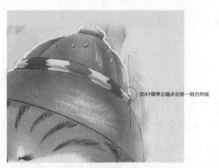

图 7-123　按住〈Alt〉键单击锚点将一侧方向线去除　图 7-124　沿着卡通猫的图形边缘绘制一圈路径

　　④ 执行菜单中的"窗口｜路径"命令，调出"路径"面板，将绘制完成的路径存储为"路径 1"。然后在 ⬙（钢笔工具）选项栏内单击 ▣（从路径区域减去）按钮，继续应用 ⬙（钢笔工具）绘制猫与摄影机之间的背景形状，它们会自动从整体路径轮廓中减去，如图 7-125 所示。

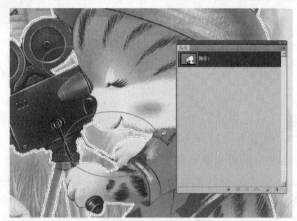

图 7-125　将中间的背景部分从整体路径中减去

　　⑤ 在路径面板中单击并拖动"路径 1"到面板下方的 ▢（将路径作为选区载入）图标上，将路径转换为浮动选区。然后执行菜单中的"文件｜打开"命令，打开配套光盘"素材及结果｜7.7.3 卡通课程表效果｜原图 1.tif"文件。接着选择工具箱中的 ⬙（移动工具）将选区内的图形拖动到如图 7-126 所示的"原图 1.tif"文件中，在"图层面板"中自动生成"图层 1"。接着，按键盘上的〈Ctrl+T〉组合键应用"自由变换"命令，按住〈Shift〉键拖动控制框边角的手柄，使图像进行等比例缩放并将其移动到如图 7-127 所示画面下部位置。

图 7-126　配套光盘中提供的素材"原图 1.tif"

图 7-127　将动物图像拖动到风景图中，并进行等比例放缩

⑥　下面要制作四肢极其纤细的小蜜蜂的选区，这是本例的一个难点，为了精细地对该图形进行退底，我们选用"快速蒙版"的方式来选取。选中"原图 2.tif"，放大左下角蜜蜂图形所在的局部，然后选择工具箱中的 □（矩形选框工具），制作如图 7-128 所示的矩形选区。接着，单击工具箱下部 ◎（以快速蒙版模式编辑）按钮，进入快速蒙版编辑状态，矩形外的图像区域被一层半透明的浅红色覆盖，如图 7-129 所示。

图 7-128　绘制一个小矩形

图 7-129　进入快速蒙版编辑状态

⑦　选择工具箱中的 ✐（画笔工具），将前景色设置为黑色，如图 7-130 所示打开笔刷面板，在其中先设置一个稍大一些的笔刷，然后沿着蜜蜂的外边缘粗略地涂画，涂出的区域都变为了半透明的浅红色。现在单击工具箱下方的 ◎（以标准模式编辑）按钮，转换到普通的选区状态，这时会发现，刚才用黑色涂过的区域使选区形状发生了改变，矩形选区向内减小了一部分，如图 7-131 所示。

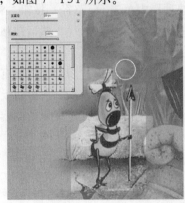

图 7-130　沿着蜜蜂的外边缘先粗略地修改蒙版

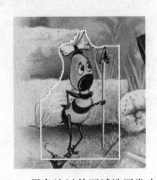

图 7-131　黑色涂过的区域选区发生了改变

⑧ 再次单击工具箱下方的 （以快速蒙版模式编辑）
按钮，进入快速蒙版编辑状态，然后不断改变笔刷点的大
小，用黑色逐渐修改蒙版的形状，使半透明的红色逐渐覆
盖除蜜蜂之外周围的背景。对于触角这样极细的区域，可
进一步放大后，选用半径为1像素的极小笔刷进行涂画，以
得到如图7-132所示的效果。

图7-132　用极小笔刷处理触角部分

提示

如果有的局部画多了，可将前景色设为白色，然后用画笔工具涂画进行修改。

⑨ 经过精细的描绘之后，得到如图7-133所示的快速蒙版状态，单击工具箱下部 （以
标准模式编辑）按钮，转换到普通的选区状态。同理，请读者自己制作另一只蜜蜂图形的选
区，然后将两只蜜蜂都用 （移动工具）直接拖动到"原图1.tif"文件中，放到相应的位置。
效果如图7-134所示。

图7-133　制作完成的蒙版效果　　图7-134　将选出的两只蜜蜂图形都贴入背景图中

⑩ 执行菜单中的"文件｜新建"命令。打开"新建"对话框，在其中进行设置，如图7-135
所示，单击"确定"按钮，新创建"课程表结果图.psd"文件。然后，将工具箱中的前景色
设置为深蓝色（参考色值RGB：46,78,42），按键盘上的〈Alt+Delete〉组合键，将图像背景
填充为深蓝色。

⑪ 选择工具箱中的 （圆角矩形工具），在其选项栏内单击 （路径）按钮，将"半径"
设置为50像素，然后在蓝色背景中绘制如图7-136所示的圆角矩形路径，然后在路径面板中
单击下方的 （将路径作为选区载入）图标，将路径转换为浮动选区。

⑫ 回到"原图1.tif"文件中，执行菜单中的"图层｜拼合图像"命令，将所有图层合并
为一层，然后按〈Ctrl+A〉组合键全选，再按〈Ctrl+C〉组合键将其复制到剪贴板中。接下
来，选中"课程表结果图.psd"文件，按〈Shift+Ctrl+V〉组合键将刚才复制的内容粘贴到选
区内，效果如图7-137所示。

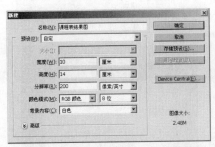  

图7-135　新创建一个文件　　图7-136　绘制圆角矩形路径 图7-137 将复制的图像贴入选区内

⑬ 下面需要调整贴入图像的位置与大小。按键盘上的〈Ctrl+T〉组合键应用"自由变换"命令，然后按住〈Shift〉键拖动控制框边角的手柄，使图像等比例缩小，并将其移动到如图7-138所示画面位置，但注意图像下部并不放到圆角矩形选区的边缘（而是稍微靠上一些的位置），图像底部仍然保持90°直角。最后，按键盘上的〈Enter〉键或双击鼠标确认。

图7-138　调整贴入图像的位置与大小，但注意图像底部仍然保持90°直角

⑭ 单击"图层"面板下方的 █ （创建新图层）按钮创建"图层2"，然后选用工具箱中的 █ （矩形工具），在其工具选项栏内单击 █ （填充像素）按钮，参照图7-139所示的位置绘制红色（参考颜色数值RGB：232,35,35）矩形。

⑮ 接着，在"图层"面板中按住〈Ctrl〉键单击"图层2"名称前的缩略图，得到红色矩形的选区，然后执行菜单中的"选择｜修改｜收缩"命令，在弹出的对话框中进行设置，如图7-140所示，将矩形选区向内收缩50像素，单击"确定"按钮。最后，将缩小后的矩形选区填充为白色，如图7-141所示。

图 7-140　将矩形选区向内收缩 50 像素

图 7-139　绘制红色矩形

图 7-141　将缩小后的矩形选区填充为白色

⑯　同理，将缩小后的矩形选区再向内收缩 20 像素，然后执行菜单中的"编辑｜描边"命令，在弹出的对话框中进行设置，如图 7-142 所示，描边颜色为红色（参考颜色数值 RGB：232,35,35），单击"确定"按钮，得到如图 7-143 所示的红色线框效果。

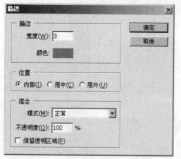

图 7-142　"描边"对话框

图 7-143　使矩形选区再次向内收缩，并描边为红色

⑰　课程表内部还要绘制表格状的线条，选用工具箱中的 ＼（直线工具），在其选项栏内单击 □（填充像素）按钮，将"粗细"设置为 3 像素，然后参照图 7-144 所示效果，绘制出交错的表格线条。

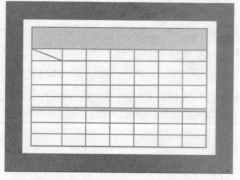

图 7-144　绘制出交错的表格线条

⑱　在课程表四周还需要添加一圈黄色的装饰几何形，通过快速复制和翻转等方法来制作，首先我们先制作出第一个几何形单元。创建"图层3"，然后选用工具箱中的 ▢（矩形工具），在其工具选项栏内单击 ▫（填充像素）按钮，参照图7-145所示的位置和大小绘制黄色（参考颜色数值RGB：252,225,16）矩形。接着，执行菜单中的"编辑|变换|斜切"命令，如图7-146所示，向左拖动控制框上部中间的控制手柄，使矩形变形为平行四边形。

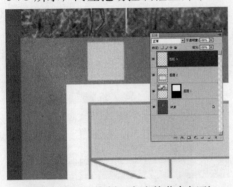

图7-145　绘制一个小的黄色矩形　　图7-146　通过"斜切"命令将矩形变形为平行四边形

⑲　下面开始进行单元复制。利用 ▶（选择工具）配合〈Alt〉键向右拖动这个平行四边形（拖动的过程中按住〈Shift〉键可保持水平对齐），得到一个复制单元。同理，再复制出一个平行四边形，如图7-147所示排列。此时在"图层"面板中自动生成了图层3的两个副本层，按〈Shift〉键将"图层3"及两个副本层都选中，按〈Ctrl+E〉组合键将它们合并为一层。接下来，选择 ▶（选择工具）再按住〈Alt〉和〈Shift〉键向右拖动这3个平行四边形，如图7-148所示，得到一组（3个）复制单元。

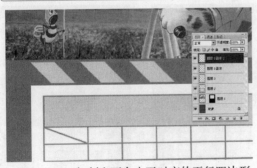

图7-147　复制出两个水平对齐的平行四边形　　图7-148　再复制出一组（3个）平行四边形

⑳　执行菜单中的"编辑|变换|水平翻转"命令，使右侧复制出的一组平行四边形水平翻转，得到如图7-149所示效果。现在的图层关系如图7-150所示，按〈Shift〉键将"图层3"及其副本层都选中，按〈Ctrl+E〉组合键将它们合并为一层，仍然命名为"图层3"。

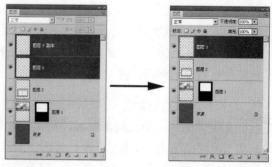

图 7-149　将复制出的（3 个）平行四边形进行水平翻转　　图 7-150　拼合图层

㉑　选择"图层 3"，利用 ▸ （选择工具）配合〈Alt〉键向下拖动 6 个平行四边形（拖动的过程中按住〈Shift〉键可保持垂直对齐），将复制单元置于图 7-151 所示位置。然后，执行菜单中的"编辑｜变换｜垂直翻转"命令，使表格下部复制出的一组平行四边形进行垂直翻转，得到如图 7-152 所示效果。

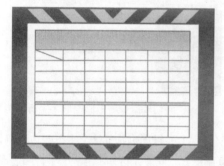

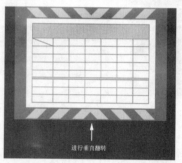

图 7-151　再向下复制出一组（6 个）平行四边形　图 7-152　将复制出的（6 个）平行四边形进行垂直翻转

㉒　根据同样的复制原理，参照图 7-153 请读者自己制作出课程表两侧纵向排列的图形。现在缩小画面，来看一看全图的效果，如图 7-154 所示。

最后，选择工具箱中的 T （横排文字工具），输入文本"syllsbus"（字体字号等读者可根据自己喜好进行设置）。课程表案例制作完成，最后的效果如图 7-155 所示。

图 7-153　添加两侧纵向排列的复制图形　　图 7-154　表格绘制完成后的全图效果　　图 7-155　制作完成的课程表效果图

7.7.4 音乐海报效果

要点：

本例将制作一张音乐海报效果，如图 7-156 所示。通过本例学习应掌握钢笔工具、文本工具和渐变工具的综合应用。

图 7-156 音乐海报效果

操作步骤：

① 执行菜单中的"文件 | 新建"命令，打开"新建"对话框，在其中进行设置，如图 7-157 所示，单击"确定"按钮，新创建"音乐海报.psd"文件。然后，将工具箱中的前景色设置为蓝色（参考色值 RGB：0,132,180），按键盘上的〈Alt+Delete〉组合键，将图像背景填充为蓝色。

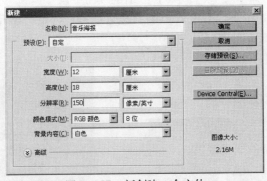

图 7-157 新创建一个文件

② 下面先从简单的形状入手，选择工具箱中的 （钢笔工具），在其选项栏内单击 （路径）按钮，沿着画面下部边缘绘制建筑物群外轮廓路径（关于钢笔工具的具体使用方法请参看本书"7.3 路径的创建和编辑"的内容）。然后，执行菜单中的"窗口 | 路径"命令调出"路径"面板，将绘制完成的路径存储为"路径 1"，如图 7-158 所示。该形状主要以直线路径为主，只在屋顶处有略微的曲线变化。在绘制的过程中，还可以选用工具箱中的 （直接选择工具)调节锚点和两侧的方向线，如图 7-159 所示。

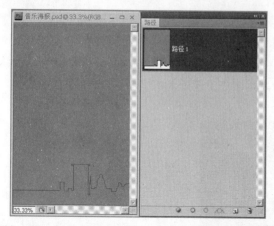

图 7-158　沿着画面下部边缘绘制建筑物群外轮廓路径　　　图 7-159　调节锚点和两侧的方向线

③　在路径面板中单击并拖动"路径 1"到面板下方的
▣（将路径作为选区载入）图标上，将路径转换为浮动选区。
然后打开"图层"面板，新建"图层 1"，将工具箱中的前景
色设置为深蓝色（参考色值 RGB：0，80，126），按键盘上的
〈Alt+Delete〉组合键，选区被填充为深蓝色，在画面底端形
成剪影的效果，如图 7-160 所示。

④　画面左侧需要画一个面积较大的话筒图形，也是该
海报中的主体图形，先来勾勒出它的外形并填色。选择工具
箱中的 ✎（钢笔工具），参照图 7-161 所示形状绘制出闭合路
径（存储为"路径 2"），此段路径包含大量的曲线，在绘制
路径的过程中，当曲线碰到转折时，可按住〈Alt〉键单击
锚点将一侧方向线去除，如图 7-162 所示，然后继续向下设

图 7-160　将建筑物填充为深蓝色，
在画面底端形成剪影的效果

置锚点时，可以不受上一条曲线方向的影响，这是绘制曲线路径常用的一个小技巧。

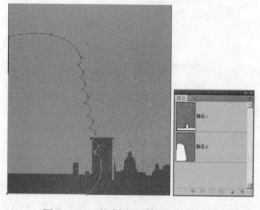
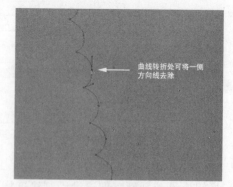

图 7-161　绘制出话筒图形闭合路径　　　图 7-162　按住〈Alt〉键单击锚点可将一侧方向线去除

⑤　"路径 2"首尾闭合之后，在路径面板中单击并拖动"路径 2"到面板下方的 ▣（将
路径作为选区载入）图标上，将路径转换为浮动选区。

⑥ 在"图层"面板中新建"图层2"，然后选择工具箱中的 ▣.(渐变工具)，在选项栏内单击 ▣▣▣.按钮，在弹出的"渐变编辑器"对话框中设置从"深蓝—天蓝—淡蓝"的三色渐变，如图7-163所示，颜色请读者自己选定，单击"确定"按钮，接下来在话筒图形选区内应用如图7-164所示的线性渐变。

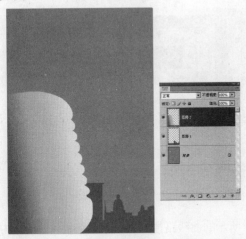

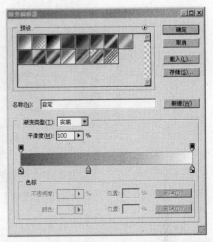

图7-163 在"渐变编辑器"中设置三色渐变　　图7-164 在"图层2"中应用三色线性渐变

⑦ 在"图层"面板中新建"图层3"，选择工具箱中的 ▨.(钢笔工具)，参照图7-165所示形状绘制出两个闭合路径（存储为"路径3"），将"路径3"转换为选区后，填充为一种深蓝灰色（参考色值RGB：70,120,160），如图7-166所示。

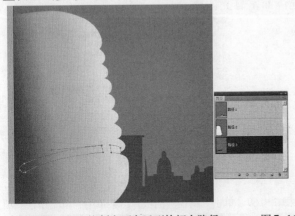

图7-165 绘制出两个弧形的闭合路径　　图7-166 将"路径3"转换为选区后，填充为一种深蓝灰色

⑧ 在保持选区存在的情况下，选择工具箱中的 ▸(移动工具) 按住〈Alt〉键向左上方拖动鼠标，将条状图形复制出一份。同理，继续复制并依照图7-167所示效果向上平行排列，形成话筒上的棱状起伏。

 提示

所有复制出的条状图形都位于"图层3"上。

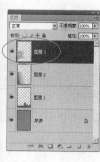

图 7-167　将条状图形复制并平行排列，形成话筒上的棱状起伏

⑨　在话筒的底部区域再绘制出如图 7-168 所示的曲线路径（存储为"路径 4"），单击"路径"面板右上角弹出菜单中的"填充路径"项，如图 7-169 所示，打开如图 7-170 所示的"填充路径"对话框，在其中可以设置由路径直接填充颜色的参数，而不需要再转换为选区。单击"确定"按钮后，路径中被自动填充为深蓝灰色（参考色色值 RGB：70，120，160），如图 7-171 所示。

⑩　同理，再添加顶部图形并填充为深蓝灰色（此处不再累述），效果如图 7-172 所示，从而使底部和顶部这些曲线图形将话筒变得饱满而富有立体感。

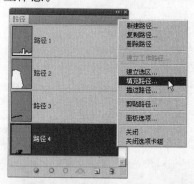

图 7-168　在话筒的底部区域绘制出曲线路径　　　图 7-169　单击"路径"面板弹出菜单中"填充路径"项

图 7-170　在"填充路径"对话框中　　图 7-171　话筒底部图形填色　　图 7-172　顶部图形添加
设置参数　　　　　　　　　　后的效果　　　　　　　　后的效果

⑪ 在"图层"面板中新建"图层 5"和"图层 6",利用 ▨(钢笔工具)绘制出如图 7-173 所示的纵向长条,将"图层 5"和"图层 6"置于"图层 3"下面,到此步骤为止,一个概括的话筒图形绘制完成。

⑫ 执行菜单中的"文件│打开"命令,打开如图 7-174 所示的配套光盘"素材及结果│7.7.4 音乐海报效果│爵士乐手轮廓.tif"文件。然后打开"路径"面板,该文件中已事先保存了一个爵士乐手的剪影路径,接着利用工具箱中的 ▨(路径选择工具)将画面中的路径人形全部圈选中,再直接拖入"音乐海报.psd"文件之中,如图 7-175 所示。最后按键盘上的〈Ctrl+T〉组合键应用"自由变换"命令,按住〈Shift〉键拖动控制框边角的手柄,使路径进行等比例缩放并将其移动到如图 7-176 所示画面位置。

图 7-173 一个概括的话筒图形绘制完成

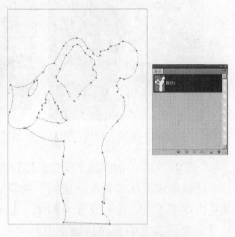

图 7-174 爵士乐手轮廓.tif

图 7-175 将路径人形拖入"音乐海报.psd"文件之中

图 7-176 调整路径大小和位置

⑬ 在"图层"面板中新建"图层 7",将"图层 7"移到"图层 1"下面。然后单击"路径"面板右上角弹出菜单中的"填充路径"项,将路径直接填充为一种蓝灰色(参考色值 RGB:0,120,162),爵士乐手以剪影的形式映在背景天空之中,效果如图 7-177 所示。

⑭ 下面制作从画面底端城市中放射出的光柱效果。新建"图层 8",利用 ▨(钢笔工具)

绘制出如图 7-178 所示闭合路径，作为放射型光线的光柱外形。然后，在"路径"面板中单击并拖动光柱路径到下方的 ⬭（将路径作为选区载入）图标上，将路径转换为浮动选区。

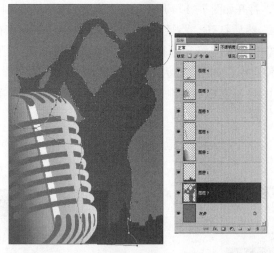

图 7-177　新建"图层 7"，填充路径　　　　图 7-178　绘制放射型光线的闭合路径

⑮　选中工具箱中的 ▬（渐变工具），在选项栏内单击 ▬▬▬ 按钮，在弹出的"渐变编辑器"对话框中设置从"黄色—透明"的渐变，如图 7-179 所示，单击"确定"按钮。然后在选项栏内将"不透明度"设置为 30%，接着由下及上在光柱图形选区内应用如图 7-180 所示的线性渐变。黄色的光线从城市中射向夜空，逐渐消失在深蓝的背景色里。

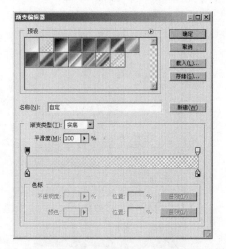

图 7-179　在"渐变编辑器"中设置渐变颜色　　图 7-180　黄色的光线从城市中射向夜空

⑯　在"图层 8"中再绘制出两条逐渐变窄的光柱图形，填充相同的渐变。半透明的渐变图形重叠形成了光线逐渐扩散的效果，如图 7-181 所示。接下来，将"图层 8"复制一份，按键盘上的〈Ctrl+T〉组合键应用"自由变换"命令，拖动图形逆时针旋转一定角度并将其移动到如图 7-182 所示画面位置，形成一条倾斜放射状的光柱。

图7-181　再绘制两条稍窄的光柱图形并填充渐变　　图7-182　将"图层8"复制一份并旋转一定角度

⑰　最后一步，添加海报的标题文字，该海报的文字被设计为沿弧形排列的形式，需要先输入文字，再进行曲线变形。选择工具箱中的 T（横排文字工具），单击操作窗口的中央位置输入文字"Music Festival"，分两行错开排列。然后执行菜单中的"窗口｜字符"命令，调出"字符"面板，在其中设置"字体"为"Arial Black"，"字体大小"为48pt、"行距"为45pt，效果如图7-183所示。

⑱　在文本工具的选项栏内单击 ⚁（创建文字变形）按钮，在弹出的"变形文字"对话框中进行设置，如图7-184所示，在"样式"下拉列表中选择"扇形"，这种变形方式可以让文字沿扇形的曲面进行排列，单击"确定"按钮，得到如图7-185所示效果。

图7-183　输入文字分两行错开排列

图7-184　"变形文字"对话框中设置变形参数

图7-185　文字沿扇形的曲面进行排列

⑲　下面继续进行文字的艺术化处理，填充渐变并添加投影。选中文本层，单击"图层"面板下部 ∱.（添加图层样式）按钮，在弹出式菜单中选择"渐变叠加"项，然后在弹出的"图层样式"对话框中设置如图7-186所示的参数（渐变色为"浅蓝—白色"的线性渐变）。接着在对话框左侧列表中再单击"投影"项，设置如图7-187所示的参数。最后，单击"确定"按钮，标题文字效果如图7-188所示。

⑳　至此，这张音乐节海报制作完成，因为海报图形中包含了丰富的直线与曲线形，读者可以在制作过程中全面地了解与熟悉Photoshop强大的路径功能。最后的效果如图7-189所示。

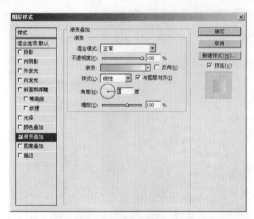 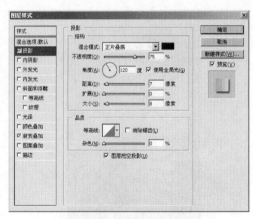

图 7-186　设置"渐变叠加"参数　　　　　　图 7-187　设置"投影"参数

图 7-188　标题文字效果　　　　　　　图 7-189　最后完成的效果图

7.7.5　宣传海报效果

要点：

　　本例将制作猎豹穿越画面的效果，如图 7-190 所示。通过本例的学习，读者应掌握钢笔工具绘制路径、加深减淡工具、选区工具和动感模糊滤镜的综合应用。

风景　　　　　　　　　　　豹子　　　　　　　　　　　结果图

图 7-190　金钱豹穿越效果

操作步骤：

　　① 执行菜单中的"文件|新建"命令，在弹出的对话框中设置参数，如图 7-191 所示，然后单击"确定"按钮。

② 将前景色设为 RGB：150，150，150 的颜色，背景色设成白色 (RGB：255，255，255)，然后选择工具箱中的 （渐变工具），渐变类型为 （线性渐变），渐变色为前景色到背景色，接着从画面的右上角画到左下角进行渐变，结果如图 7-192 所示。

图 7-191　设置"新建"参数　　　　　图 7-192　线性渐变后的效果

③ 进入"路径"面板，单击"路径"面板下方的 （创建新路径）按钮，建立了一个工作路径，然后双击工作路径名称，将该路径命名为"翻边"。接着选择工具箱中的 （钢笔工具），类型选择 ☑（路径），在画面上画出路径，并通过 ☑（直接选择工具）适当调整路径，使其形成纸的翻边状，结果如图 7-193 所示。此时，"路径"面板如图 7-194 所示。

图 7-193　绘制翻边状路径　　　　　图 7-194　"路径"面板的分布

④ 将路径命名为"翻边"。然后单击"路径"面板上的 ☑（将路径作为选区载入）按钮，并且单击"路径"面板上的"翻边"路径以外的灰色区域，以便使路径不显示。此时，路径如图 7-195 所示，"翻边"路径层为灰色，结果显示如图 7-196 所示。

图 7-195　"路径"面板　　　　　图 7-196　显示效果

⑤ 进入"图层"面板，新建"翻边"图层，如图 7-197 所示。

⑥ 将前景色设置成 25% 的灰度，按〈Alt+Delete〉组合键进行前景色填充，画面如图 7-198 所示。按〈Ctrl+D〉组合键取消选择。

图 7-197 新建"翻边"图层

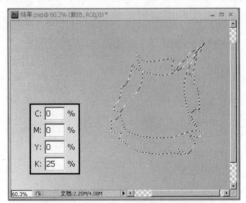

图 7-198 用 25% 的灰度填充

⑦ 新建路径，并将其命名为"内阴影"，然后使用 （钢笔工具）绘制出路径，如图 7-199 所示。此时，路径面板显示如图 7-200 所示。

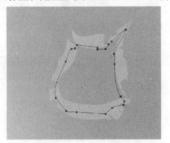

图 7-199 绘制路径

图 7-200 "路径"面板分布

提示

边缘不必详细，只要能盖过翻边就可以了。

⑧ 单击"路径"面板下方的 ◎（将路径作为选区载入）按钮，并且单击"路径"面板上的"内阴影"路径以外的灰色区域，以便使路径不显示，结果如图 7-201 所示。

⑨ 新建"内阴影"图层，如图 7-202 所示。然后将前景色设置为 RGB：60,110,130 的颜色，接着按〈Alt+Delete〉组合键进行前景色填充，结果如图 7-203 所示。最后按〈Ctrl+D〉组合键取消选择。

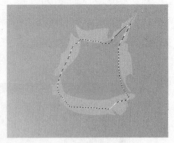

图 7-201 将路径作为选区载入

⑩ 选择"翻边"图层，使用工具箱中的 ◎（加深工具）和 ◢（减淡工具），在翻边上涂抹，结果如图 7-204 所示。

⑪ 同理，在"内阴影"图层的翻边上涂抹，结果如图 7-205 所示。

图 7-202　新建"内阴影"图层

图 7-203　用前景色填充

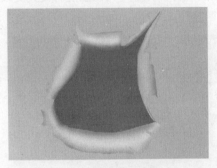

图 7-204　在"翻边"图层涂抹翻边

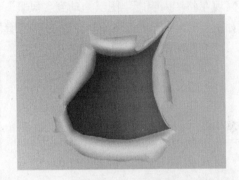

图 7-205　在"内阴影"图层的翻边上进行涂抹

⑫　执行菜单中的"文件|打开"命令，打开"素材及结果|7.7.5　宣传海报效果|风景.jpg"文件，如图 7-190 所示。

⑬　选择工具箱中的 （移动工具），将风景图片拖动到画面上合适的位置，如图 7-206 所示。然后将其命名为"风景"，此时，"风景"图层在"图层"面板中的位置，如图 7-207 所示。

图 7-206　将风景图片拖动到画面上合适的位置

图 7-207　"图层"面板分布

⑭　按住〈Ctrl〉键单击"内阴影"图层，从而载入该图层的选区，然后按〈Ctrl+Shift+I〉组合键，反选选区，接着按〈Delete〉键，将选区以外的部分删除，结果如图 7-208 所示。

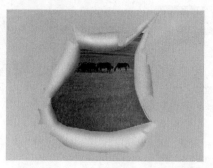

图 7-208　将选区以外的部分删除

⑮　现在将"内阴影"图层拖动到"风景"图层的上方，并且将其图层混合模式更改为"叠加"，如图 7-209 所示，从而将画面的风景增加了"阴影"效果，如图 7-210 所示。

图 7-209　将图层混合模式更改为"叠加"

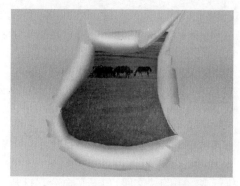

图 7-210　增加的阴影效果

⑯　执行菜单中的"文件|打开"命令，打开"素材及结果|7.7.5　宣传海报效果|豹子.jpg"图片文件，如图 7-190 所示。

⑰　选择 （钢笔工具），将猎豹的轮廓画出来，并使用 （直接选择工具）进行适当调整，如图 7-211 所示。

⑱　单击"路径"面板下方的 （将路径作为选区载入）按钮，从而将路径转换为选区，结果如图 7-212 所示。

图 7-211　绘制出猎豹的轮廓

图 7-212　将路径转换为选区

⑲　按〈Ctrl+C〉组合键进行复制，然后回到刚才的画面上，按〈Ctrl+V〉组合键进行粘贴，结果如图 7-213 所示。接着将"猎豹"图层的名称更改为"豹子"，此时，图层分布如图 7-214 所示。

图 7-213　粘贴后的效果

图 7-214　图层分布

⑳　执行菜单中的"编辑|变换|水平翻转"命令，结果如图 7-215 所示。

㉑　按〈Ctrl+T〉组合键，将猎豹的图片放大，然后使用 （移动工具）将其移动到合适的位置，结果如图 7-216 所示。

图 7-215　水平翻转后的效果

图 7-216　将猎豹放大并放置到适当的位置

㉒　制作猎豹的幻影效果。将"豹子"图层拖动到 （创建新图层）按钮上多次，从而复制出多个"豹子"图层。然后分别改变这些图层的不透明度，并且利用 （移动工具）将其拖动到合适的位置，此时，图层如图 7-217 所示。结果如图 7-218 所示。

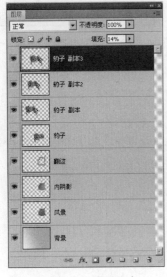

图 7-217　图层分布

图 7-218　复制图层并调整不透明度效果

㉓ 确定当前图层为"豹子 副本3"，按住〈Ctrl〉键单击"内阴影"图层，从而载入它的选区，如图7-219所示。

㉔ 制作猎豹的穿越效果。按〈Ctrl+Shift+I〉组合键反选选区，然后选择工具箱中的 （橡皮擦工具），擦除豹子选区以外的后半部分，结果如图7-220所示。接着按〈Ctrl+D〉组合键取消选区。

图7-219　载入 "内阴影"图层选区　　　图7-220　擦除豹子选区以外的后半部分

㉕ 拖动图层"豹子 副本3"到 （创建新图层）按钮上，从而得到一个新图层，然后将其命名为"模糊"，并将其图层拖动到"豹子"图层的下面，如图7-221所示。

㉖ 执行菜单中的"滤镜|模糊|动感模糊"命令，在弹出的对话框中进行设置，如图7-222所示，单击"确定"按钮，结果如图7-223所示。

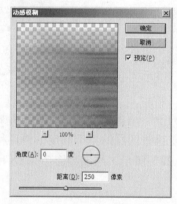

图7-221　新建"模糊"图层　图7-222　设置"动感模糊"参数　　图7-223　"动感模糊"效果

㉗ 最后加入文字和一些装饰性线条，最终结果如图7-224所示。

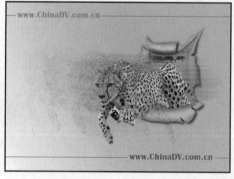

图7-224　最终效果

7.8　课后练习

1．填空题

（1）使用_____功能输出的图像插入到 InDesign 等排版软件中，路径之内的图像会被输出而路径之外的区域不进行输出。

（2）路径工作组包括_____、_____、_____、_____和_____5 种工具。

2．选择题

（1）在单击 ⊙（将路径作为选区载入）按钮的时候，按住键盘上的（　　）键，可以弹出"建立选区"对话框。

A．Alt　　　　　　B．Ctrl　　　　　　C．Shift　　　　　　D．Ctrl+Shift

（2）在使用 ✎（钢笔工具）时，按住（　　）键可切换到 ▶（直接选择工具），此时选中路径片断或者锚点后可以直接调整路径。

A．Alt　　　　　　B．Ctrl　　　　　　C．Shift　　　　　　D．Ctrl+Shift

3．问答题／上机题

（1）简述剪贴路径的使用方法。

（2）练习 1：利用配套光盘"课后练习 | 7.8 课后练习 | 练习 1 | 原图 .jpg"图片，如图 7-225 所示，制作出图 7-226 所示的艺术相框效果。

图 7-225　原图　　　　　　　　　　　　　图 7-226　结果图

（3）练习 2：利用配套光盘"课后练习 | 7.8 课后练习 | 练习 2 | 原图 1.jpg"和"原图 2.jpg"图片，如图 7-227 所示，制作出图 7-228 所示的翻页效果。

图 7-227　素材图　　　　　　　　　　　　图 7-228　结果图

第 8 章

滤 镜

 本章要点

滤镜是 Photoshop 最重要的功能之一，使用滤镜可以很容易地创建出非常专业的效果。滤镜的功能虽然强大，使用方法却非常简单。Photoshop 中的所有滤镜名称都列在滤镜菜单的各个子菜单中，使用这些命令即可启动相应的滤镜功能。通过本章学习应掌握以下内容：

- 直接使用滤镜
- 在单独的滤镜对话框中应用滤镜
- 使用滤镜库
- Photoshop CS4 普通滤镜
- Photoshop CS4 特殊滤镜

8.1 直接应用滤镜

如果滤镜命令后没有符号"…"，表示该滤镜不需要进行任何参数设置，使用这种滤镜时，系统会直接将滤镜效果应用到当前图层中，而不会出现任何对话框。

8.2 在单独的滤镜对话框中应用滤镜

如果滤镜命令后有符号"…"，表示在使用滤镜时，系统会弹出一个对话框，并要求设置一些选项和参数。其中某些滤镜会弹出下面将要讲到的"滤镜库"，在其中可以设置一系列的滤镜效果，而其余的则会弹出单独的滤镜选项对话框，用户可在对话框中设置该滤镜的选项和参数。

8.3 使用滤镜库

使用"滤镜库"可以在同一个对话框中添加并调整一个或多个滤镜，并按照从下往上的顺序应用滤镜效果，"滤镜库"的最大特点就是在应用和修改多个滤镜时，效果非常直观，修改非常方便。下面就来具体讲解"滤镜库"的功能及其应用。

8.3.1 认识滤镜库

执行菜单中的"滤镜|滤镜库"命令，弹出如图8-1所示的对话框。从该对话框中可以看出，滤镜库只是将众多的（并不是所有的）滤镜集合到该对话框中，通过打开某一个滤镜序列并单击相应命令的缩略图，即可对当前图像应用该滤镜，应用该滤镜后的效果将显示在左侧"预览区"中。

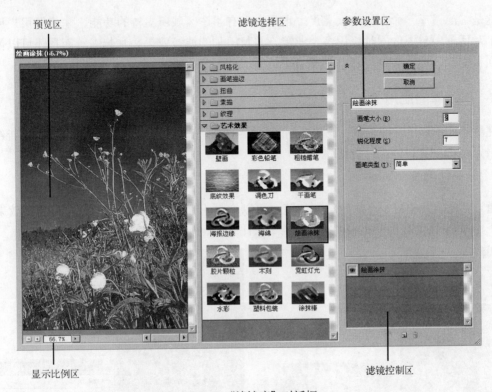

图8-1 "滤镜库"对话框

滤镜库对话框中各个区域的作用如下：

1．预览区

在该区域中显示添加当前滤镜后的图像效果。当鼠标放置到该区域时，鼠标指针会自动变为 （抓手工具），此时按住并拖动鼠标，可以查看图像的其他部分。

按住〈Ctrl〉键， （抓手工具）会切换为 （放大）工具，此时在预览区单击鼠标左键，即可放大图像的显示；按住〈Alt〉键， （抓手工具）会切换为 （缩小）工具，此时在预览区单击鼠标左键，即可缩小图像的显示。

2．滤镜选择区

该区域中显示的是已经被集成的滤镜，单击各滤镜序列的名称即可将其展开，并显示出该序列中包含的滤镜命令，单击相应命令的缩略图即可应用该滤镜。

单击滤镜选择区右上角的 按钮，可以隐藏该区域，以扩大预览区，从而更加明确地观看应用滤镜后的效果。再次单击该按钮，可重新显示滤镜选择区。

3．参数设置区

在该区域中可以设置当前已选命令的参数。

4．显示比例区

在该区域中可以调整预览区中图像的显示比例。

5．滤镜控制区

这是"滤镜库"命令的一大亮点，正是由于有了该区域所支持的功能，才使得用户可以在一个对话框中对图像同时应用多个滤镜，并将添加的滤镜效果叠加起来，而且还可以像在图层面板中修改图层的顺序那样调整各个滤镜层的顺序。

8.3.2 滤镜库的应用

在滤镜库中选择一种滤镜，滤镜控制区将显示该滤镜，单击滤镜控制区下方的 ▣ （新建效果图层）按钮，将新添加一种滤镜。

1．多次应用同一滤镜

通过在滤镜库中应用多次同样的滤镜，可以增加滤镜对图像的作用效果，使滤镜效果更加显著。图 8-2 为应用一次和多次滤镜的效果比较图。

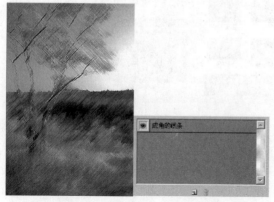

应用一次滤镜效果

应用多次滤镜效果

图 8-2　应用一次和多次滤镜的效果比较图

2．应用多个不同滤镜

如果要在滤镜库中应用多个不同的滤镜，可以在滤镜控制区中单击滤镜的名称，然后单击滤镜控制区下方的 ▣ （新建效果图层）按钮，新添加一种滤镜。接着在滤镜选择区中单击要应用的滤镜命令，即可将当前选中的滤镜修改为新的滤镜。图 8-3 为同时应用多个不同滤镜的效果。

3．调整滤镜顺序

滤镜效果列表中的滤镜顺序决定了当前图像的最终效果，因此当这些滤镜的应用顺序发生变化时，最终得到的图像效果也会发生变化。图 8-4 为改变滤镜顺序后的效果。

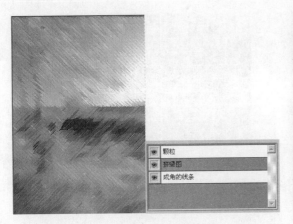

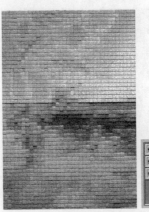

图 8-3　同时应用多个不同滤镜的效果　　　　图 8-4　改变滤镜顺序后的效果

8.4　使用 Photoshop CS4 普通滤镜

Photoshop CS4 内置了 14 种普通滤镜，分别位于"滤镜"菜单下的 14 个子菜单中，下面就来具体讲解这些滤镜的效果。

8.4.1　"风格化"滤镜组

"风格化"滤镜组通过置换像素和通过查找并增加图像的对比度，在选区中生成绘画或印象派的效果。该类别滤镜命令位于"滤镜"菜单的"风格化"子菜单中，包括 9 种滤镜，其中只有"照亮边缘"滤镜可以在滤镜库中使用。下面就来介绍常用的几种。

1．扩散

"扩散"滤镜可以搅乱图像中的像素，使图像产生一种不聚焦的感觉。图 8-5 为执行菜单中的"滤镜 | 风格化 | 扩散"命令前后的效果比较图。

扩散前　　　　　　　　　　　　　　　　扩散后

图 8-5　执行"扩散"命令的前后效果比较图

2．拼贴

"拼贴"滤镜可以将图像分解为多个拼贴块，并使每块拼贴作一定偏移。图 8-6 为执行菜单中的"滤镜 | 风格化 | 拼贴"命令前后的效果比较图。

拼贴前   拼贴后

图 8-6　执行"拼贴"命令的前后效果比较图

3．曝光过度

"曝光过度"滤镜用于模拟在显影过程中将照片短暂曝光的效果。该滤镜没有选项对话框。图 8-7 为执行菜单中的"滤镜｜风格化｜曝光过度"命令前后的效果比较图。

曝光过度前   曝光过度后

图 8-7　执行"曝光过度"命令的前后效果比较图

4．查找边缘

"查找边缘"滤镜可以查找并用黑色线条勾勒图像的边缘。该滤镜没有选项对话框。图 8-8 为执行菜单中的"滤镜｜风格化｜查找边缘"命令前后的效果比较图。

 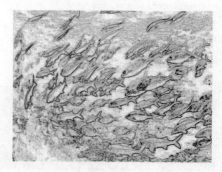

查找边缘前   查找边缘后

图 8-8　执行"查找边缘"命令的前后效果比较图

5．浮雕效果

"浮雕效果"滤镜通过勾画图像或选区的轮廓和降低周围色值来产生浮雕效果。图 8-9 为执行菜单中的"滤镜｜风格化｜浮雕效果"命令前后的效果比较图。

浮雕效果前

浮雕效果后

图 8-9　执行"浮雕效果"命令的前后效果比较图

6．照亮边缘

"照亮边缘"滤镜可以查找图像中的边缘，并沿边缘添加霓虹灯式的光亮效果。图 8-10 为执行菜单中的"滤镜｜风格化｜照亮边缘"命令前后的效果比较图。

照亮边缘前

照亮边缘后

图 8-10　执行" 照亮边缘"命令的前后效果比较图

7．风

"风"滤镜用于模拟风吹的效果。图 8-11 为执行菜单中的"滤镜｜风格化｜风"命令前后的效果比较图。

执行"风"命令前

执行"风"命令后

图 8-11　执行" 风"命令的前后效果比较图

8.4.2　"画笔描边"滤镜组

"画笔描边"滤镜组位于"滤镜"菜单的"画笔描边"子菜单中，包括 8 种滤镜，全部都可以在滤镜库中使用。下面就来介绍常用的几种。

1．成角的线条

"成角的线条"滤镜可以分别使用两种角度的线条来绘制图像的明亮区域和阴暗区域。图8-12为执行菜单中的"滤镜│画笔描边│成角的线条"命令前后的效果比较图。

成角的线条前　　　　　　　　　　　　　成角的线条后

图8-12　执行"成角的线条"命令的前后效果比较图

2．墨水轮廓

"墨水轮廓"滤镜通过用纤细的线条重绘图像来模拟钢笔画风格。图8-13为执行菜单中的"滤镜│画笔描边│墨水轮廓"命令前后的效果比较图。

墨水轮廓前　　　　　　　　　　　　　墨水轮廓后

图8-13　执行"墨水轮廓"命令的前后效果比较图

3．喷溅

"喷溅"滤镜用于模拟喷枪的效果。图8-14为执行菜单中的"滤镜│画笔描边│喷溅"命令前后的效果比较图。

喷溅前　　　　　　　　　　　　　喷溅后

图8-14　执行"喷溅"命令的前后效果比较图

8.4.3　"模糊"滤镜组

"模糊"滤镜组用于柔化图像，该类别滤镜命令位于"滤镜"菜单的"模糊"子菜单中，包括11种滤镜，全部都不可以在滤镜库中使用。下面就来介绍常用的几种。

1．动感模糊

"动感模糊"滤镜类似于给移动物体拍照。图8-15为执行菜单中的"滤镜｜模糊｜动感模糊"命令前后的效果比较图。

动感模糊前　　　　　　　　　　　　　　　　　　动感模糊后

图8-15　执行"动感模糊"命令的前后效果比较图

2．高斯模糊

"高斯模糊"滤镜可利用高斯曲线的分布模式，有选择地模糊图像。图8-16为执行菜单中的"滤镜｜模糊｜高斯模糊"命令前后的效果比较图。

高斯模糊前　　　　　　　　　　　　　　　高斯模糊后

图8-16　执行"高斯模糊"命令的前后效果比较图

3．径向模糊

"径向模糊"滤镜是一种比较特殊的模糊滤镜，它可以将图像围绕一个指定的圆心，沿着圆的圆周或半径方向模糊产生模糊效果。图8-17为执行菜单中的"滤镜｜模糊｜径向模糊"命令前后的效果比较图。

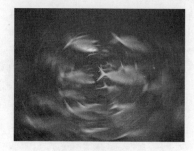

径向模糊前　　　　　　　　　　　　　　径向模糊后

图8-17　执行"径向模糊"命令的前后效果比较图

8.4.4 "扭曲"滤镜组

"扭曲"滤镜组可以将图像进行各种几何扭曲，该类别滤镜命令位于"滤镜"菜单的"扭曲"子菜单中，包括 13 种滤镜。其中"玻璃"、"扩散亮光"和"海洋波纹"滤镜可以在滤镜库中使用。下面就来介绍常用的几种。

1．波浪

"波浪"滤镜可以按照指定类型、波长和波幅的波来扭曲图像。图 8－18 为执行菜单中的"滤镜｜扭曲｜波浪"命令前后的效果比较图。

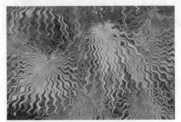

波浪前　　　　　　　　　　　　　　　波浪后

图 8－18　执行"波浪"命令的前后效果比较图

2．玻璃

"玻璃"滤镜用于模拟透过各种类型的玻璃观看图像的效果。图 8－19 为执行菜单中的"滤镜｜扭曲｜玻璃"命令前后的效果比较图。

玻璃前　　　　　　　　　　　　　　　玻璃后

图 8－19　执行"玻璃"命令的前后效果比较图

3．海洋波纹

"海洋波纹"滤镜可在图像上模拟随机的试播效果。图 8－20 为执行菜单中的"滤镜｜扭曲｜海洋波纹"命令前后的效果比较图。

海洋波纹前　　　　　　　　　　　　　海洋波纹后

图 8－20　执行"海洋波纹"命令的前后效果比较图

4．极坐标

"极坐标"滤镜可以将图像由平面坐标系统转换为极坐标系统，或是从极坐标系统转换为平面坐标系统。图 8-21 为执行菜单中的"滤镜｜扭曲｜极坐标"命令前后的效果比较图。

极坐标前

极坐标后

图 8-21　执行"极坐标"命令的前后效果比较图

5．挤压

"挤压"滤镜可以向中心或四周挤压图像。图 8-22 为执行菜单中的"滤镜｜扭曲｜挤压"命令前后的效果比较图。

挤压前

挤压后

图 8-22　执行"挤压"命令的前后效果比较图

6．镜头校正

"镜头校正"滤镜是 Photoshop　CS4 新增的滤镜，用于校正镜头。图 8-23 为执行菜单中的"滤镜｜扭曲｜镜头校正"命令前后的效果比较图。

镜头校正前

镜头校正后

图 8-23　执行"镜头校正"命令的前后效果比较图

7．扩散亮光

"扩散亮光"滤镜用于模拟光芒漫射的效果。图8-24为执行菜单中的"滤镜|扭曲|扩散亮光"命令前后的效果比较图。

扩散亮光前 扩散亮光后

图8-24　执行"扩散亮光"命令的前后效果比较图

8．球面化

"球面化"滤镜可以将图像沿球形、圆管的表面凸起或凹下，从而使图像具有三维效果。图8-25为执行菜单中的"滤镜|扭曲|球面化"命令前后的效果比较图。

球面化前 球面化后

图8-25　执行"球面化"命令的前后效果比较图

9．置换

"置换"滤镜可用另一幅.psd图像中的颜色、形状和纹理等来确定当前图像中图形的改变形式及扭曲方式，最终将两个图像组合在一起，产生不定方向的位移效果。具体应用参见"8.6.7　褶皱的钞票效果"。

8.4.5　"锐化"滤镜组

"锐化"滤镜组可以增加相邻像素的对比度，以聚焦模糊的图像。该类别滤镜命令位于"滤镜"菜单的"锐化"子菜单中，包括5种滤镜，全部都不可以在滤镜库中使用。下面就来介绍常用的几种。

1．USM 锐化

"USM 锐化"滤镜可以根据用户指定的选项来锐化图像。图 8-26 为执行菜单中的"滤镜|锐化|USM 锐化"命令前后的效果比较图。

USM 锐化前　　　　　　　　　　　　　　　　　　USM 锐化后

图 8-26　执行"USM 锐化"命令的前后效果比较图

2．智能锐化

"智能锐化"滤镜是 Photoshop CS4 新增的锐化滤镜，可精确调节锐化的各种参数。图 8-27 为执行菜单中的"滤镜|锐化|智能锐化"命令前后的效果比较图。

智能锐化前　　　　　　　　　　　　　　　　　智能锐化后

图 8-27　执行"智能锐化"命令的前后效果比较图

8.4.6　"视频"滤镜组

"视频"滤镜组用于视频图像的输入和输出，该类别滤镜位于"滤镜"菜单下的"视频"子菜单中，包括"NTSC 颜色"和"逐行"滤镜。

"NTSC 颜色"滤镜可以将图像中不能显示在普通电视机上的颜色转换为最接近的可以显示的颜色。

"逐行"滤镜可以将视频图像中的奇数或偶数行线移除，使从视频捕捉的图像变得平滑。

8.4.7 "素描"滤镜组

"素描"滤镜组位于"滤镜"菜单下的"素描"子菜单中，包括 14 种滤镜，全部都可以在滤镜库中使用。下面就来介绍常用的几种。

1．半调图案

"半调图案"滤镜可在保持连续的色调范围的同时，模拟半调网屏的效果。该滤镜提供了"网点"、"圆形"、"直线" 3 种图案类型。图 8-28 为执行菜单中的"滤镜│素描│半调图案"命令前后的效果比较图。

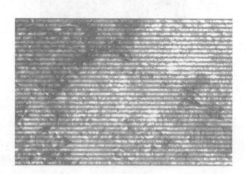

半调图案前 半调图案后

图 8-28 执行"半调图案"命令的前后效果比较图

2．铬黄

"铬黄"滤镜可模拟图像表面的金属光泽。图 8-29 为执行菜单中的"滤镜│素描│铬黄"命令前后的效果比较图。

铬黄渐变前 铬黄渐变后

图 8-29 执行"铬黄"命令的前后效果比较图

3．绘图笔

"绘图笔"滤镜用于模拟一定方向的线状油墨重绘图像的效果。图 8-30 为执行菜单中的"滤镜│素描│绘图笔"命令前后的效果比较图。

绘图笔前　　　　　　　　　　　　绘图笔后

图8-30 执行"绘图笔"命令的前后效果比较图

4．塑料效果

"塑料效果"滤镜用于模拟使用塑料片制作图像的效果。图8-31为执行菜单中的"滤镜│素描│塑料效果"命令前后的效果比较图。

塑料效果前　　　　　　　　　　　　塑料效果后

图8-31 执行"塑料效果"命令的前后效果比较图

5．炭精笔

"炭精笔"滤镜用于模拟使用炭精笔绘制图像的效果，在暗区使用前景色绘制，在亮区使用背景色绘制。图8-32为执行菜单中的"滤镜│素描│炭精笔"命令前后的效果比较图。

炭精笔前　　　　　　　　　　　　炭精笔后

图8-32 执行"炭精笔"命令的前后效果比较图

6．影印

"影印"滤镜用于模拟图像影印的效果，图像的主要轮廓用前景色勾勒，其余部分使用背景色。图 8-33 为执行菜单中的"滤镜|素描|影印"命令前后的效果比较图。

影印前　　　　　　　　　　　　　　　　影印后

图 8-33　执行"影印"命令的前后效果比较图

8.4.8 "纹理"滤镜组

"纹理"滤镜组可以赋予图像各种各样的纹理，该类别滤镜命令位于"滤镜"菜单的"纹理"子菜单中，包括 6 种滤镜，全部都可以在滤镜库中使用。下面就来介绍常用的几种。

1．龟裂纹

"龟裂纹"滤镜可以使图像表面出现一种龟裂的效果。图 8-34 为执行菜单中的"滤镜|纹理|龟裂纹"命令前后的效果比较图。

龟裂纹前　　　　　　　　　　　　　　　龟裂纹后

图 8-34　执行"龟裂纹"命令的前后效果比较图

2．颗粒

"颗粒"滤镜可以将各种不同种类的颗粒纹理添加到图像中。图 8-35 为执行菜单中的"滤镜|纹理|颗粒"命令前后的效果比较图。

3．拼缀图

"拼缀图"滤镜可以将图像分解为许多拼贴块，并选取图像中的颜色填充各正方形。图 8-36 为执行菜单中的"滤镜|纹理|拼缀图"命令前后的效果比较图。

颗粒前

颗粒后

图 8-35　执行"颗粒"命令的前后效果比较图

拼缀图前

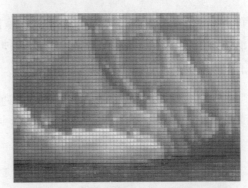
拼缀图后

图 8-36　执行"拼缀图"命令的前后效果比较图

4．染色玻璃

"染色玻璃"滤镜用于模拟透过花玻璃看图像的效果。图 8-37 为执行菜单中的"滤镜 | 纹理 | 染色玻璃"命令前后的效果比较图。

染色玻璃前

染色玻璃后

图 8-37　执行"染色玻璃"命令的前后效果比较图

5．纹理化

"纹理化"滤镜可以为图像应用指定的纹理。图 8-38 为执行菜单中的"滤镜 | 纹理 | 纹理化"命令前后的效果比较图。

纹理化前　　　　　　　　　　　　　　　　　纹理化后

图8-38　执行"纹理化"命令的前后效果比较图

8.4.9　"像素化"滤镜组

该类别滤镜命令位于"滤镜"菜单的"像素化"子菜单中，包括7种滤镜，全部都不可以在滤镜库中使用。下面就来介绍常用的几种。

1．彩色半调

"彩色半调"滤镜用于模拟在图像的每个通道上使用放大的半调网屏的效果。图8-39为执行菜单中的"滤镜|像素化|彩色半调"命令前后的效果比较图。

彩色半调前　　　　　　　　　　　　　　　　彩色半调后

图8-39　执行"彩色半调"命令的前后效果比较图

2．晶格化

"晶格化"滤镜用于模拟图像中像素结晶的效果。图8-40为执行菜单中的"滤镜|像素化|晶格化"命令前后的效果比较图。

晶格化前　　　　　　　　　　　　　　　　　晶格化后

图8-40　执行"晶格化"命令的前后效果比较图

3．马赛克

"马赛克"滤镜用于模拟马赛克拼出图像的效果。图 8-41 为执行菜单中的"滤镜|像素化|马赛克"命令前后的效果比较图。

马赛克前   马赛克后

图 8-41　执行"马赛克"命令的前后效果比较图

8.4.10　"渲染"滤镜组

"渲染"滤镜组位于"滤镜"菜单下的"渲染"子菜单中，包括 5 种滤镜，全部都不可以在滤镜库中使用。下面分别进行介绍。

1．云彩

"云彩"滤镜可以使用位于前景色和背景色之间的颜色随机生成云彩状图案，并填充到当前选区或图像中。该滤镜没有选项对话框。图 8-42 为执行菜单中的"滤镜|渲染|云彩"命令前后的效果比较图。

云彩前   云彩后

图 8-42　执行"云彩"命令的前后效果比较图

2．分层云彩

"分层云彩"滤镜的作用与"云彩"滤镜类似，区别在于"云彩"滤镜生成的云彩图案将替换图像中的原有图案，而"分层云彩"滤镜生成的云彩图案将按"插值"模式与原有图像混合。

3．光照效果

"光照效果"滤镜可以为图像增加复杂的光照效果。图 8-43 为执行菜单中的"滤镜|渲染|光照效果"命令前后的效果比较图。

光照效果前   光照效果后

图 8-43 执行"光照效果"命令的前后效果比较图

4．纤维

"纤维"滤镜可以使用当前的前景色和背景色生成一种类似于纤维的纹理效果。图 8-44 为一个白色背景图执行菜单中的"滤镜｜渲染｜纤维"命令后的效果图。

图 8-44 执行"纤维"命令的前后效果比较图

5．镜头光晕

"镜头光晕"滤镜可以在图像中模拟照相时的光晕效果。图 8-45 为执行菜单中的"滤镜｜渲染｜镜头光晕"命令前后的效果比较图。

镜头光晕前   镜头光晕后

图 8-45 执行"镜头光晕"命令的前后效果比较图

8.4.11 "艺术效果"滤镜组

"艺术效果"滤镜组位于"滤镜"菜单的"艺术效果"子菜单中，包括 15 种滤镜，全部都可以在滤镜库中使用。下面就来介绍常用的几种。

1．塑料包装

"塑料包装"滤镜用于模拟给图像中的物体包裹一层发光的塑料膜的效果。图 8-46 为执行菜单中的"滤镜｜艺术效果｜塑料包装"命令前后的效果比较图。

塑料包装前　　　　　　　　　　　　　　　　　塑料包装后

图 8-46　执行"塑料包装"命令的前后效果比较图

2．底纹效果

"底纹效果"用于模拟在带纹理的背景上绘制图像的效果。图 8-47 为执行菜单中的"滤镜｜艺术效果｜底纹效果"命令前后的效果比较图。

底纹效果前　　　　　　　　　　　　　　　　　底纹效果后

图 8-47　执行"底纹效果"命令的前后效果比较图

3．水彩

"水彩"滤镜用于模拟水彩画的风格。图 8-48 为执行菜单中的"滤镜｜艺术效果｜水彩"命令前后的效果比较图。

水彩前　　　　　　　　　　　　　　　　　水彩后

图 8-48　执行"水彩"命令的前后效果比较图

4．粗糙蜡笔

"粗糙蜡笔"滤镜用于模拟彩色粉笔在纹理背景上描边的效果。图8-49为执行菜单中的"滤镜｜艺术效果｜粗糙蜡笔"命令前后的效果比较图。

粗糙蜡笔前　　　　　　　　　　　　　　　　粗糙蜡笔后

图8-49　执行"粗糙蜡笔"命令的前后效果比较图

5．调色刀

"调色刀"滤镜可以使相近的颜色融合，减少图像中的细节，产生类似大写意的笔法效果。图8-50为执行菜单中的"滤镜｜艺术效果｜调色刀"命令前后的效果比较图。

调色刀前　　　　　　　　　　　　　　　　　调色刀后

图8-50　执行"调色刀"命令的前后效果比较图

6．霓虹灯光

"霓虹灯光"滤镜可以使图像呈现霓虹灯般的发光效果，并可调整霓虹灯的亮度及辉光的颜色。图8-51为执行菜单中的"滤镜｜艺术效果｜霓虹灯光"命令前后的效果比较图。

 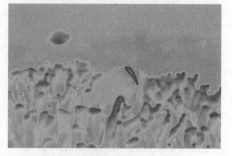

霓虹灯光前　　　　　　　　　　　　　　　　霓虹灯光后

图8-51　执行"霓虹灯光"命令的前后效果比较图

8.4.12　"杂色"滤镜组

"杂色"滤镜组用于向图像中添加杂色，或是从图像中移去杂色，该类别滤镜命令位于"滤镜"菜单的"杂色"子菜单中，包括 5 种滤镜，全部都不可以在滤镜库中使用。下面就来介绍常用的几种。

1．减少杂色

"减少杂色"滤镜是 Photoshop CS4 新增的滤镜，用于去除图像中的杂色。图 8-52 为执行菜单中的"滤镜 | 杂色 | 减少杂色"命令前后的效果比较图。

减少杂色前　　　　　　　　　　　　　　　　　减少杂色后

图 8-52　执行"减少杂色"命令的前后效果比较图

2．添加杂色

"添加杂色"滤镜会在图像上随机添加一些杂点，也可用来减少羽化选区或渐变填充中的色带。图 8-53 为执行菜单中的"滤镜 | 杂色 | 添加杂色"命令前后的效果比较图。

添加杂色前　　　　　　　　　　　　　　　　　添加杂色后

图 8-53　执行"添加杂色"命令的前后效果比较图

8.4.13　"其他"滤镜

"其他"滤镜组位于"滤镜"菜单的"其他"子菜单中，包括 5 种滤镜。下面就来介绍常用的几种。

1．位移

"位移"滤镜可以将图像移动指定的水平量或垂直量。图 8-54 为执行菜单中的"滤镜 | 其他 | 位移"命令前后的效果比较图。

位移前 位移后

图 8-54　执行"位移"命令的前后效果比较图

2．最大值

"最大值"滤镜可以用指定半径范围内的像素的最大亮度替换当前像素的亮度值，从而扩大高光区域。图 8-55 为执行菜单中的"滤镜 | 其他 | 最大值"命令前后的效果比较图。

最大值前 最大值后

图 8-55　执行"最大值"命令的前后效果比较图

3．最小值

"最小值"滤镜可以用指定半径范围内的像素的最小亮度值替换当前像素的亮度值，从而缩小高光区域，扩大暗调区域。图 8-56 为执行菜单中的"滤镜 | 其他 | 最小值"命令前后的效果比较图。

最小值前 最小值后

图 8-56　执行"最小值"命令的前后效果比较图

8.4.14　Digimarc 滤镜

与其他滤镜组不同，"Digimarc 滤镜"组的功能并不是通过某种特技效果来处理图像，而是将数字水印嵌入到图像中以储存著作权信息，或是从图像中读出已嵌入的著作权信息。该类别滤镜命令位于"滤镜"菜单下的"Digimarc"子菜单中，包括"读取水印"和"嵌入水印"。

使用"嵌入水印"滤镜可以将著作权信息以数字水印的形式添加到 Photoshop 图像中，数字水印的实质是添加到图像中的杂色，通常人眼看不到这种水印。如果图像中已存在水印，可以通过"读取水印"滤镜将其读出来。

8.5　使用 Photoshop CS4 特殊滤镜

Photoshop　CS4 除了前面介绍的普通滤镜外，还包括"液化"和"消失点"两种特殊滤镜。下面就来进行具体讲解。

8.5.1　液化

"液化"命令可以创建出图像弯曲、旋转和变形的效果。具体操作步骤如下：

① 打开配套光盘"素材及结果 | 液化.jpg"文件，如图 8-57 所示。

② 执行菜单中的"滤镜 | 液化"命令，在弹出的"液化"对话框中选择左侧的 （向前变形工具），设置"画笔大小"和"画笔压力"，接着移动鼠标指针到预览框的图像上拖动鼠标，就可以对图像进行变形处理了，结果如图 8-58 所示。

图 8-57　液化.jpg

图 8-58　利用 （向前变形工具）处理图像

提示

　　还可根据需要以选择 （顺时针旋转扭曲工具）、（褶皱工具）、（膨胀工具）、（左推工具）、（镜像工具）、（湍流工具）进行变形处理。

　　③　单击"确定"按钮，完成"液化"操作。

8.5.2　消失点

　　消失点功能Photoshop CS2就存在，但Photoshop CS4增强的消失点功能将图像基于透视的编辑提高到一个新的水平，可以在一个图像内创建多个平面，以任何角度连接它们，然后围绕它们绕排图形、文本和图像来创建打包模仿等。接下来带大家体验一下这个非常实用的功能，利用增强的消失点工具做一个商品包装效果图，该工具在升级后能够缠绕多个面进行编辑。具体请参考"8.6.5　包装盒贴图效果"。

8.6　实　例　讲　解

　　本节将通过"球面文字效果"、"暴风雪效果"、"动态模糊效果"、"滤镜球效果"、"包装盒贴图效果"、"晴天变雨天效果"、"褶皱的钞票效果"和"自定义图案制作延伸的地面效果" 8个实例来讲解滤镜在实践中的应用。

8.6.1　球面文字效果

 要点：

　　本例将制作球面文字效果，如图8-59所示。通过本例学习应掌握辐射渐变工具和滤镜中球面化滤镜的使用。

图8-59　球面文字效果

 操作步骤：

　　①　执行菜单中的"文件|新建"命令，在弹出的对话框中进行设置，如图8-60所示，然后单击"确定"按钮，从而新建一个图像文件。

　　②　单击图层面板下方的 ▣（创建新图层）按钮，在背景层上方添加一个图层，如图8-61所示。

　　③　选择工具箱上的 ◯（椭圆选框工具），按住键盘上的〈Shift〉键在"图层1"上创建一个正圆形选区，如图8-62所示。

　　④　选择工具箱上的 ▣（渐变工具），渐变类型选择 ▣（径向渐变），对"图层1"选区进行渐变处理，结果如图8-63所示。

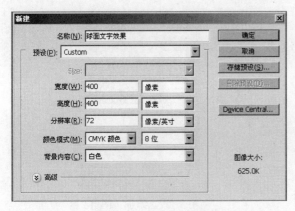

图 8-60 设置新建参数　　　　　　图 8-61 新建"图层 1"

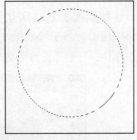

图 8-62 创建正圆形选区　　　　图 8-63 对"图层 1"进行渐变处理

⑤ 按〈Ctrl+D〉组合键取消选区。

⑥ 制作小球的阴影效果。选择"图层 1",单击图层面板下方的 fx.(添加图层样式)按钮,在弹出的快捷菜单中选择"阴影"命令,在弹出的对话框中进行设置,如图 8-64 所示,然后单击"确定"按钮,结果如图 8-65 所示。

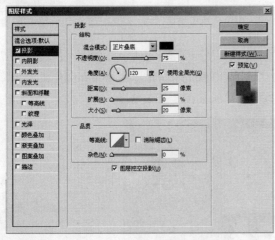

图 8-64 设置"投影"参数　　　　　　图 8-65 投影"效果

⑦ 选择工具箱上的 T.(横排文字工具),在图像上输入文字"球",字体为隶书,字号 100点,字色为黑色,结果如图 8-66 所示。

⑧ 选择"图层 1",单击图层面板下方的 按钮(创建新图层)按钮,在"图层 1"上方添加一个"图层 2",如图 8-67 所示。

图 8-66　输入文字

图 8-67　添加"图层 2"

⑨　选择工具箱上的 ◯（椭圆选框工具），按住键盘上的〈Shift〉键在"图层 2"上创建一个正圆形选区，如图 8-68 所示，然后用白色填充选区，结果如图 8-69 所示。

⑩　选择图层"球"，按键盘上的〈Ctrl+E〉（向下合并）组合键，将文字图层和白圆图层合并为一个图层，结果如图 8-70 所示。

图 8-68　创建一个正圆形选区

图 8-69　用白色填充选区

图 8-70　合并图层

⑪　按住键盘上的〈Ctrl〉键单击"图层 1"，从而得到"图层 1"的选区，如图 8-71 所示。

⑫　选择"图层 2"，执行菜单中的"滤镜|扭曲|球面化"命令，在弹出的对话框中进行设置，如图 8-72 所示，单击"确定"按钮，结果如图 8-73 所示。

图 8-71　"图层 1"的选区

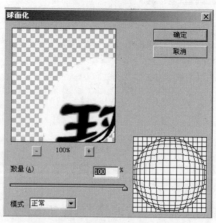

图 8-72　设置"球面化"参数

图 8-73　"球面化"效果

⑬　按〈Ctrl+D〉组合键取消选区，最终结果如图 8-74 所示。

图 8-74　最终效果

8.6.2　暴风雪效果

要点：

　　本例将制作暴风雪效果，如图 8-75 所示。通过本例学习应掌握选择中的色彩范围命令与滤镜中的绘图笔、模糊、锐化效果的综合应用。

原图

结果图

图 8-75　暴风雪效果

操作步骤：

　　①　打开配套光盘"素材及结果 | 8.6.2　暴风雪效果 | 原图.jpg"文件，如图 8-75 所示。

　　②　单击图层面板下方的 □（创建新图层）按钮，创建一个新的"图层 1"。

　　③　执行菜单中的"编辑 | 填充"命令，在弹出的对话框中选择"50% 灰色"，如图 8-76 所示，然后单击"确定"按钮，填充完成后的图层分布如图 8-77 所示。

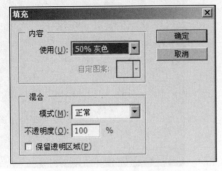

图 8-76　选择 50% 灰色

图 8-77　图层分布

④ 确定前景色为黑色，背景色为白色，当前图层为"图层 1"，执行菜单中的"滤镜|素描|绘图笔"命令，在弹出的对话框中进行设置，如图 8-78 所示，单击"确定"按钮，结果产生了风刮雪粒的初步效果，如图 8-79 所示。

图 8-78 设置"绘图笔"参数　　　　　　　　　　图 8-79 绘图笔效果

⑤ 去掉更多的没有雪的部分。执行菜单中的"选择|色彩范围"命令，弹出如图 8-80 所示的对话框，然后将"选择"改成"高光"，如图 8-81 所示，单击"确定"按钮，结果如图 8-82 所示。接着按键盘上的〈Delete〉删除选择的部分，结果如图 8-83 所示。

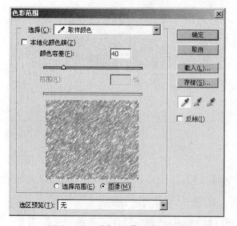

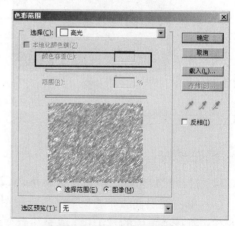

图 8-80 "色彩范围"对话框　　　　　　　　　　图 8-81 选择"高光"

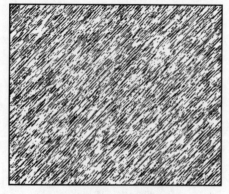

图 8-82 选择"高光"效果　　　　　　　　　　图 8-83 删除选区内的图像

⑥ 使用〈Ctrl+Alt+I〉组合键反选选区，选中雪的部分。然后确定前景色为白色，按〈Alt+Delete〉组合键进行前景色填充。

⑦ 按〈Ctrl+D〉组合键取消选区，结果如图 8-84 所示。

图 8-84　用白色填充选区

⑧ 为了使雪片不至于太生硬。下面执行菜单中的"滤镜 | 模糊 | 高斯模糊"命令，在弹出的对话框中进行设置，如图 8-85 所示，然后单击"确定"按钮，结果如图 8-86 所示。

图 8-85　设置"高斯模糊"参数

图 8-86　"高斯模糊"效果

⑨ 为了使图像效果更加鲜明，下面执行菜单中的"滤镜 | 锐化 | USM 锐化"命令，在弹出的对话框中进行设置，如图 8-87 所示，然后单击"确定"按钮，最终结果如图 8-88 所示。

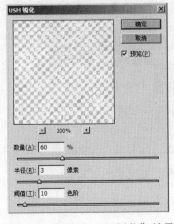

图 8-87　设置"USM 锐化"效果

图 8-88　暴风雪效果

8.6.3 动态模糊效果

要点：

本例将制作自行车运动员骑车时的动感模糊效果，如图 8-89 所示。通过本例学习应掌握自由套锁工具以及滤镜中"动感模糊"命令的使用。

原图

结果图

图 8-89 动感模糊效果

操作步骤：

① 打开配套光盘"素材及结果|8.6.3 动态模糊效果|原图.jpg"图片，如图 8-89 所示。

② 选择工具栏上的 ⬚（套索工具），设置羽化值为 30，建立人物选区，如图 8-90 所示。

③ 执行菜单中的"编辑|复制"命令（〈Ctrl+C〉组合键），再执行菜单中的"编辑|粘贴"命令（〈Ctrl+V〉组合键），从而创建一个新的图层"图层 1"，如图 8-91 所示。

图 8-90 建立人物选区

图 8-91 创建新的图层"图层 1"

④ 按〈Ctrl+D〉组合键取消选区。然后回到背景层，设置前景色为白色，按〈Ctrl+Delete〉组合键，将背景层填充为白色，结果如图 8-92 所示。

⑤ 选择"图层1"拖到图层面板下方的 ▣（创建新图层）按钮上，从而复制出一个名称
为"图层1副本"的图层。重复此操作，复制出"图层1副本2"，如图8-93所示。

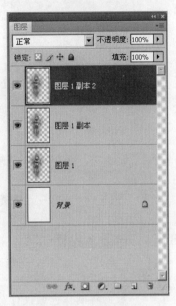

图 8-92 将背景层填充为白色　　　　　　　　图 8-93 复制图层

⑥ 确认"图层1"为当前图层，执行菜单中的"滤镜│模糊│动感模糊"命令，在弹出的
对话框中设置参数，如图8-94所示，单击"确定"按钮，结果如图8-95所示。

⑦ 确认"图层1副本"为当前图层，同样执行菜单中的"滤镜│模糊│动感模糊"命
令，在弹出的对话框中设置参数，如图8-96所示，单击"确定"按钮，结果如图8-97
所示。

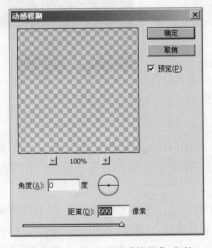

图 8-94 设置"动感模糊"参数　　　　　　　图 8-95 "动感模糊"效果

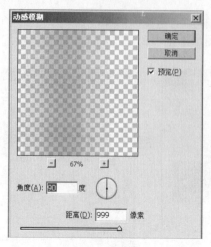

图 8-96　设置"动感模糊"参数　　　　　　　图 8-97　最终效果

8.6.4　包装盒贴图效果

 要点：

本例将制作包装设计，如图 8-98 所示。通过本例学习应掌握"消失点"的应用。

包装盒线条稿.psd

包装图.jpg

结果图

图 8-98　包装盒

 操作步骤：

①　打开配套光盘"素材及结果|8.6.5　包装盒贴图效果|包装图.jpg"和"包装盒线条稿.psd"图像文件，如图 8-98 所示，下面我们要将它贴到这个包装盒上，做成一个模拟立体的包装效果图。

②　选择"包装图.jpg"，然后按〈Ctrl+A〉组合键全选，再按〈Ctrl+C〉组合键复制，接着进入"包装盒线条稿.psd"，新建"图层 1"，执行菜单中的"滤镜|消失点"命令，打开"消失点"的编辑对话框，其中部设置了很大的面积来作为消失点编辑区。最后选择对话框左上角第 2 个工具 （创建平面工具），其使用方法与钢笔工具相似，开始绘制贴图的一个面，如图 8-99 所示，绘制完成后这个侧面中自动生成了浅蓝色的网格。

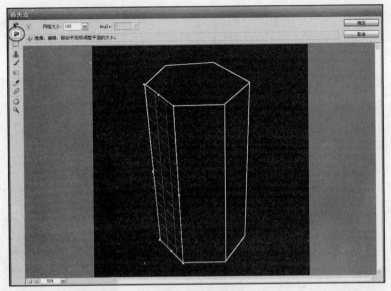

图8-99　绘制面

③　接下来创建下一个包装盒侧面，先注意看一下刚才创建的第一个网格面，其四个角和每条边线的中间都设有控制手柄，下面将鼠标放在网格最右侧的边缘中间的控制手柄上，按住〈Ctrl〉键向右拉，这时候一个新的网格面沿着边缘被拖出来了。然后将鼠标放在这个新网格面最右侧的中间控制手柄上，接着按住〈Alt〉键拖拉鼠标，此时会发现这个新的面就像一扇门一样会沿着轴旋转，拖拉鼠标直到调整这个面到一个合适的方向与位置。最后用鼠标拖动中间控制手柄调整网格的水平宽度，使其适配到包装盒的中间面。

④　同理，继续按〈Ctrl〉键拖拉创建第3个网格面，然后按住〈Alt〉键将其拖拉适配到包装盒的第3个侧面中，如图8-100所示。

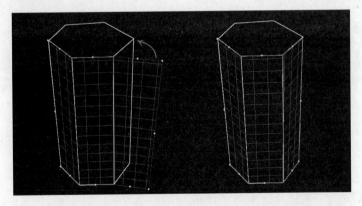

图8-100　创建第2和第3个网格面并分别适配到包装盒的侧面中

⑤　按〈Ctrl+V〉组合键，将刚才复制的那张手绘贴图粘贴进来，刚开始贴入时那张图还位于线框之外，用鼠标将它直接拖到刚才设置的风格线框里，这时候你会惊奇地发现，平面贴图被自动适配到你刚才创建的形状里，并且符合透视变形，如图8-101所示，如果贴图的大小与包装盒并不合适，可以选择工具箱中的 ▥（转换工具）来调整一下贴图的大小，把图片放大或缩小使其正好适合盒子外形。

⑥ 单击"确定"按钮，消失点的制作完成。此时包装盒虽已实现外形贴图，但还需要再给图片添加上一些光影效果，使其立体感更强烈和真实。下面将包装盒的盒盖加上，最后的效果如图 8-102 所示。

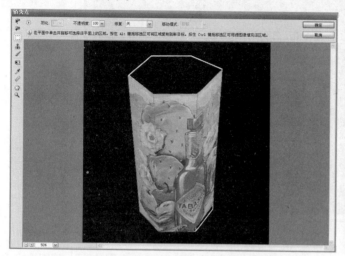
图 8-101 手绘贴图被自动适配到刚才创建的网格形状内

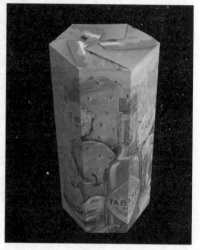
图 8-102 最终效果

8.6.5 褶皱的钞票效果

要点：

本例将制作钞票的褶皱效果，如图 8-103 所示。通过本例学习应掌握滤镜中的云彩、分层云彩、置换命令、图层混合模式和图层样式的综合应用。

原图

结果图

图 8-103 钞票的褶皱效果

操作步骤：

① 打开配套光盘"素材及结果|8.6.6 褶皱的钞票效果|原图.jpg"文件，如图 8-103 中左图所示。

② 揉皱的纸张不再有规则的边缘，考虑到这一点，我们要为边缘的变形留出一些空间。在使用画布大小命令之前，先将背景层转换为普通图层，执行菜单中的"图层|新建|图层背景"命令，或直接在背景层上双击，在弹出的新图层对话框中保持默认设置，如图 8-104 所示，这样背景层就转换为了"图层 0"，此时图层分布如图 8-105 所示。

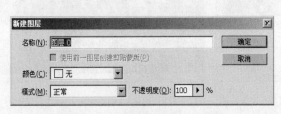

图 8-104　"新建图层"对话框　　　　　　图 8-105　背景层转换为"图层 0"

③　执行菜单中的"图像｜画布大小"命令，弹出如图 8-106 所示的对话框。此时保持原有的画布格局，根据图像大小，适当地将画布的宽度和高度都增加一些，大致在 50 像素左右，不用太大，图像周围有一定空余就可以了，如图 8-107 所示，单击"确定"按钮，结果如图 8-108 所示。

图 8-106　"画布大小"对话框　　　　　　图 8-107　调整画布大小

图 8-108　调整画布大小后效果

④　现在我们开始制作置换图。在"图层 0"上新建一层，命名为"纹理"。然后按快捷键〈D〉，将前景色和背景色恢复为默认状态。接着执行菜单中的"滤镜｜渲染｜云彩"命令，填充图层，结果如图 8-109 所示。

⑤　执行菜单中的"滤镜｜渲染｜分层云彩"命令，多执行几次，直到图像较为均匀为止，结果如图 8-110 所示。这里，我们用了 4 次分层云彩滤镜。

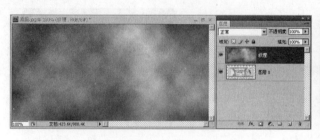 

图 8-109　一次"分层云彩"效果　　　　图 8-110　四次"分层云彩"效果

💡 提示

　　"分层云彩"滤镜在很多时候都会被用于创建类似于大理石纹理的图案。使用的次数越多，纹理就越明显。

　　⑥　现在来为图像添加一些立体效果。选择"纹理"层，执行菜单中的"滤镜|风格化|浮雕效果"命令，在弹出的对话框中进行设置，如图 8-111 所示，单击"确定"按钮。此时图像呈现出逼真的纸纹效果，如图 8-112 所示。

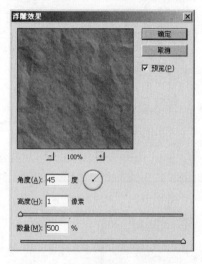

图 8-111　"浮雕效果"对话框　　　　　　　图 8-112　浮雕效果

　　⑦　将"纹理"图层拖到图层面板下方的 🔲（创建新图层）按钮上，从而复制出"纹理　副本"图层，此时图层分布如图 8-113 所示。这个副本层才是我们真正所需要的置换图。然后在"纹理　副本"图层中，执行菜单中的"滤镜|模糊|高斯模糊"命令，在弹出的对话框中进行设置，如图 8-114 所示，单击"确定"按钮，结果如图 8-115 所示。

💡 提示

　　执行高斯模糊命令的目的，是为了防止太过鲜明的纹理图像使置换后的图像扭曲的过于夸张。

　　⑧　至此扭曲的置换图制作完毕，下面执行菜单中的"文件|另保存"命令，将它另存为"纹理.psd"文件。

图 8-113 复制图层

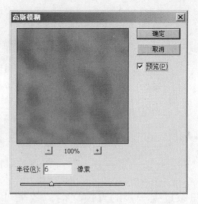

图 8-114 "高斯模糊"对话框

图 8-115 "高斯模糊"效果

⑨ 制作扭曲图像。首先暂时关闭"纹理"和"纹理 副本"图层前的眼睛图标，然后确定当前图层为"图层 0"，如图 8-116 所示。然后执行菜单中的"滤镜|扭曲|置换"命令，在弹出的对话框中进行设置，如图 8-117 所示，单击"确定"按钮，接着在打开的选择置换图对话框中选择刚才文件的保存路径，选择文件"纹理.psd"，单击"打开"按钮，结果如图 8-118 所示。

提示

关于置换滤镜的原理，简单地说，就是以置换图中的像素灰度值来决定目标图像扭曲程度，置换图必须是.psd 格式的文件。像素置换的最大值为 128 像素，置换图的灰度值为 128 不产生置换，高于或低于这个数值，像素就会发生扭曲。

图 8-116 选择"图层 0"

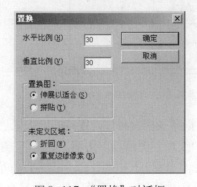

图 8-117 "置换"对话框

图 8-118　置换后效果

⑩　在做过上一步的置换之后，效果可能会让你有些失望。图像的扭曲程度非常轻微，不用着急。下面按住键盘上的〈Ctrl〉键，单击"图层 0"，从而载入"图层 0"的不透明度区域。然后按〈Ctrl+Shift+I〉组合键，反选，接着显示并选择"纹理"图层，按〈Delete〉键删除，结果如图 8-119 所示。最后按〈Ctrl+D〉组合键取消选区。

图 8-119　删除多余区域

⑪　将"纹理"图层移动到"图层 0"下方。然后选择"图层 0"，将其图层混合模式改为"叠加"，如图 8-120 所示，结果如图 8-121 所示，此时褶皱的效果已经很明显了。接着按〈Ctrl+D〉组合键取消选区。

图 8-120　将图层混合模式改为"叠加"

图 8-121　"叠加"效果

⑫　根据常识褶皱到如此程度的纸张颜色都会有些灰旧，而现在的图像颜色显然太光鲜了。下面选择"纹理"图层，单击图层面板下方的 ⊘.（新的填充和调节图层）按钮，在弹出的下拉菜单中选择"色相/饱和度"命令，然后在弹出的"调整"对话框中进行设置，如图 8-122 所示，模拟脏污破损的纸张颜色，此时图层分布如图 8-123 所示，结果如图 8-124 所示。

⑬　选择"图层 0"，单击图层面板下方的 $fx.$（添加图层样式）按钮，在弹出的对话框中进行设置，如图 8–125 所示，单击"确定"按钮，此时图层分布如图 8–126 所示，结果如图 8–127 所示。

图 8–122　调整色相／饱和度

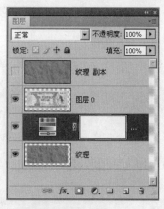

图 8–123　图层分布

图 8–124　调整"色相／饱和度"后效果

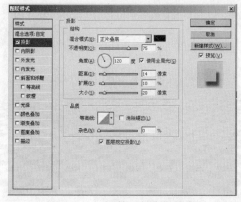

图 8–125　调整"投影"参数

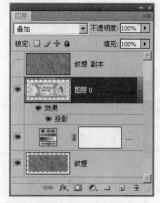

图 8–126　图层分布

图 8–127　投影效果

⑭　为了便于观看效果，下面新建一个"图层1"，将其置于底层，并用白色填充。

⑮　至此钞票的褶皱效果制作完毕，为了强化褶皱效果，可以显示"纹理　副本"图层，将其图层混合模式设为"叠加"即可，结果如图8-128所示。

图8-128　最终效果

8.6.6　自定义图案制作延伸的地面效果

要点：

　　本例将制作自定义图案制作延伸的地面效果，如图8-129所示。通过本例学习应掌握自定义图案和通过建立消失点来形成透视变化图形的方法。

原图　　　　　　　　　　　　　　　　　　　结果图

图8-129　延伸的地面效果

操作步骤：

①　首先，执行菜单中的"文件｜新建"命令，在弹出的对话框中进行设置，如图8-130所示，然后单击"确定"按钮，新建一个文件，存储为"图案.psd"。

②　先来制作蓝色的云纹效果作为底图。指定工具箱中的前景色为"白色"，背景色为"蓝色"（参考色值RGB：28，106，200），然后执行菜单中的"滤镜｜渲染｜云彩"命令，在画面

中自动生成不规则的蓝白云絮图像。反复按〈Ctrl+F〉组合键，多次应用云彩滤镜命令，直到选中一种较满意的云纹效果，如图 8-131 所示。

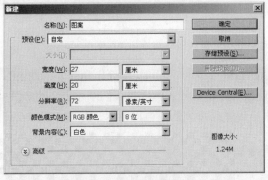

图 8-130　建立新文档　　　　　　　　　　　　　　　图 8-131　制作蓝白云纹效果

③　执行菜单中的"窗口 | 图层"命令，调出"图层"面板，单击面板下部 （创建新图层）按钮创建"图层 1"。然后将工具箱中的前景色设置为"白色"，按〈Alt+Delete〉组合键将图层 1 填充为白色。

④　本例要制作填充为黑白格图案的纵深延展地面，下面先来制作黑白格图案单元。将工具箱中的前景色设置为"黑色"，然后选择工具箱中的 （矩形工具），在其选项栏中单击 （填充像素）按钮。接着在"图层 1"中按住〈Shift〉键拖动鼠标，绘制出一个黑色正方形。接下来，将这个正方形复制一份，摆放到如图 8-132 所示位置。

> **提示**
>
> 黑色正方形不要绘制得太大，图形单元的大小会影响填充图案的效果。

⑤　选择工具箱中的 （矩形选框工具）拖动鼠标，得到一个如图 8-133 所示的正方形选区，这就是形成黑白格图案的一个基本图形单元。

> **提示**
>
> Photoshop 中定义图案单元时必须应用"矩形选框工具"，并且选区的羽化值一定要设为 0。

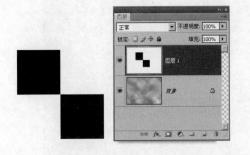

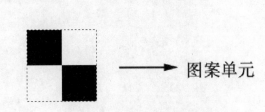

图 8-132　在图层 1 上绘制两个黑色正方形（图像放大显示）　　　图 8-133　制作黑白格图案单元

⑥　下面来定义和填充黑白格图案。执行菜单中的"编辑 | 定义图案"命令先打开如图 8-134 所示的"图案名称"对话框，在"名称"文本框中输入"黑白格"，单击"确定"按钮，使其存储为一个新的图案单元。

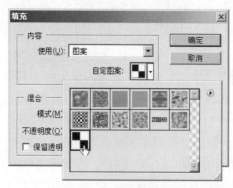

图 8-134　在"图案名称"对话框中将黑白格存储为一个图案单元

⑦　按〈Ctrl+A〉组合键选中全图，然后执行菜单中的"编辑｜填充"命令，在弹出的对话框中进行设置，如图 8-135 所示，在"自定图案"弹出式列表中选择我们刚才定义的"黑白格"图案单元，单击"确定"按钮，填充后图像中出现连续排列的黑白格图案，如图 8-136 所示。

图 8-135　在"填充"对话框中点中刚才定义的图案单元　　　　图 8-136　在"图层 1"上填充图案

⑧　按〈Ctrl+C〉组合键复制全图（黑白图案），将其复制到剪贴板中。然后单击图层面板上"图层 1"名称前的 👁 图标将该层暂时隐藏。

⑨　接下来，单击面板下方的 🔲（创建新图层）按钮创建"图层 2"，然后执行菜单中的"滤镜｜消失点"命令打开"消失点"的编辑对话框。接着选择对话框左上角 🔲（创建平面）按钮（其使用方法与钢笔工具相似）开始绘制如图 8-137 所示的梯形（作为透视变形的参考图形），绘制完成后梯形中自动生成了浅蓝色的网格。

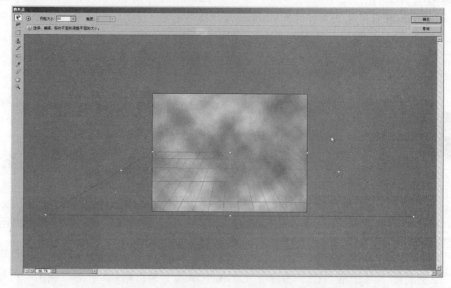

图 8-137　在"消失点"编辑框内绘制梯形（作为透视变形的参考图形）

⑩ 现在按〈Ctrl+V〉组合键将刚才复制到剪贴板中的内容粘贴进来，刚开始贴入时黑白格图案还位于线框之外，如图 8-138 所示，用鼠标将它直接拖到刚才设置的网格线框里，平面贴图被自动适配到刚才创建的梯形内，并且符合透视变形，如图 8-139 所示。如果贴图的尺寸远远大于梯形范围，那么我们接着利用对话框左上角 □（转换工具）在梯形内拖动鼠标，找到贴图一个角的转换控制点，单击并拖动它使贴图缩小到合适的尺寸，最后单击"确定"按钮。黑白格图案以符合透视原理的方式形成向远处延伸的地面，效果如图 8-140 所示。

图 8-138　刚开始贴入时黑白格图案还位于线框之外

图 8-139　平面贴图被自动适配到你刚才创建的梯形内，并且符合透视变形

图 8-140　黑白格图案形成向远处延伸的地面

⑪ 执行菜单中的"文件|打开"命令，打开配套光盘"素材及结果|8.6.7 自定义图案制作延伸的地面效果|原图.tif"文件，该文件中事先保存了一个人物外形的路径。执行菜单中的"窗口|路径"命令，调出"路径"面板，在面板中单击并拖动"路径 1"到面板下方的 ○（将路径作为选区载入）图标上，将路径转换为浮动选区，如图 8-141 所示。

⑫ 选择工具箱中的 ⊹（移动工具）将选区内的男孩图形拖动到"图案.psd"画面中间的

位置，"图层面板"中自动生成"图层3"。然后，按键盘上的〈Ctrl+T〉组合键应用"自由变换"命令，按住〈Shift〉键拖动控制框边角的手柄，使图像进行等比例缩放，调整后的位置与大小效果，如图8-142所示。

图8-141 素材图"原图.tif"及其所带的路径

⑬ 在黑白格形成的虚拟的"地面"上，我们来为小男孩制作一个投影，以削弱硬性拼贴的感觉。将"图层3"拖动到图层面板下方的 🔲（创建新图层）按钮上，复制出"图层4"，然后选中"图层3"（"图层3"位于"图层4"下面），执行菜单中的"编辑｜变换｜扭曲"命令，拖动出现的控制框边角的手柄使图像进行扭曲变形，得到如图8-143所示的效果。

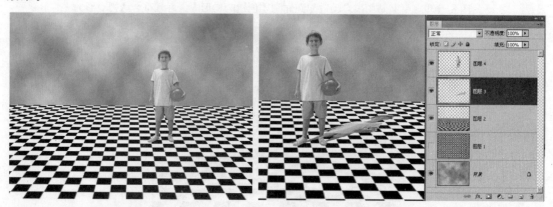

图8-142 将男孩图形拖动到"图案.psd"画面　　　　图8-143 将图层3进行复制并进行拉伸变形
　　　　　　中间的位置

⑭ 按住〈Ctrl〉键单击"图层3"名称前的缩略图，得到"图层3"的选区，将其填充为黑色，然后按〈Ctrl+D〉组合键取消选区，如图8-144所示。现在投影边缘不够自然，接下来再执行菜单中的"滤镜｜模糊｜高斯模糊"命令，在弹出的"高斯模糊"对话框中进行设置，如图8-145所示，将"半径"设置为3像素，单击"确定"按钮，模糊后的阴影效果如图8-146所示。

图 8-144　将地面的投影形状填充为黑色

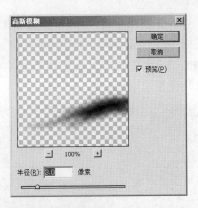

图 8-145　设置"半径"为 3 像素

图 8-146　模糊化处理之后的投影

⑮　将图层面板上"图层 3"的不透明度调为 85%，使阴影形成半透明感，阴影制作完成，如图 8-147 所示。

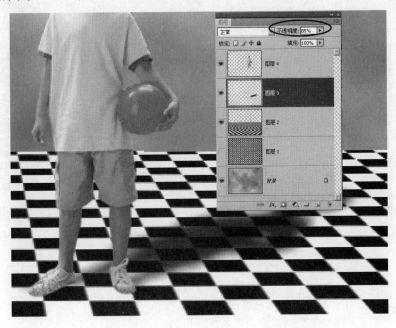

图 8-147　将图层"不透明度"降低为 85%

⑯　选择工具箱中的 T.（横排文字工具），然后单击操作窗口的中央位置输入两行文字 "THE PATTERN/PATTERNS OF FLOOR FORMATIONS"，执行菜单中的"窗口｜字符"命令，调出"字符"面板，在其中设置字体、字号、字距、行距等参数（具体参数请读者根据自己喜好设置），如图 8-148 所示。

图 8-148　添加两行文字

⑰　利用 T.（横排文字工具）选中第一行文本，将其改变为红色。最后一步，选中文本层，单击面板下部添加图层样式按钮，在弹出式菜单中选择"投影"项，在接着弹出的"图层样式"对话框中进行设置，如图 8-149 所示，单击"确定"按钮。文字的右下方添加上了半透明的投影，现在这幅简单的画面制作完成，最后效果如图 8-150 所示。

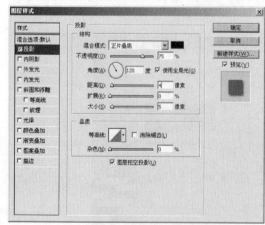
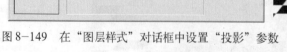

图 8-149　在"图层样式"对话框中设置"投影"参数

图 8-150　最后完成的效果图

8.7　课后练习

1．填空题

（1）特殊滤镜包括_____、_____、_____和_____4种。

（2）＿＿＿＿＿＿＿滤镜常用于精确选择图像，可以将一个具有复杂边缘的对象从背景中分离出来。

2．选择题

（1）采用"风格化"滤镜组中的哪种滤镜可以产生图 8-151 中右图所示的效果（　　　）。

A．拼贴　　　　　　B．凸出　　　　　　C．扩散　　　　　　D．查找边缘

图 8-151　执行滤镜前后效果比较

（2）运用"液化"滤镜的哪种工具可以产生图 8-152 中右图所示的效果（　　　）。

A．　　　　B．　　　　C．　　　　D．

图 8-152　执行滤镜前后效果比较

3．问答题／上机题

（1）练习 1：制作出图 8-153 所示的高尔夫球效果。

（3）练习 2：利用配套光盘"课后练习|8.7　课后练习|练习2|原图.jpg"图片，制作出图 8-154 所示的褶皱的图片效果。

图 8-153　练习 1 效果　　　　　　　　图 8-154　练习 2 效果

第9章

综合实例

 本章要点

通过前面8章的学习，大家已经掌握了Photoshop CS4的工具与绘图、文字处理、图层、通道和蒙版、图像色彩和色调调整、路径、滤镜等方面的相关知识。在实际工作中通常要综合利用这些知识来设计和处理图像。下面就通过几个综合实例来帮助大家拓宽思路。通过本章学习应掌握以下内容：

- 制作反光标志效果
- 制作apple标志及文字金属质感处理效果
- 制作电影海报效果

9.1 反光标志效果

 要点：

本例将制作反光标志效果，如图9-1所示。通过本例学习应掌握图层样式、通道和滤镜的综合应用。

反光背景   反光标志   结果图

图9-1 反光标志效果

 操作步骤：

① 执行菜单中的"文件 | 打开"命令，打开配套光盘中的"素材及结果 | 9.1 反光标志效果 | 反光标志.tif"文件，如图9-1所示。

② 按〈Ctrl+A〉组合键，将其全选。然后按〈Ctrl+C〉组合键，将其进行复制。接着，执行菜单中的"窗口 | 通道"命令，调出"通道"面板，单击面板下部 □（创建新通道）按钮创建"Alpha1"。最后，按〈Ctrl+V〉组合键，将刚才复制的黑白图标粘贴到Alpha1通道中，如图9-2所示。

图9-2 将图标复制并贴入 Alpha1 通道中

③ 在 Alpha1 通道中，按〈Ctrl+I〉组合键反转黑白，然后将 Alpha1 拖动到通道面板下部 ⊡（创建新通道）按钮上，将其复制一份，命名为"Alpha2"，如图9-3所示。

图9-3 反转通道黑白后将 Alpha1 复制为"Alpha2"

④ 选中"Alpha2"，执行菜单中的"滤镜｜模糊｜高斯模糊"命令，在弹出的对话框中设置如图9-4所示的参数，将模糊"半径"设置为7像素，对"Alpha2"中的图形进行虚化处理，单击"确定"按钮，结果如图9-5所示。

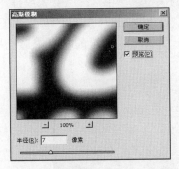

图9-4 设置"高斯模糊"参数

图9-5 高斯模糊后的效果

⑤ 将"Alpha2"中的图像单独存储为一个文件。按〈Ctrl+A〉组合键，将其全选，然后按〈Ctrl+C〉组合键，将其进行复制。接着按〈Ctrl+N〉组合键，新创建一个空白文件，单击"确定"按钮。最后按〈Ctrl+V〉组合键，将刚才复制的"Alpha2"通道内容粘贴到新文件中，将该文件保存为"Logo-blur.psd"。

⑥ 回到"反光标志.tif"，在通道面板中单击"RGB"主通道。然后执行菜单中的"窗口｜图层"命令，调出"图层"面板，接着按〈D〉键，将工具箱中的前景色和背景色分别设置为默认的"黑色"和"白色"。按〈Ctrl+Delete〉组合键，将背景层填充为白色。

⑦ 执行菜单中的"文件｜打开"命令，打开配套光盘"素材及结果｜9.1 反光标志效果｜反光风景.jpg"文件，如图9-1所示。然后选择工具箱中的 ▶⨁（移动工具），将风景图片直接拖

动到"反光标志.tif"文件中，此时在"图层"面板中会自动生成一个新的图层，下面将该图层命名为"风景图片"。接着，按〈Ctrl+T〉组合键，应用"自由变换"命令，按住控制框一角的手柄向外拖动，适当放大图像，并使它充满整个画面。

⑧ 在图层面板中拖动"风景图片"层到下部 （创建新图层）按钮上，将其复制一份，命名为"模糊风景"，此时图层分布如图9-6所示。然后执行菜单中的"滤镜｜模糊｜高斯模糊"命令，在弹出的对话框中设置如图9-7所示的参数，将模糊"半径"设置为5像素，图像稍微虚化，可以消除一些分散注意力的细节，单击"确定"按钮。

⑨ 这一步骤很重要，它的作用是将生成的标志位置限定在可视的图层边缘内。执行菜单中的"图像｜裁切"命令，在弹出的对话框中设置如图9-8所示的参数，单击"确定"按钮。

图9-6　图层分布

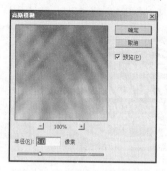

图9-7　设置"高斯模糊"

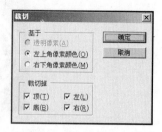

图9-8　"裁切"对话框

⑩ 在图层面板中拖动"模糊风景"层到下部 （创建新图层）按钮上，将其复制一份，并将其命名为"标志"。然后执行菜单中的"滤镜｜扭曲｜玻璃"命令，在弹出的对话框中设置如图9-9所示的参数。再单击右上角的 按钮，在弹出的快捷菜单中选择"载入纹理"选项。接着在弹出的"载入纹理"对话框中选择我们刚才存储的"Logo-blur.psd"，单击"打开"按钮，返回"玻璃"对话框。此时在左侧的预览框内可看到具有立体感觉的标志图形已从背景中浮凸出来，最后单击"确定"按钮，如图9-9所示。

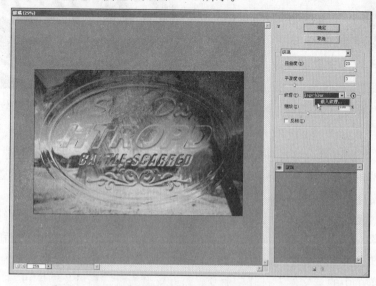

图9-9　在"玻璃"对话框中载入"Logo-blur.psd"

⑪ 在图层面板中选中"标志"层。然后打开通道面板，按住〈Ctrl〉键单击如图9-10所示的"Alpha1"通道图标以生成选区。

⑫ 单击图层面板下部 ▣（添加图层蒙版）按钮，在"标志"层上生成一个蒙版，如图9-11所示。

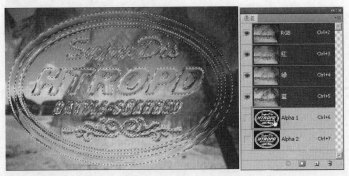

图9-10 单击"Alpha1"通道图标以生成标志图形的选区

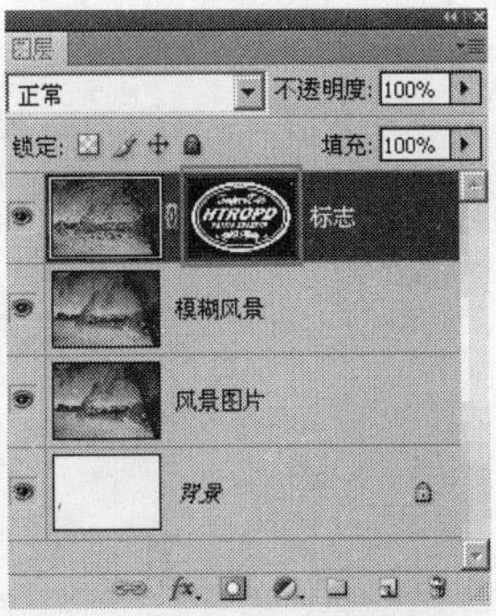

图9-11 添加蒙版

⑬ 下面为"标志"层添加一些图层样式，强调标志图形的立体感觉。单击"图层"面板下部 *fx.*（添加图层样式）按钮，在弹出式菜单中选择"投影"项。然后在弹出的"图层样式"对话框中设置如图9-12所示的参数，单击"确定"按钮。效果如图9-13所示。

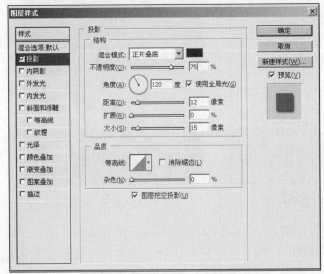

图9-12 设置"投影"参数

图9-13 添加投影后的标志效果

⑭ 在"图层样式"对话框左侧列表中单击"内阴影"项，设置如图9-14所示的参数，添加暗绿色的内阴影，单击"确定"按钮。结果如图9-15所示。

⑮ 在"图层样式"对话框左侧列表中再单击"斜面和浮雕"项，设置如图9-16所示的参数，在标志外侧产生更为明显的雕塑感，单击"确定"按钮。结果如图9-17所示。

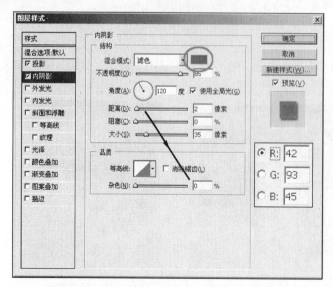

图 9-14　设置"内阴影"参数　　　　图 9-15　添加暗绿色内阴影后的标志效果

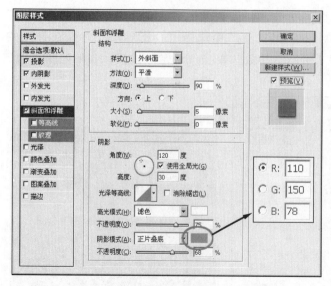

图 9-16　设置"斜面和浮雕"参数　　　　图 9-17　斜面与浮雕效果

⑯ 将工具箱中的前景色设置为一种深绿色（RGB：0，80，90）。然后单击"图层"面板下部 ⬚（创建新图层）按钮创建"图层 1"，按〈Alt+Delete〉组合键，将图层 1 填充为深绿色。接着，再将图层混合模式设定为"正片叠底"，不透明度为 88%，如图 9-18 所示，深暗的背景图像起到了衬托主体的作用，标志图形呈现出一种类似铬合金的光泽效果。

 提示

如图 9-19 所示，"图层 1"位于"标志"层和"模糊风景"层之间。

图 9-18　深暗的背景图像起到了衬托主体的作用　　　图 9-19　图层分布

⑰　下面要在标志的中间部分制作较亮的反光。先打开通道面板，拖动 Alpha1 通道到面板下部的 ▫（创建新通道）按钮上将其复制一份，命名为"Alpha3"。然后按〈Ctrl+I〉组合键，将通道图像黑白反转。接着，选择"Alpha3"，执行菜单中的"滤镜｜艺术效果｜塑料包装"命令，在弹出的对话框中设置如图 9-20 所示的参数，左侧预览框中可以看出加上光感的效果，单击"确定"按钮。

⑱　按〈Ctrl〉键单击"Alpha1"前的通道缩略图，获得"Alpha1"中图标的选区，然后单击"Alpha3"，执行菜单中的"选择｜修改｜收缩选区"命令，在弹出的对话框中设置如图 9-21 所示的参数，使选区向内收缩 1 像素，单击"确定"按钮。

图 9-20　在"Alpha3"中添加"塑料包装"滤镜效果　　　图 9-21　设置"收缩选区"参数

⑲　按〈Shift+Ctrl+I〉组合键，反选选区，将工具箱中的背景色设为黑色，然后按〈Ctrl+Delete〉组合键，将选区填充为黑色。接着再按〈Ctrl+D〉组合键取消选区，结果如图 9-22 所示。

⑳　在通道"Alpha3"中按〈Ctrl+A〉组合键，进行全选，然后再按〈Ctrl+C〉组合键，进行复制。接着打开图层面板，选择"标志"层，按〈Ctrl+V〉组合键，将"Alpha3"中的内容粘贴成为一个新图层，并将此图层命名为"高光"。

图 9-22　用黑色填充"Alpha 3"

㉑　选中"高光"图层，在图层面板上将其图层混合模式更改为"滤色"，不透明度为 70%，如图 9-23 所示。此时标志的中间部分像被一束光直射一般，产生了明显的反光效果，如图 9-24 所示。

图 9-23　图层分布

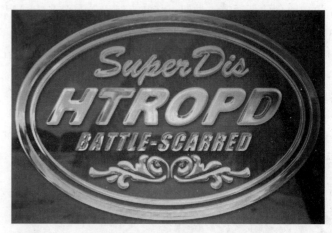

图 9-24　在标志中部加上了光照效果

㉒　在通道面板中，拖动 Alpha1 到面板下部的 ▣（创建新通道）按钮上，将其复制一份，并将其命名为"Alpha4"。然后利用工具箱中的 ✐（画笔工具），设置如图 9-25 所示的画笔工具选项栏参数。接着，将工具箱中的前景色设置为白色，用画笔工具将"Alpha4"中标志内部全部描绘为白色，目的是为了选取标志的外轮廓，如图 9-26 所示。

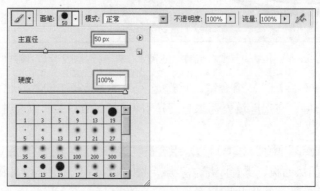

图 9-25　画笔工具选项栏设置

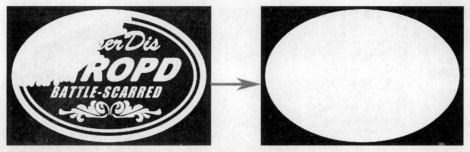

图 9-26　用画笔工具将"Alpha4"中标志内部全部描绘为白色

㉓ 按〈Ctrl〉键单击"Alpha4"前的通道缩略图，获得"Alpha4"中图标外轮廓的选区。然后打开图层面板，单击"背景层"，　接着单击面板下部 🖿（创建新图层）按钮创建一个新图层，命名为"剪切蒙版"。最后按〈Ctrl+Delete〉组合键，将该层上的选区填充为黑色，如图 9-27 所示。

㉔　按住〈Alt〉键，在"剪切蒙版"上的每一个图层下边缘线上单击，所有图层都会按"剪切蒙版"层的形状进行裁切，每个被剪切过的图层缩略图前都出现了 ↳（剪切蒙版）图标，如图 9-28 所示。此时标志从背景中被隔离了出来，下面按〈Ctrl+D〉组合键取消选区，最后结果如图 9-29 所示。

图 9-27　填充黑色　　　　图 9-28　裁切图层　　　　图 9-29　标志从背景中被隔离了出来

㉕ 为整个标志再增添一圈外发光。在图层面板中选中"剪切蒙版"层，单击面板下部 ⨍.（添加图层样式）按钮，在弹出式菜单中选择"外发光"项。然后在弹出的"图层样式"对话框中设置如图 9-30 所示的参数，单击"确定"按钮，结果如图 9-31 所示。

㉖　再手动添加些喷漆闪光。单击面板下部 🖿（创建新图层）按钮创建一个新图层，命名为"闪光"，并将该层移至所有图层的上面，如图 9-32 所示。然后选用工具箱中的 ✐（画笔工具），设置如图 9-33 所示的画笔工具选项栏参数。接着，将工具箱中的前景色设置为白色，用画笔工具在标志图像上的一些高光区域涂画，结果如图 9-34 所示。

 提示

标志上小字体的高光部分要注意换用小尺寸的笔刷进行涂画。

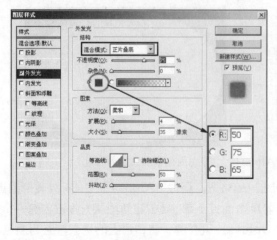

图 9-30　设置"外发光"参数

图 9-31　添加了外发光后的标志效果

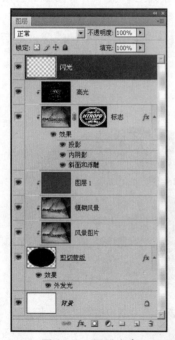

图 9-32　图层分布

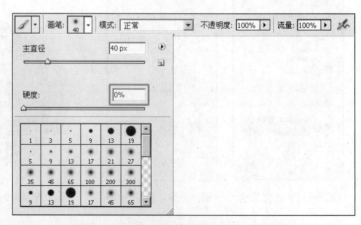

图 9-33　添加闪光的画笔工具选项栏设置

图 9-34　在图像中的高光区域画上白色的闪光点

㉗　至此，整个立体反光标志制作完毕，结果如图 9-35 所示。

图 9-35　最终效果

9.2　apple 标志及文字金属质感处理效果

要点：

　　本例将制作 apple 标志及其文字的金属质感，如图 9-36 所示。这个案例要结合 Photoshop 与 Illustrator 两个软件的功能来完成。画面背景是泛着金属光泽的银灰色凹凸结构，这部分的金属质感主要通过 Photoshop 里的滤镜工具生成；而苹果标志和字母的立体形态则是通过 Illustrator 软件中的渐变网格工具制作完成。因此，这个案例大家需要重点掌握的两个核心知识点是：如何利用滤镜产生金属质感，以及如何通过调节渐变网格点来营造惟妙惟肖的立体感。

图 9-36　apple 标志及文字金属质感处理

 操作步骤：

　　①　首先，执行菜单中的"文件 | 新建"命令，在弹出的对话框中进行设置，如图 9-37 所示，然后单击"确定"按钮，新建一个文件，存储为"Apple.psd"。

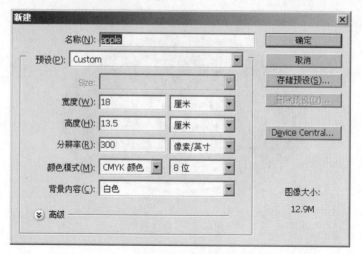

图 9-37　建立新文档

②　选择工具箱中的 ▣（渐变工具），然后单击工具选项栏左部的 ▭▼ 按钮，在弹出的"渐变编辑器"对话框中进行设置，如图 9-38 所示。由于第一步我们要制作一个银灰色的金属底板，因此设置从"浅灰—白色—浅灰"的三色渐变（灰色参考颜色数值 CMYK：0，0，0，70），单击"确定"按钮。接着，按住〈Shift〉键在画面中从左至右拖动鼠标，在画面中填充由"浅灰—白色—浅灰"的三色线性渐变，效果如图 9-39 所示。这种灰白相间的渐变是生成金属质感的理想底色。

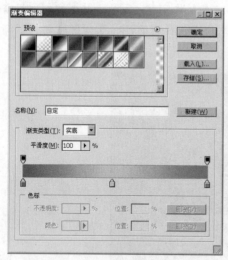

图 9-38　在渐变编辑器里设置渐变参数　　　　图 9-39　在画面中填充三色线性渐变

③　执行菜单中的"窗口｜图层"命令，调出"图层"面板，将背景层拖动到面板下部 ▫（创建新图层）按钮上复制一份，并更名为"layer1"。接下来开始使用滤镜工具生成金属质感。指定工具箱中的前景色为"黑色"，背景色为"白色"。然后选中"Layer1"图层，执行菜单中的"滤镜｜杂色｜添加杂色"命令，在弹出的"添加杂色"对话框中进行设置，如图 9-40 所示，将"数量"设置为12.5%，并且选中"平均分布"单选按钮和"单色"复选框，画面中出现了密密麻麻的细小黑点，单击"确定"按钮。

④ 接下来这一步非常重要，对于金属质感的形成至关重要。执行菜单中"滤镜｜模糊｜动感模糊"命令，然后在弹出的对话框中设置参数，如图9－41所示，将"角度"设为0°，"距离"设置为68像素，单击"确定"按钮后，可以看到刚才画面中的小黑点都变成了密密麻麻的水平细线，与银灰色的背景融为一体，读者可以放大画面局部观看这种细密紧致的金属质感，效果如图9－42所示。

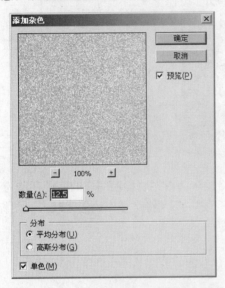 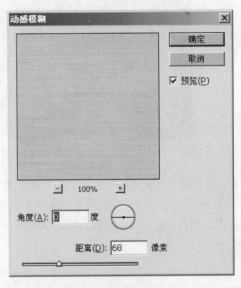

图9－40　在"添加杂色"对话框中设置参数　　图9－41　在"动感模糊"对话框中设置参数

图9－42　形成细致的金属质感

⑤ 金属底板大致形成后，还要继续制作上面的凹陷部分，形成金属镂空的感觉。先绘制出凹陷部分的形状。首先在"图层"面板中选中layer1层，将其拖动到面板底部 ⬜（创建新图层）按钮上自动复制出一个新层，更名为"layer2"。（注意，图层"layer2"位于图层"layer1"的上面）。然后选中layer2层，选择工具箱中的 ✒（钢笔工具），在其选项栏内单击 ⬚（路径）按钮，绘制如图9－43所示的扇形的闭合路径。

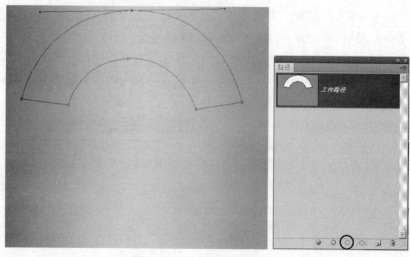

图9-43　绘制扇形路径

⑥　执行菜单中的"窗口｜路径"命令调出"路径"面板，将绘制完成的路径存储为"路径1"。在路径面板中单击并拖动"路径1"到面板下部的 （将路径作为选区载入）图标上，将路径转换为浮动选区，效果如图9-44所示。

提示

　　有关"路径的绘制"，请参看本书第7章"路径"。

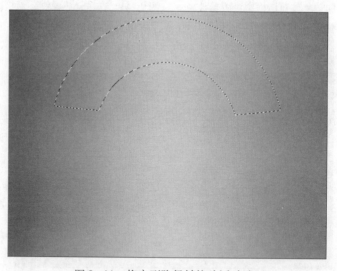

图9-44　将扇形路径转换为浮动选区

⑦　接下来形成凹陷部分的阴影效果。保持扇形选区存在的同时，按〈Delete〉键或者执行菜单中的"编辑｜清除"命令，此时"layer2"层中选区内的图像已经被清除了，从"图层"面板中图层前的缩略图中可以看出变化。然后单击面板下方的 f_x（添加图层样式）按钮，在弹出菜单中点中"投影"项，再设置参数，如图9-45所示。这一步读者也可以自己决定投影的距离、透明度、大小等参数，不同的参数会形成不同的凹陷深度和强度。设置完毕后单击"确定"按钮，此时金属板上部出现凹陷的初步效果，如图9-46所示。

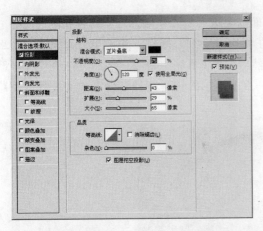 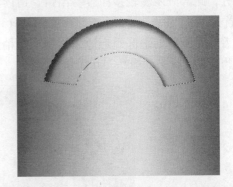

图9-45 在"图层样式"对话框中设置"投影"参数　　图9-46 添加"阴影"效果后出现凹陷感

⑧　扇形部分实际上是个半圆形状，我们下面来制作另一个半圆形，以形成上下对称的结构，这里采用一种简易的复制变形法来实现。首先将扇形选区移至画面下部，然后执行菜单中的"选择｜变换选区"命令，选区四周出现如图9-47所示的矩形控制框，接着再执行菜单中的"编辑｜变换｜旋转180度"命令，此时扇形选区进行了上下翻转，在控制框内双击鼠标，得到如图9-48所示的对称选区。最后按〈Delete〉键或者执行菜单中的"编辑｜清除"命令，得到如图9-49所示的效果。

 提示

　　两个扇形结构都位于图层"Layer2"上，这样二者保持相同的投影效果。

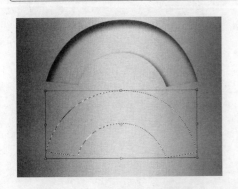 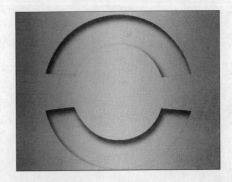

图9-47 进行变换选区的操作　　　　图9-48 扇形选区进行了翻转，形成上下对称的结构

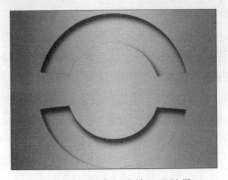

图9-49 初步形成的凹陷效果

⑨ 目前形成的仅仅是凹陷的初步效果，下面需要进一步强化处理的是具有立体效果的边缘部分，此部分步骤较多而容易出错，请读者在制作时要细心操作。先来生成边缘的选区部分。首先，在"图层"面板上新建图层"layer3"，然后利用工具箱中的 ◊ (钢笔工具) 在"layer3"中沿着刚才画好的上部扇形边缘绘制一个稍大一点的扇形的闭合路径，参考本例步骤⑥将路径变为选区，效果如图9-50所示。

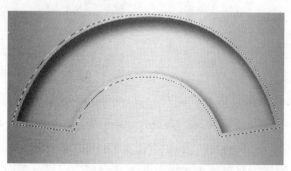

图9-50　创建新选区

⑩ 为了沿着扇形边缘形成立体的厚度感，必须要巧妙地运用选区。先执行菜单中的"选择｜反向"命令，将选区进行反转，然后在"图层"面板中选中图层"layer2"，应用工具栏中的 ◄ (魔棒工具)，按住〈Shift〉键的同时单击画面中上部的扇形凹陷部分，这样就把扇形凹陷部分和扇形的外围部分同时选中了，如图9-51所示。接着，再执行一遍菜单中的"选择｜反向"命令，得到如图9-52所示选区，这部分选区形状代表扇形边缘的厚度区域。

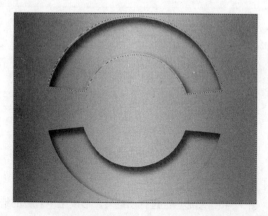

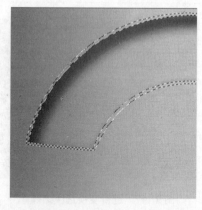

图9-51　把扇形凹陷部分和扇形的外围部分同时选中　　图9-52　得到代表扇形边缘厚度的选区

⑪ 有了边缘厚度的选区后，接下来我们要制作出厚度的立体效果，首先填充一个基本颜色。在"图层"面板中选中图层"layer3"，执行菜单中的"编辑｜填充"命令，在弹出的对话框中进行设置，如图9-53所示，将"使用"设置为"颜色"，然后再选择一种灰白色（参考颜色数值CMYK：0,0,0,10），单击"确定"按钮。选区里被填充上了较亮的灰白色，凹陷的形状仿佛被镶上了一圈明亮的装饰边线。效果如图9-54所示。

⑫ 单击"图层"面板下方的 ƒx (添加图层样式) 按钮，在弹出菜单中选择"斜面和浮雕"项，然后设置参数，如图9-55所示，单击"确定"按钮，从而使凹陷的金属边缘产生立体的厚度感，效果如图9-56所示。

图 9-53　"填充"对话框

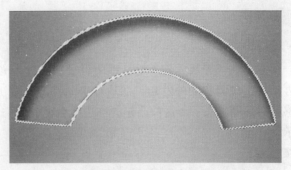

图 9-54　在边缘选区内填充上较亮的灰白色

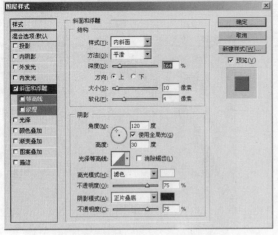

图 9-55　设置"斜面和浮雕"参数

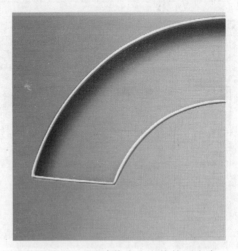

图 9-56　凹陷边缘产生立体的厚度感

⑬　"斜面和浮雕"使金属边缘产生立体凸起的效果，但为了让边缘更具有金属的光泽感，还需要再添加两个使光效发生微妙变化的图层样式，它们分别是"外发光"和"内发光"。单击"图层"面板下方的 *fx.*（添加图层样式）按钮，在弹出菜单中先选择"内发光"项，然后在打开的"图层样式"对话框中进行设置，如图 9-57 所示。单击"确定"按钮，效果如图 9-58 所示。

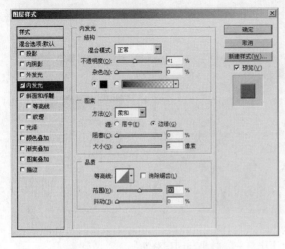

图 9-57　设置"内发光"参数

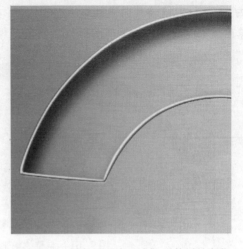

图 9-58　添加了"内发光"后的微妙变化

提示

"内发光"的"混合模式"选择"正常"，"颜色"为黑色。

同理，在"图层样式"对话框中再设置"外发光"项的参数，参考图9-59所示，为边缘再添加5像素宽的外发光。然后单击"确定"按钮，此时边缘厚度的光泽感、立体感和镶嵌感就都呈现出来了，这种凸起的细边线会使它所修饰的内容变得精致。最后效果如图9-60所示。

 提示

"内发光"和"外发光"都是细节部分的微妙处理，效果不能过于强烈。

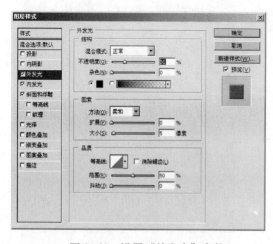

图9-59　设置"外发光"参数

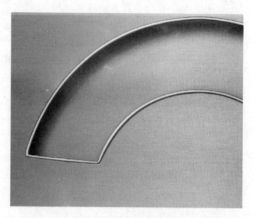

图9-60　添加了"外发光"后边缘镶嵌感增强

⑭　现在，上半部的扇形结构制作完成了，完整的扇形效果与图层分布如图9-61所示。由于下半部分的扇形与上半部分是完全对称的结构，因此只需要直接把图层"layer3"复制旋转即可。首先在"图层"面板中选中layer3层，将其拖动到面板底部 （创建新图层）按钮上自动复制出一个新层，更名为"layer4"。然后执行"编辑｜变换｜旋转180度"命令。接着，按住〈Shift〉键将其向下移至适当的位置，让它与下半部分扇形边缘吻合，这样上下两个边缘厚度就都完成了，效果如图9-62所示。

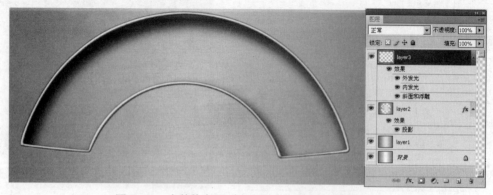

图9-61　完整的扇形（上半部分）效果与图层分布

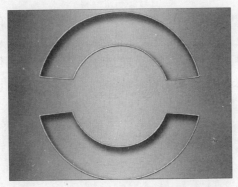

图9-62　复制出下半部分扇形的边缘效果

⑮　边缘凸起效果制作完成之后，在扇形边缘以及整体画面的外围再添加立体的修饰，还是应用图层样式功能来完成。先选中图层"layer2"，单击"图层"面板下部的 ƒ.（添加图层样式）按钮，在弹出的菜单中选择"斜面和浮雕"项，在弹出的对话框中进行设置，如图9-63所示。单击"确定"按钮，效果如图9-64所示。放大边缘局部，从图9-65中可清晰地看出画面边缘向内凸起，形成立体的转角效果，而放大后的扇形边缘显示出强烈的金属感。

提示

请注意此步骤选取的图层是前面生成的"Layer2"。

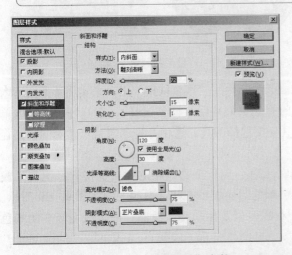

图9-63　设置"斜面和浮雕"参数

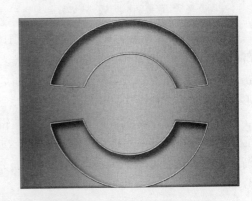

图9-64　边缘厚度完成后的效果

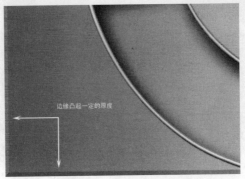

图9-65　放大局部边缘

⑯ 接下来我们要制作位于画面中间的苹果图标和"APPLE"的艺术字效。这部分标志与字体的设计都具有强烈的立体效果，而且表面光的分布也很特殊，属于带有三维立体感和特殊材质反光的形体。处理这种图形时，颜色过渡的细腻、自然与流畅是至关重要的，因此我们采用 Illustrator 中的渐变网格功能来进行此部分的制作，最后再回到 Photoshop 中进行合成。

首先我们来绘制苹果图标的基本形状。打开 Illustrator 软件，新创建一个 AI 文件，先利用工具箱中的 ✎（钢笔工具）绘制出如图 9-66 所示的路径形状，苹果边缘的曲线要非常圆滑，因此在绘制完成后，还可选用工具箱中的 ▶（直接选择工具）调节锚点及其手柄以修改曲线形状。形状调整完成后，将其"填色"设置为深蓝色（参考颜色数值 CMYK：90,90,10,0），效果如图 9-67 所示。

图 9-66　苹果图标大致外形　　　　　　　　图 9-67　修整形状并填充深蓝色

⑰ 基本形状绘制完成后，我们应用 Illustrator 中的"渐变网格"工具来实现苹果图形内部起伏变化的颜色效果。先来添加网格线。选择工具箱中 ▦（网格工具），在画好的路径内单击鼠标添加网格点。然后利用工具箱中的 ▶（直接选择工具）选中并拖动网格点，对网格路径形状进行调节，如图 9-68 所示。

⑱ 形成初步的网格后，可以进行编辑和上色。应用工具箱中的 ▶（直接选择工具）或 ▦（网格工具）选中网格点或网格单元，在"颜色"面板中直接选取颜色，如图 9-69 所示。渐变网格的颜色是依照网格路径的形状而分布的，只要移动和修改路径即可改变渐变的颜色分布。

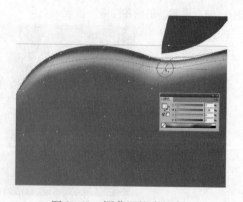

图 9-68　添加渐变网格　　　　　　　　图 9-69　调节网格点颜色

⑲ 利用渐变网格原理将苹果内部的颜色调亮一些，而四周颜色保持深蓝色，在靠近上部边缘的地方设置较亮的颜色，调整完成后的网格效果如图9-70，9-71所示。利用渐变网格，就能根据自己的意愿对图形颜色进行自由的调节，有兴趣的读者可以参考Illustrator软件说明书，继续深入学习它的强大功能。

⑳ 最后，利用工具箱中的 ▧（选择工具）选中苹果和叶子图形，执行"对象 | 编组"命令，将所有图形组成一组。完整的立体苹果标如图9-72所示。

图9-70 调整完成的苹果网格形状　　图9-71 苹果叶子网格形状　　图9-72 苹果标志完整的效果

㉑ 接下来开始制作"APPLE"字样的艺术字。这几个字母是由许多类似金属条的形状拼接而成的，虽然形状简单，但表面具有趣味的颜色和反光，仿佛光滑的彩色漆面。本例将采用具有绿、黄、橙、红、紫、蓝6种颜色的金属条来拼接成艺术字形。先来制作一个基本单元形，为了开拓读者的思路，我们分别讲解应用Illustrator和Photoshop制作的两种殊途同归的方法。

思路1：采用Illustrator中的渐变网格进行制作。首先应用工具箱中的 ▱（钢笔工具）绘制出条形状的大致轮廓，将其"填色"设置为一种绿色，然后应用 ▦（网格工具）在其中添加适当的网格，如图9-73所示。

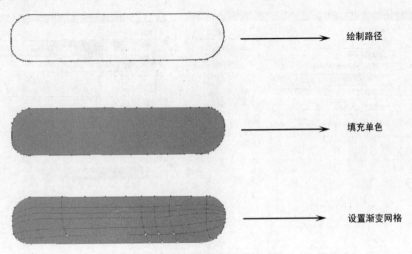

绘制路径

填充单色

设置渐变网格

图9-73 绘制出形状，并添加网格点

利用工具箱中的 ![icon]（直接选择工具）或 ![icon]（网格工具）选中一行网格点，将它们设置为白色，如图9-74所示。参考前面步骤⑰、⑱关于渐变网格的应用方法，逐行改变颜色，方法这里不再累述，请读者注意条形两端光的弯曲表示。最终效果如图9-75所示。

图9-74 逐行改变网格点颜色

图9-75 金属条形的最终效果

思路2：采用Photoshop中的图层样式进行制作。在Photoshop中新创建一个空白文件，新建"图层1"，然后用工具箱中的 ![icon]（圆角矩形工具）绘制出一个窄长的圆角矩形，填充为绿色。如图9-76所示。

提示

　　圆角矩形的边角弧度在工具选项栏中进行设置。另外注意绘制前先单击 ![icon]（填充像素）按钮。

图9-76 绘制一个窄长的圆角矩形

单击"图层"面板下部的 ![icon]（添加图层样式）按钮，在弹出菜单中选择"渐变叠加"项。打开如图9-77所示的"图层样式"对话框，在其中单击"渐变"后的条状按钮，在接着弹出的"渐变编辑器"对话框中设置绿色系的多色渐变，这种复杂的渐变色用于形成金属的光泽感。如图9-78所示（读者也可以自己设置变化的渐变色）。最后，单击"确定"按钮，效果如图9-79所示。

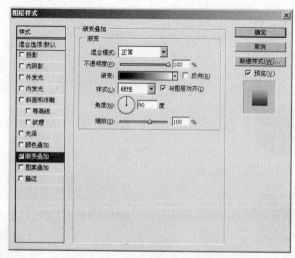

图9-77 设置"渐变叠加"参数

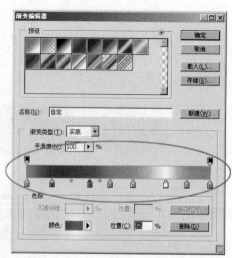

图9-78 设置多色渐变

再单击"图层"面板下部的 ⓕ⚡(添加图层样式)按钮，在弹出菜单中选择"内发光"项。在弹出的对话框中进行设置，如图 9-80 所示，为条状金属添加向内的绿色发光，这样可以使它具有立体按钮的凸起感。单击"确定"按钮，效果如图 9-81 所示。

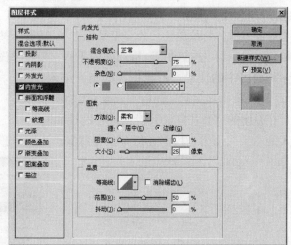

图 9-79　应用多色渐变进行渐变叠加后的效果

图 9-80　设置"内发光"参数

拼合图层，然后选择工具箱中的 [⚡](涂抹工具)对金属条两端进行光泽的扭曲处理，进一步强调它的立体光影，效果如图 9-82 所示。

图 9-81　金属条形添加内发光后的效果

图 9-82　用"涂抹工具"处理金属条两端细节

㉒　同理，再制作出其余 5 种颜色的金属条形状（读者可以自己选择应用 Photoshop 或 Illustrator 来制作）。参考颜色为黄、橙、红、紫、蓝。每种颜色制作一个金属条形即可。

㉓　接下来开始"拼字游戏"，参照图 9-83 所示的最终效果，将各种颜色的条形状进行复制与拼贴。将他们根据字母的形状调节成适合的长度，并分别移动到相应的位置，这一步骤需要进行精细的调节，最后将金属条形拼合成"APPLE"字样。

✍ 提示

　　注意每个条形状之间的距离是相等的，每一横排也是位于一条直线上，因此一定要注意水平对齐，这样才能给人以整齐规范的感觉。

图 9-83　APPLE 字样最终拼接效果

㉔ 到此为止，画面素材——金属凹陷形状的背景、立体苹果标以及拼接文字都分别制作完成，现在进行最后的整合。先应用工具箱中的 ▶（选择工具）将前面步骤⑳已编组的苹果图形选中（Illustrator 制作），因为 Photoshop CS4 与 Illustrator CS4 是相互兼容的，可直接将绘制好的 AI 苹果图形拖动到 Photoshop 中打开的"Apple.psd"里，自动生成独立的一层，相当智能方便。将该层更名为"苹果标志"。然后，按〈Ctrl+T〉组合键应用"自由变换"命令，按住〈Shift〉键拖动控制框边角的手柄，使苹果图形等比例缩小，并将其移动到如图 9-84 所示画面居中的位置，形成稳定的画面结构。

㉕ 单击"图层"面板下部 ƒₓ（添加图层样式）按钮，在弹出式菜单中选择"投影"项，然后在弹出的"图层样式"对话框中设置如图 9-85 所示的参数，单击"确定"按钮。从而为置入的苹果图形添加投影，使苹果与背景产生距离感，效果如图 9-86 所示。

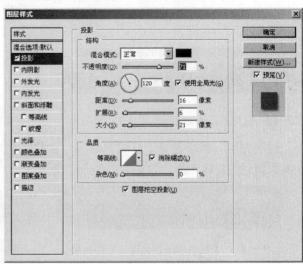

图 9-84　将绘制好的苹果图形置入画面中心位置　　　　图 9-85　设置"投影"参数

㉖ 同理，将金属条状拼接而成的"APPLE"艺术字也置入"Apple.psd"中，自动生成新的图层，更名为"apple 文字"，参考图 9-87 所示的效果，调整文字的大小和位置，使画面所有图形都形成中心对称的结构。

图 9-86　添加投影的苹果图形效果　　　　　图 9-87　将艺术字置入到画面的中心位置

㉗ 为了便于观看效果，下面隐藏"苹果标志"层，然后选择"apple 文字"层，单击"图层"面板下部 ƒₓ（添加图层样式）按钮，在弹出式菜单中选择"投影"项，接着，在弹出的

"图层样式"对话框中设置如图9-88所示的参数。为艺术字也添加投影效果。最后，单击"确定"按钮，投影使画面各个元素间产生了层次感和空间感，也使背景的凹陷效果更为显著，如图9-89所示。

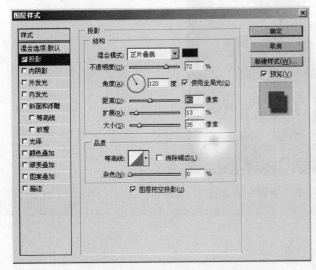

图9-88　为文字设置"投影"参数　　　　　图9-89　投影使画面产生了层次感和空间感

⃝28　至此，整个画面终于完成。下面重新显现"苹果标志"层，最终结果如图9-90所示。在这个案例的制作过程中，我们学习到了滤镜、图层样式以及渐变网格的使用方法。更重要的是开拓了设计思路，灵活地实现Illustrator与Photoshop软件的完美结合。

图9-90　最终效果图

9.3　电影海报效果

要点：

本例将制作电影海报效果，如图9-91所示。通过本例学习应掌握图层、色彩调整、路径和滤镜的综合应用。

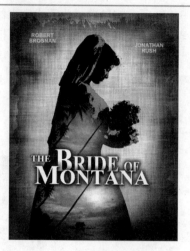

图 9-91　电影海报效果

 操作步骤：

①　执行菜单中的"文件｜新建"命令创建一个 8 厘米 × 10.5 厘米，分辨率为 300 像素/英寸，颜色模式为"RGB 颜色"（8 位）的文件，然后将其存储为"电影海报 -1.psd"。

②　这张海报的背景是被局部光照亮的类似织布纤维的纹理效果，这种带有粗糙感的自然纹理是利用 Photoshop 的功能创造而出的。因此我们先来生成织布底纹。指定工具箱中的前景色为"黑色"，背景色为"白色"，执行菜单中的"滤镜｜杂色｜添加杂色"命令，然后在弹出的对话框中进行设置，如图 9-92 所示，将"数量"设置为 400%，"分布"为"高斯分布"，然后选中"单色"复选框，画面上出现了黑白色杂点。单击"确定"按钮，结果如图 9-93 所示。

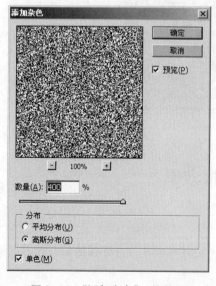

图 9-92　"添加杂色"对话框

图 9-93　在画面中中添加黑白杂点

③ 执行菜单中的"窗口丨图层"命令，调出"图层"面板，按<Ctrl+J>组合键，将背景层复制为"图层1"。然后，单击"图层1"前的 👁 图标，将该层暂时隐藏。

④ 下面将杂点转成色块，并在画面中初步生成模糊的纵横交错的纤维组织。选中背景层，执行菜单中的"滤镜丨杂色丨中间值"命令，然后在弹出的对话框中进行设置，如图9-94所示，将"半径"设置为70像素。图像中细小的杂点凝结成颗粒，并呈现出隐约可见的纤维组织图像。单击"确定"按钮，结果如图9-95所示。

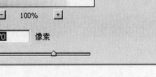

图9-94 "中间值"对话框

图9-95 画面中初步生成模糊的纵横交错的纤维组织

⑤ 由于目前画面中的纹理效果还比较模糊，要对其进行清晰化的处理。执行菜单中的"图像丨调整丨色阶"命令，在弹出的如图9-96所示的对话框中，将直方图下方的黑色色标向右侧移动，图像对比度增大，清晰程度得到改善。单击"确定"按钮，结果如图9-97所示。

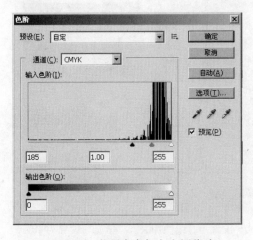

图9-96 将黑色色标向右侧移动

图9-97 纤维图像对比度增大

⑥ 这一步骤主要生成清晰细致的纤维纹理。在"图层面板"中选中"图层1"，并将"图层1"前的 👁 图标单击打开。然后执行菜单中的"滤镜丨素描丨水彩画纸"命令，在弹出的对话框中进行设置，如图9-98所示，设置"纤维长度"为50，"亮度"为90，"对比度"为75。单击"确定"按钮，画面中出现灰色的纵横交错的纹理图案。

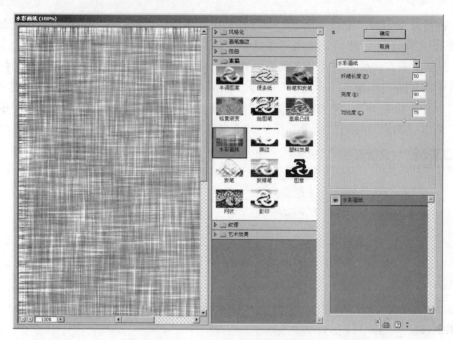

图9-98 "图层1"上生成纵横交错的灰色织布纹理

⑦ 在"图层面板"中将"图层1"的"混合模式"设置为"线性加深"，"填充"设置为40%，两个图层上的纤维组织图像自然地融合在一起，放大局部后可看到线条清晰、明暗变化丰富的布纹效果，如图9-99所示。

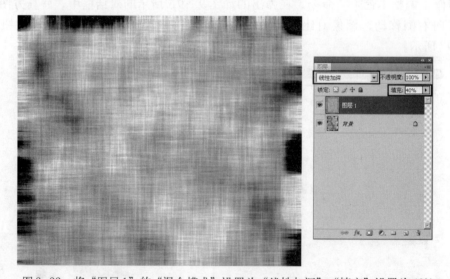

图9-99 将"图层1"的"混合模式"设置为"线性加深"，"填充"设置为40%

⑧ 现在图像四周参差不齐的黑色部分是多余的，我们要在不改变图像整体尺寸的前题下将黑色部分去除。在"图层"面板中双击背景层，将其转为普通图层"图层0"。然后，按住<Shift>键将背景层和"图层1"都一起选中。接着，按<Ctrl+T>组合键应用"自由变换"命令，按住<Shift>键拖动控制框边角的手柄使图像进行等比例放缩，让边缘的黑色区域超出画面外，调整后的效果如图9-100所示。

⑨ 下面在纹理中添加渐变颜色。在图层面板下部单击面板 ⬛.（创建新的填充或调整图层）按钮，从弹出的快捷菜单中选择"渐变映射"命令，然后在弹出的"渐变映射"对话框中单击如图 9−101 所示的渐变颜色按钮，再在"调整"面板中选择"紫色—橙色"渐变，如图 9−102 所示，单击"确定"按钮。此时图像被很浓重的桔红色覆盖，结果如图 9−103 所示。

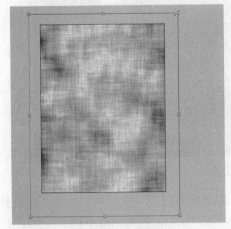

图 9−100　调整后效果

图 9−101　"渐变映射"对话框

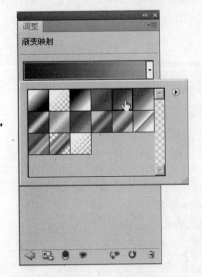

图 9−102　选择"紫色—橙色"渐变

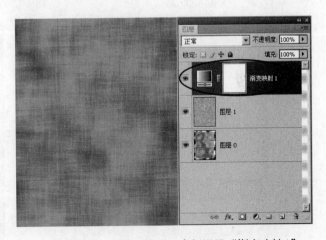

图 9−103　自动生成了一个新图层"渐变映射 1"

> **提示**
>
> 在图像上应用"渐变映射"命令后，图层面板中自动生成了一个新的调整图层，名为"渐变映射 1"。

⑩ 在"图层面板"中选择"渐变映射 1"层，将其图层"混合模式"设置为"颜色加深"，"填充"设置为 75%，如图 9−104 所示，渐变颜色渗透到了纤维内，画面中本来很强烈的桔红色被改为一种棕褐色调。

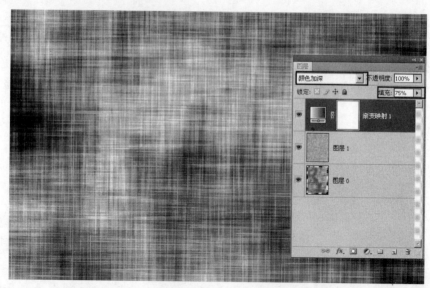

图 9-104　将"渐变映射 1"层"混合模式"设置为"颜色加深"，"填充"设置为 75%

⑪　现在看来，纹理的颜色还是稍显浓重，而且对比度过高。在"图层面板"中选择"图层 0"，然后执行菜单中的"图像｜调整｜曲线"命令，在弹出的对话框中调节出如图 9-105 所示曲线形状，使暗调减弱一些，中间调稍微提亮。调节完后单击"确定"按钮，制作完成的纤维纹理效果如图 9-106 所示。最后，按<Shift+Ctrl+E>组合键将所有图层合并为一个图层，更名为"织布纹理"。

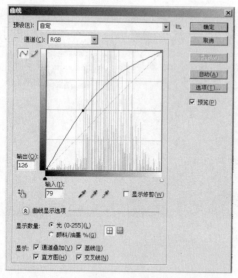

图 9-105　"曲线"对话框中降低对比度

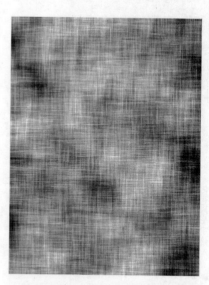

图 9-106　制作完成的纤维纹理效果

⑫　下面，我们要来处理这张海报的主体部分——新娘图像逆光的剪影效果。先执行菜单中的"文件｜打开"命令打开如图 9-107 所示的配套光盘中提供的素材"新娘侧影.tif"文件，然后利用工具箱中的 （魔棒工具）制作新娘图像背景的选区（仅选取人物外轮廓）。在魔棒工具选项栏中单击 （添加到选区）按钮，"容差"设置为 30。

⑬ 按<Ctrl+Shift+I>组合键反转选区，然后选择工具箱中的 （移动工具）将选中的新娘图像拖动到"电影海报-1.psd"中，在"图层面板"中自动生成"图层1"。接着，按键盘上的<Ctrl+T>组合键应用"自由变换"命令，按住<Shift>键拖动控制框边角的手柄，使图像等比例缩小，并将其移动到如图 9-108 所示画面居中的位置。

提示

"图层1"位于图层"织布纹理"上面。

图 9-107　光盘中提供的素材"新娘侧影.tif"　　　　图 9-108　将新娘图像放置到图像居中的位置

⑭ 由于图片中人物婚纱为白色，阶调偏高调。因此，在将其处理成黑色的剪影轮廓之前，必须先对图像中间调和暗调进行压缩。执行菜单中的"图像|调整|曲线"命令，在弹出的对话框中调节出如图 9-109 所示曲线形状，使图像中间调和暗调都加重一些。调节完后单击"确定"按钮，图像原来较弱的中间调部分呈现出丰富的细节，效果如图 9-110 所示。

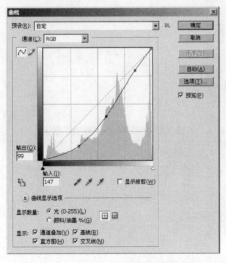

图 9-109　"曲线"对话框中压缩中暗调　　　　图 9-110　中间调和暗调被加重后的人物图像

⑮　接下来，执行菜单中的"图像｜调整｜阈值"命令，然后在弹出的"阈值"对话框中进行设置，如图9-111所示，阈值色阶为190，单击"确定"按钮。图像变为如图9-112所示的黑白效果，使人像左侧背光部分变成大面积的黑色，但注意要保持人像脸部原有的光影效果。

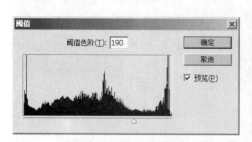

图9-111　"阈值"对话框　　　　　　　　图9-112　剪影图像注意要保持人像脸部原有的光影效果

⑯　现在图像中的主要问题有两个：一是人像纵向长度不够，需要补足人物下部轮廓；二是由于婚纱形状的原因，造成剪影外形显得有些臃肿，这都需要我们对图像进行后期修整。选择工具箱中的 （钢笔工具），在其选项栏内单击 ▨（路径）按钮，绘制如图9-113所示的路径形状，将人物裙装的外轮廓进行重新定义。然后，执行菜单中的"窗口｜路径"命令调出"路径"面板，将绘制完成的路径存储为"路径1"。

提示

有关路径的绘制，请参看本书第7章"路径"。

图9-113　应用钢笔工具对人物裙装的外轮廓进行重新定义

⑰ 在路径面板中单击并拖动"路径1"到面板下部的  （将路径作为选区载入）图标上，将路径转换为浮动选区。然后，将工具箱中的前景色设置为黑色，按<Alt+Delete>组合键将选区内填充为黑色。

⑱ 按<Ctrl+Shift+I>组合键反转选区，然后选择工具箱中的 （橡皮擦工具），如图9-114所示，将人物新定义的轮廓之外的部分都擦除。

提示

> 如果擦除后对新的轮廓的形状依然不甚满意，还可以在"路径"面板中单击"路径1"，利用工具箱中的 （直接选择工具）拖动节点以重新调整路径形状。

最后修改完成的效果如图9-115所示，人物下部轮廓被补足，剪影外形也得到了修整。

图9-114 将人物新定义的轮廓之外的部分都擦除　　　图9-115 最后修改完成的剪影外形

⑲ 现在人物剪影图像中的白色与暖调的背景色很不协调，我们来对它进行上色，将白色区域改成桔黄色调。执行菜单中的"图像｜调整｜色相／饱和度"命令，在弹出的对话框中进行设置，如图9-116所示。先选中对话框右下角"着色"复选框，然后，将色相调整为桔黄色调，同时提升色彩饱和度和降低明度，使图像中的白色被处理为一种浓重的橙黄色，与背景色形成协调的关系。最后，单击"确定"按钮，效果如图9-117所示。

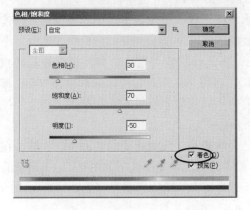

图9-116 "色相／饱和度"对话框　　　图9-117 图像中的白色被处理为一种浓重的橙黄色

⑳ 下面对背景的光效进行处理。首先，要将背景图像四周调暗。在"图层"面板中选中"织布纹理"层，然后选择工具箱中的 ☐（套索工具），在套索工具选项栏中将"羽化"值预设为 0 像素。先圈选如图 9-118 所示的区域。基本选区已制作出了，接下来对选区进行更进一步的优化处理。在选项栏中我们可以看到有一个"调整边缘"按钮，单击该按钮打开如图 9-119 所示的"调整边缘"对话框，在其中可以为选区进行更多的精细调整：如羽化选区、调节选区光滑度来去除锯齿状边缘等，调节完成后单击"确定"按钮，优化过的选区出现在图像中。

> **提示**
>
> 图 9-119 中图像四周显示出的黑色填充效果，是由于在"调整边缘"对话框下部单击了第 3 个按钮（这 5 个按钮用于控制选区在预览窗中的显示模式，从左至右依次是：普通选区、快速蒙版、黑色背景、白色背景、蒙版状态），仅仅是用于预览选区的一种显示状态，并非真正填充黑色。

图 9-118　圈选要将图像四周调暗的选区　图 9-119　在"调整边缘"对话框中为选区进行更多的精细调整

㉑ 按<Ctrl+Shift+I>组合键反转选区，然后执行菜单中的"图像｜调整｜曲线"命令，在弹出的"曲线"对话框中调节出如图 9-120 所示曲线形状，使图像中间调和亮调都大幅度加重。此时会发现图像颜色也随之变得灰暗。接着如图 9-121 所示点开对话框中"通道"下拉列表，先选择"红"通道，增加亮调部分的红色，再选择"蓝"通道，将亮调部分稍微减弱，使图像再偏一点黄橙色调。最后，再回到 RGB 主通道，这个时候可以看到，在 RGB 模式下，红、绿、蓝三种颜色的曲线都会同时出现在曲线中间的显示框里。最后单击"确定"按钮，此时图像边缘一圈会变暗，效果如图 9-122 所示。

㉒ 图像边缘加暗后，接着要使人物周围出现强光的效果，先圈选出需要调亮的区域。在"图层面板"中选中"织布纹理"层，应用和步骤⑰相同的方法，先圈选出如图 9-123 所示的图像中部区域，然后在"重定边缘"对话框中对选区进行更多的精细调整（可设置与图 9-119 相同的参数）。

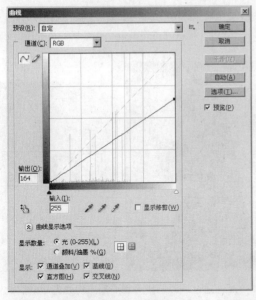
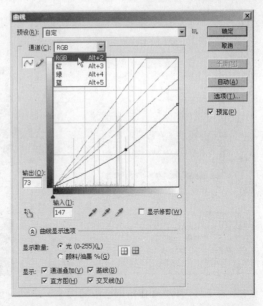

图9-120 调节曲线使图像中间调和亮调都大幅度加重 图9-121 单独调节红通道和蓝通道，改变图像颜色

图9-122 图像四周边缘变暗后的效果 图9-123 圈选图像中部需调亮的部分

㉓ 下面来制作人物周围强光照亮的效果，由于后面的步骤对背景纹理还要进一步进行处理，所以最好将此步加亮的效果放在一个可编辑的调节层上。在"图层"面板下部单击 （创建新的填充或调整图层）按钮，从弹出的快捷菜单中选择"曲线"命令，在打开的"曲线"对话框中设置如图9-124所示的曲线形状，使选区内图像暗调和中间调大幅度增亮，还可将"蓝"通道稍微减弱一些，避免图像亮调偏冷色。单击"确定"按钮，"图层"面板中增加了一个名为"曲线1"的调节层，人物周围图像出现如图9-125所示的光效。

㉔ 为了使整张海报增强一种怀旧的感觉，除了前面所创造的黄褐色调以及沉静的黑色人物剪影之外，还要在背景织布纹理图像中增加纸张破损与撕裂的边缘效果，这样也可以为画面添加微妙的层次感。单击"图层"面板下方的（创建新图层）按钮创建"图层2"，将"图层2"置于"图层1"的下面，并单击"图层1"前的 图标，将该层暂时隐藏。然后，指定工具箱中的前景色为"黑色"，背景色为"白色"，按<Ctrl+Delete>组合键将"图层2"全部填充为白色。

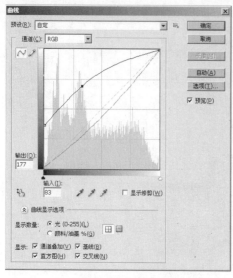

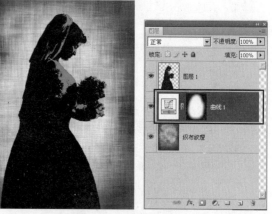

图9-124 增亮图像暗调与中间调　　　　图9-125 通过调节层使人物周围出现强光照射的效果

㉕　这一步骤先来定义撕纸边缘的基本形状。选择工具箱中的　（矩形工具），在其选项栏内单击 □（填充像素）按钮，然后拖动鼠标在白色背景中绘制出一个如图9-126所示的黑色长方形。接着，执行菜单中的"滤镜｜像素化｜晶格化"命令，然后在弹出的对话框中进行设置，如图9-127所示，将"单元格大小"设置为40，单击"确定"按钮。黑色图形的边缘出现如图9-128所示的不规则的锯齿形状。

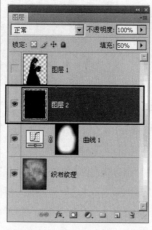

图9-126 在"图层2"上绘制一个黑色长方形　　　　图9-127 "晶格化"对话框

㉖　选择工具箱中的 （魔棒工具）制作"图层2"中白色区域的选区，魔棒工具选项栏中"容差"设置为30。然后，按<Delete>键将白色区域删除，显示出下面图层的内容。接着，再按<Ctrl+Shift+I>组合键反转选区。

㉗　我们只需要保留撕纸边缘的部分，而中间大面积区域要进行删除并与背景图像自然融合，先定义边缘保留的宽度。执行菜单中的"选择｜修改｜收缩"命令，在打开的

"收缩选区"对话框中进行设置，如图 9-129 所示，将选区向内缩小 45 像素，单击"确定"按钮。

图 9-128　黑色图形的边缘出现不规则的锯齿形状　　　　图 9-129　使选区向内收缩 45 像素

　　㉘　在选项栏中单击"调整边缘"按钮，在打开的"调整边缘"对话框中进行设置，如图 9-130 所示，对选区边缘进行羽化和平滑化的处理，单击"确定"按钮。然后按＜Delete＞键将选区内的黑色部分进行删除，并将"图层"面板上的"填充"项设置为 50%。最后，按＜Ctrl＋D＞组合键取消选区。"图层 2"上只剩下半透明的锯齿边缘，效果如图 9-131 所示。

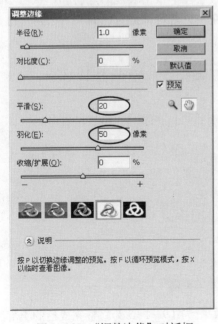

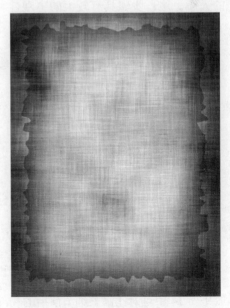

图 9-130　"调整边缘"对话框　　　　　　图 9-131　"图层 2"上半透明的锯齿边缘效果

㉙ 调整撕纸边缘图形的大小和位置，使它尽量接近画面边缘位置。然后，为了使撕纸边缘视觉效果稍微弱化一些，可以进行轻度的模糊处理。执行菜单中的"滤镜｜模糊｜高斯模糊"命令，在弹出的对话框中设置如图9－132所示参数，将"半径"设置为2像素，然后单击"确定"按钮。

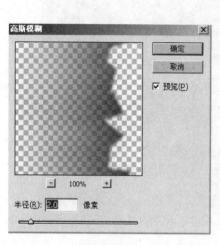
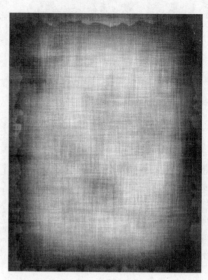

图9－132　对撕纸边缘图形进行"半径"为2像素的高斯模糊处理

㉚ 现在制作完成的纸张破损与撕裂的边缘效果局部还显得机械与突兀，下面的工作是修整边缘形状并添加生动的细节，这一步骤非常重要。选择工具箱中的 ▨（橡皮擦工具），在其工具选项栏中设置如图9－133所示的较小笔刷点。然后用工具箱中的 ▨（缩放工具）放大图像左上角的局部区域，开始进行局部擦除，在擦除的过程中根据裂边的走向和形状可不断更换笔刷的大小。这一步骤具有较大的主观性和随意性，读者可根据自己的喜好来对边缘进行修整。

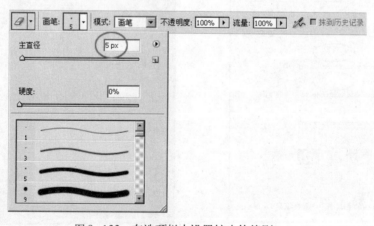

图9－133　在选项栏内设置较小的笔刷

从图9－134中可对比修整细节前后的局部边缘效果。图9－135为修整完成后的上部边缘效果与放大后的左下角效果，以供读者自己制作时参考。

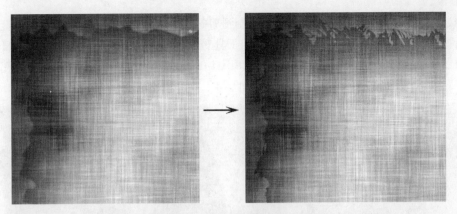

图 9-134　用"橡皮擦"工具修改撕裂边缘，增添丰富生动的细节

图 9-135　修整完成后的上部边缘效果与放大后的左下角效果

㉛　在"图层"面板中选中"图层 1"，并将"图层 1"前的 ◉ 图标单击打开。调整人物剪影与背景图像间的相对位置。整体构图如图 9-136 所示。

㉜　执行菜单中的"文件｜打开"命令，打开如图 9-137 所示的配套光盘中提供的素材"落日图片.tif"。下面我们要将该图片与人物剪影融为一体。按<Ctrl+A>组合键将图片全部选中，然后按<Ctrl+C>组合键将其复制到剪贴板中。接着，选中"电影海报-1.psd"，在图层面板中按住<Ctrl>键单击"图层 1"名称前的缩略图，得到新娘侧影的选区。

图 9-136　合成效果

图 9-137　"落日图片.tif"图片

㉝ 按<Shift+Ctrl+V>组合键将刚才复制到剪贴板中的内容粘贴到新娘侧影的选区内，在"图层"面板上自动生成"图层3"。然后，用工具箱中的 ![移动工具] （移动工具）将贴入的落日图像向上移动至图9-138所示位置。接着，再次按<Shift+Ctrl+V>组合键，将复制的落日图片再粘贴进来一份，在"图层"面板上自动生成"图层4"，将其向下移动至图9-139所示位置。

 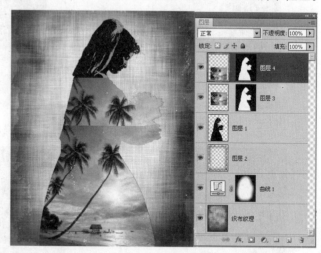

图9-138　贴入第一张落日图片生成"图层3"　　　图9-139　贴入第二张落日图片生成"图层4"

㉞ 现在三幅图拼接的边界显得非常生硬，需要将它们通过淡入淡出进行融合，先来处理人物剪影与"图层3"的关系。在"图层面板"中选中"图层3"，然后选择工具箱中的 ![套索工具] （套索工具），在套索工具选项栏中将"羽化"值预设为40像素，圈选出如图9-140中左图所示的范围，接着按<Delete>键删除选区内的图像，得到如图9-140右图所示的效果，"图层3"中的落日图像与人物剪影中原有的层次自然融合在一起。

图9-140　使"图层3"中的落日图像与人物剪影自然融合在一起

㉟ 下面来处理"图层3"与"图层4"间的关系。在"图层面板"中选中"图层4"，圈选出如图9-141左图所示图像上部的区域（也就是上下两张图中间衔接的部位），同样按<Delete>键删除选区内的图像，上下两张落日图片中间清晰的接缝被消除，得到如图9-141右图所示的效果。然后，按<Ctrl+E>组合键将"图层3"和"图层4"拼合为一层，此时会

弹出如图 9-142 所示的对话框，询问在合并图层时是否应用图层蒙版，单击"应用"按钮。将合成后的新图层命名为"图层 3"。

图 9-141 使"图层 3"和"图层 4"中的落日图像消除边界

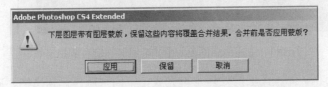

图 9-142 拼合"图层 3"和"图层 4"时弹出的询问对话框

㊱ 接下来要进行的是边缘细节的修整，使衣裙边缘的落日图像逐渐隐入到黑色之中。利用工具箱中的 <kbd>□</kbd>（套索工具），在套索工具选项栏中将"羽化"值预设为 40 像素。圈选出新娘衣裙边缘的区域，接着按<Delete>键删除选区内的图像，使人物衣裙边缘图像逐渐变暗。从图 9-143 中可以看出调节前后的对比效果。

图 9-143 使衣裙边缘的落日图像逐渐隐入到黑色之中

㊲ 人物衣裙边缘融入黑色中后，与织布纹理的背景对比增强，为了使整张画面色调沉稳而协调，下部区域背景图像也需要相应地加暗。在"图层面板"中选中"织布纹理"层，然后利用工具箱中的 <kbd>□</kbd>（渐变工具），在渐变工具选项栏中将"不透明度"设置为 60%，从画面

下端到画面中间部位，应用从"黑色"至"透明"的径向渐变效果（按住<Shift>键可使渐变在垂直方向上进行）。这种半透明的渐变使织布纹理下端明显变暗，效果如图9-144所示。

图9-144　应用从"黑色"至"透明"的径向渐变效果

㊳　到此步骤为止，海报图像的处理基本完成，下面来制作标题文字。应用工具箱中的 T. （横排文字工具）分别输入"THE"、"BRIDE OF"、"MONTANA"三段影片标题文字，如图9-145所示分别生成三个独立的文本层。

图9-145　输入海报标题文字，分别生成三个独立的文本层

㊴　先选中文本层"THE"，然后利用 T. （横排文字工具）将这个单词选中，在工具选项栏中设置"字体"为"Times New Roman"，"字体样式"为"Bold"，"字体大小"为12.5pt，文本颜色为白色。同样的方法，设置其他文本的"字体"都为"Times New Roman"，"字体样式"为"Bold"，"文本颜色"为白色。"字体大小"分别设置如下：文本"BRIDE OF"

中字母"B"的大小设置为43pt；字母"RIDE"的大小设置为29pt；字母"OF"的大小设置为18pt；文本"MONTANA"中字母"M"的大小设置为35pt；字母"ONTANA"的大小设置为27.5pt。

⑩ 下面为标题文字分别添加投影及发光等特效。先选中"MONTANA"文本层，然后单击"图层"面板下部 *fx* (添加图层样式)按钮，在弹出式菜单中选择"外发光"项，接着，在弹出的"图层样式"对话框中设置如图9-146所示的参数。文字"MONTANA"周围出现深灰色的光晕，将白色文字从较亮的橙色背景中衬托出来，效果如图9-147所示。

 提示

"外发光"颜色选择黑色。

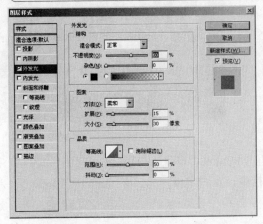

图9-146 设置"外发光"参数

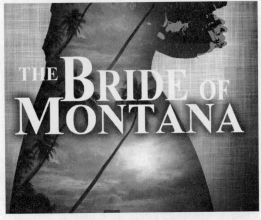

图9-147 文字周围出现深灰色的外发光效果

⑪ 只有灰色的外发光，文字立体效果的层次感不够，因此在文字的右下方我们再添加一次投影效果。在"图层样式"对话框左侧列表中选择"投影"项，设置如图9-148所示的参数，添加不透明度为80%的黑色投影，结果如图9-149所示。

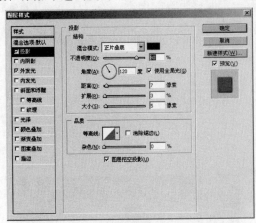

图9-148 设置"投影"参数

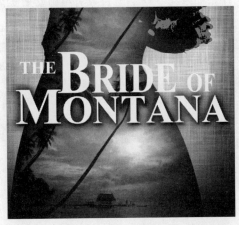

图9-149 文字外发光之上再添加右下方的投影效果

⑫ 选中"BRIDE OF"文本层，参考前面"MONTANA"文本层设置的图层样式参数，为"BRIDE OF"层也添加同样的外发光和投影。而"THE"文本层中的文字由于字号较小，仅设置"外发光"样式即可，请参考图9-150所示的参数进行设置。

㊸ 在"图层"面板上将"MONTANA"文本层拖动到"BRIDE OF"文本层的上面，并将单词"MONTANA"用工具箱中的 向上稍微移动一点距离，使其与单词"BRIDE"发生部分重叠，这样两行带投影的文字间错落有致排列，产生如图 9–151 所示的立体的层次感。

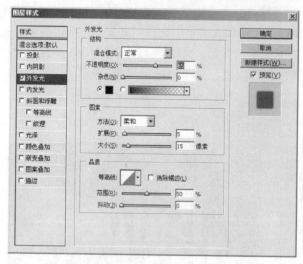

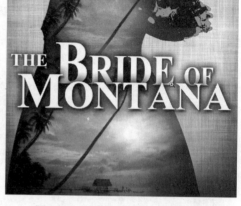

图 9–150 设置"外发光"参数 　　　　　图 9–151 错落有致的标题文字效果

㊹ 应用工具箱中的 （横排文字工具）再分别输入"ROBERT BROSNAN"和"JONATHAN RUSH"两段文本，在工具选项栏中设置"字体"为"Arial"，"字体样式"为"Bold"，"字体大小"为7pt，文本颜色为白色，"行距"设置为10pt，"图层"面板上两个文本层的"不透明度"都设置为80%。

㊺ 下面为"ROBERT BROSNAN"和"JONATHAN RUSH"两段文本分别添加投影效果。先选中"ROBERT BROSNAN"文本层，然后单击"图层"面板下部 （添加图层样式）按钮，在弹出式菜单中选择"投影"项，接着，在弹出的"图层样式"对话框中设置如图 9–152 所示的参数。文字斜右下方出现较模糊的带有一定偏移距离的虚影。为"JONATHAN RUSH"文本层也设置相同的图层样式参数。添加投影后的文字效果如图 9–153 所示。

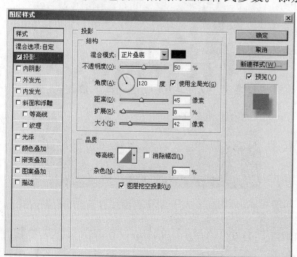

图 9–152 设置"投影"参数 　　　　　图 9–153 文字添加了向右下方偏移一段距离的投影效果

提示

让文字居中对齐，请单击文本工具选项栏中的（居中对齐文本）按钮。

㊻ 至此，整个海报制作完成。最后效果如图9-154所示。

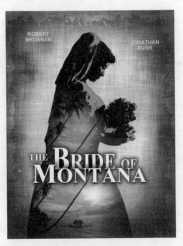

图9-154 电影海报效果

9.4 课后练习

（1）利用"配套光盘 | 课后练习 | 9.3 课后练习 | 练习1"中的相关素材，制作图9-155所示的广告图片效果。

（2）利用"配套光盘 | 课后练习 | 9.3 课后练习 | 练习2"中的相关素材，制作图9-156所示的电影海报效果。

图9-155 练习1效果

图9-156 练习2效果

笔记栏